智能制造领域高素质技术技能型人才培养方案教材

电工电子技术基础

主　编◎张　茗　邹　斌　陈　骁

副主编◎狄振华　王　宁　刘　征　郭　晶

华中科技大学出版社
http://www.hustp.com
中国·武汉

图书在版编目(CIP)数据

电工电子技术基础/张茗,邹斌,陈骁主编. —武汉:华中科技大学出版社,2022.5(2024.7 重印)
ISBN 978-7-5680-7412-4

Ⅰ.①电… Ⅱ.①张… ②邹… ③陈… Ⅲ.①电工技术 ②电子技术 Ⅳ.①TM ②TN

中国版本图书馆 CIP 数据核字(2021)第 145040 号

电工电子技术基础
Diangong Dianzi Jishu Jichu

张茗 邹斌 陈骁 主编

策划编辑:张　毅
责任编辑:狄宝珠
封面设计:孢　子
责任校对:刘　竣
责任监印:朱　玢
出版发行:华中科技大学出版社(中国·武汉)　　电话:(027)81321913
　　　　　武汉市东湖新技术开发区华工科技园　　邮编:430223
录　排:武汉蓝色匠心图文设计有限公司
印　刷:武汉市籍缘印刷厂
开　本:787mm×1092mm　1/16
印　张:16.25
字　数:416 千字
版　次:2024 年 7 月第 1 版第 3 次印刷
定　价:52.80 元

　　"电工电子技术基础"不仅是高职高专院校机电类及相关工科类专业学生必修的一门专业基础课程，还是学生刚刚接触专业技术知识的首开课程，其必须及时反映电工电子技术的新进展，与时俱进，只有这样才能满足现代电工电子技术对高等职业教育的要求。本书以高职高专"工学结合"人才培养模式为指导，以强化基础知识、突出应用能力培养、注重实用性为原则，在总结近年来的教学改革与实践经验的基础上，按照国家职业技能鉴定规范以及当前有关技术标准编写而成。

　　本书在理论讲解的基础上，用项目实践来引导学生进行技能训练和知识学习，教学内容都是在教、学、做相结合的情况下得以实现，试图探索并建立以学生为主体、以教师为主导、以能力为中心、以培养"工匠"为教学目标的全新教学模式。

　　本书内容编写条理清晰，理论分析简明，通俗易懂，方便教学；注重技能训练，突出知识应用，结构完整，选择性强；简化了复杂理论推导过程，融入新技术、新工艺、新方法。全书共分九个项目，包括：安全用电技术基础、电路元件及万用表的使用、直流电路的认识、电工工具及电工仪表的使用、单相交流电路的安装与调试、三相交流电路的连接、直流稳压电源的制作、音频放大电路的制作、红外线报警器电路。本书内容深浅适度，具有较强的实用性，可作为高职高专院校机电类、自动化类、电子信息等专业学生的教材，也可作为相关培训机构的教材，还可供其他专业师生、工程技术人员、业余爱好者参考。

　　本书由陕西交通职业技术学院张茗、陕西筑华机电安装工程有限公司邹斌、陕西交通职业技术学院陈骁任主编并统稿，由陕西交通职业技术学院狄振华、王宁、刘征，陕西电子信息职业技术学院郭晶任副主编。其中：项目 1 由郭晶编写，项目 2 由陈骁编写，项目 3、项目 7由狄振华编写，项目 4、项目 5 由张茗编写，项目 6 由刘征编写，项目 8 由王宁编写，项目 9 由邹斌编写。

　　在编写过程中，编者参阅了相关资料，在此对这些资料的作者致以谢意。由于编者学识有限，书中难免存在疏漏之处，恳请广大读者批评指正。

编　者

安全用电技术基础

◀ 任务 1　供配电系统 ▶

一、电力系统概况

电力系统是由发电厂、电力网和用户组成的一个整体系统。图 1-1 所示为电力系统示意图。发电厂是电力生产部门,由发电机产生交流电。根据发电厂所用能源,可分为火力、水力、原子能、太阳能发电等。发电厂一般建造在获取资源方便的地方,如在水力资源丰富的地方建造水电站,在燃料资源充足的地方建造火力发电厂,这样可以经济合理地利用资源,减少燃料运输,降低发电成本。

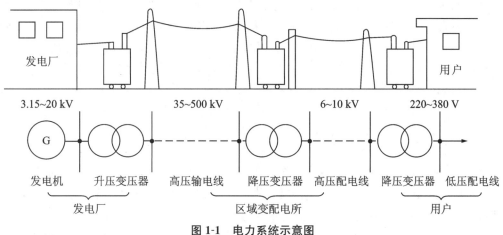

图 1-1　电力系统示意图

在电力系统中,把电压变高、变低并进行电力分配的场所称为变配电所。所谓电力系统,指的就是由各种电压的电力线路将多座发电厂、变配电所和电力用户联系起来的一个集发电、输电、变电、配电和用电的整体。电力系统中的各级电压线路及其联系的变配电所称为电力网,或称电网。

电能输送时,电流会在导线中产生电压降和功率损耗。为了提高输电效率和减少输电线路上的损失,通常采用升压变压器将电压升高后再进行远距离输电。输送同样功率的电能时,电压越高,则电流越小。因而,远距离大容量输电时,采用高电压输送,可减小线路上的电压降,还可减小功率损耗,提高电力系统运行的经济性。

输电电压的高低,视输电容量和输电距离而定,一般原则是:容量越大,距离越远,输电电压就越高。目前我国远距离输电电压有 3 kV、10 kV、35 kV、63 kV、110 kV、220 kV、330 kV、500 kV、750 kV 等十个等级。随着电力电子技术的发展,超高压远距离输电已开始采用直流输电方式,与交流输电相比,具有更高的输电质量和效率。其方法是将三相交流电整流为直流,远距离输送至终端后,再由电力电子器件将直流电转变为三相交流电,供用户使用。我国长江葛洲坝水电站的强大电力就是通过直流输电方式送到华东地区的。

二、工厂供电系统简介

电能输送到厂矿后,要进行变电或配电。变电所就是担负从电力网受电、变压、配电任务的。若只进行受电和配电,而不进行变压,则称配电所。显然,配电所是厂矿企业供电的枢纽,地位十分重要。

工厂供电系统是指工厂所需的电力电源从进厂起到所有用电设备入端止的整个电路。从供电的角度来说,凡总供电容量不超过 1 000 kV·A 的工厂,可视为小型工厂,超过 1 000 kV·A 而小于 10 000 kV·A 的工厂,可视为中型工厂。一般大型工厂的电源进线电压为 35 kV 及以上,中小型工厂的电源进线电压为 6~10 kV,某些小型工厂则可直接采用 380 V 的低压进线。

供电容量较大的工厂常设置一个总降压变电所,将电力网送来的 35 kV 以上的高压电先降至 6~10 kV,再分送厂内各车间变电所,各车间变电所将高压降至低压,供动力、照明使用。供电容量较小的厂矿企业通常将电力网 6~10 kV 进户电压,经过 1~2 台变压器降压后直接向全厂用电设备供电。工作电流小于 30 A 者,一般采用单相供电;工作电流大于 30 A 者,一般采用三相四线制供电。在敷设线路时,也有将保护接地线或保护接零线同三根相线同时送出的,称为"三相五线制"。三相负载平衡的动力线路采用三相三线制供电。

在厂矿企业内部的供电线路一般称为电力线路。电力线路是用户电气装置的重要组成部分,起输送和分配电力的作用。电力线路一般按电压高低分两类,1 kV 及以上的线路为高压线路,1 kV 以下的为低压线路。按线路结构形式分类,有架空线路、电缆线路和户内配电线路等,各种电力线路以不同的方式将电力由变配电所送至各用电设备。

配电方式主要有以下两种。

(1)放射式配电。各用电设备由单独的开关、线路供电,称为放射式配电,如图 1-2 所示。这种配电方式的最大优点是供电可靠,维修方便,各配电线路之间不会互相影响,且便于装设各类保护和自动装置,工厂内应用很广泛。

(2)树干式配电。将每个独立的负载或一组负载集中按其所在位置依次接到由一路供电的干线上,这种供电方式称为树干式配电,如图 1-3 所示。这种配电方式的特点是投资小,安置维修方便,但其供电可靠性较差,各用电单位可能相互影响。

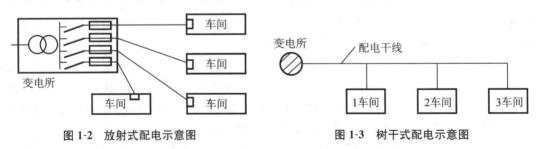

图 1-2　放射式配电示意图　　　　　　图 1-3　树干式配电示意图

这里变电所的功能是对电压进行变换,将配电所输送来的电能变换成满足用电设备所需要的电能。小型变电所一般采用户内型,大型变电所多采用户外型。

由于配电所是仅仅用来接受和分配电能而不改变电压的配电设施,所以配电所一般都建在室内。用电设备按其用途可分为动力用电设备(如电动机等)、工艺用电设备(如电焊机等)、电热用电设备(如电炉、干燥箱等)、照明用电设备和试验用电设备等。用电设备将电能转换为机械能、热能和光能等不同形式,以适应不同的需要。

三、供电系统用电负荷的分级

电力负荷在这里是指用电设备或用电单位(用户)。

1. 电力负荷的分级

电力负荷按其对供电可靠性的要求及中断供电在政治、经济上所造成的损失或影响的程度,分为以下三级。

(1) 一级负荷。中断供电将造成人身伤亡或重大设备的损坏且难以修复,在政治、经济上将造成重大损失者。

(2) 二级负荷。中断供电将产生大量废品、大量减产、损坏设备等,在政治、经济上造成较大损失者。

(3) 三级负荷。停电损失不大者,即所有不属于上述一、二级负荷者。

2. 各级电力负荷对供电电源的要求

(1) 一级负荷应由两个电源供电,对特别重要的负荷,还要求增设应急电源。

(2) 二级负荷也是重要负荷,要求做到不中断供电,或中断后能迅速恢复供电,通常为两回路供电。

(3) 三级负荷属于不重要负荷,对供电电源无特殊要求。

四、配电系统概况

变电所担负着从电力系统受电,经过变压,然后配电的任务。配电所担负着从电力系统受电,然后直接配电的任务。显然,变配电所是配电系统的枢纽,具有十分重要的作用。工厂变配电所一般建有高压配电室、变压器室、低压配电室及电工值班室等。当容量不大时,高、低压配电室可以合并。在变配电所中,担负输送和分配电能任务的电路称为一次电路,或称主电路。一次电路中的电气设备称为一次设备或一次元件。凡用来控制、指示、测量和保护一次设备运行的电路,称为二次电路。二次电路上的电气设备则称为二次设备或二次元件。

一次设备按其功能可分为变换设备、控制设备和保护设备。变压器就属于变换设备,各种高低压开关属于控制设备,熔断器、避雷器属于保护设备。在变配电所中还广泛应用着高压开关柜和低压配电屏,它们是按一定的线路方案将有关一、二次设备组装而成的成套配电装置。

◀ 任务2　安全用电常识 ▶

安全用电是指在使用电气设备过程中怎样来防止电气事故及保障设备和人身安全。电气事故一般分为自然事故和人为事故。自然事故是指非人为原因引起的诸如设备绝缘老化引起漏电以及雷击产生的破坏等。人为事故是指因违反安全操作规程而引起的设备损坏甚至人员伤亡。

一、人体触电及预防

当人体触及带电体,或者带电体与人体之间闪击放电,或者电弧触及人体时,电流通过人体进入大地或其他导体,形成导电回路,这种情况就是触电。

1. 电流对人体的伤害

电击时,电流流经人体内部,引起疼痛发麻、肌肉抽搐,严重的会引起强烈痉挛、心室颤动或呼吸停止,甚至由于因人体心脏、呼吸系统以及神经系统的致命伤害而造成死亡。电伤时,人体与带电体接触的部分会发生电弧灼伤,或者是人体与带电体接触部分产生电熔印,又由于被电流熔化和蒸发的金属微粒等侵入人体皮肤而引起皮肤金属化。这种伤害会给人体留下伤痕,严重时可能致人死亡。电流对人体的伤害,与通过人体电流的大小、频率、时间、途径及个体特征等因素有关。

2. 安全电压

安全电压是指人体较长时间触电而不会发生触电事故的电压。世界各国对安全电压的规定各不相同,我国规定的安全电压额定等级为 42 V、36 V、24 V、12 V、6 V。我国一般采用 36 V 安全电压,凡工作在潮湿或危险性较大的场所,应采用 24 V 安全电压。凡工作在条件恶劣或操作者容易大面积接触带电体的场所,应采用不超过 12 V 的安全电压。凡人体浸在水中工作时,应采用 6 V 安全电压。当电气设备采用超过 24 V 的安全电压等级时,仍然需要采取防止直接接触带电体的保护措施。

3. 常见的触电形式

按照人体触及带电体的方式和电流通过人体的途径,触电形式大致有三种,即单相触电、两相触电和跨步电压触电。

(1) 单相触电。单相触电指人体在地面或其他接地导体上,人体的某一部位触及一相带电体的触电事故。触电大部分都是单相触电事故。单相触电又分中性点接地系统单相触电〔见图 1-4(a)〕和中性点不接地系统单相触电〔见图 1-4(b)〕,一般来说,前者更具危险性。

(2) 两相触电。两相触电如图 1-5 所示,是指人体两处同时触及两带电体的触电事故,这种触电方式人体承受的电压更高,是最危险的触电。

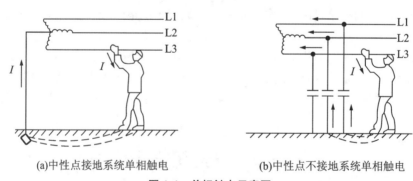

(a)中性点接地系统单相触电　　　　(b)中性点不接地系统单相触电

图 1-4　单相触电示意图

(3) 跨步电压触电。跨步电压触电是指人在接地点附近,由两脚之间的跨步电压引起的触电事故。当带有电的电线掉落到地面上时,以电线落地的一点为中心,画许多同心圆,这些同心圆之间有不同的电位差(电压)。跨步电压是指人站在地上具有不同对地电压的两点,在人的两脚之间所承受的电压,如图 1-6 所示。跨步电压与跨步大小有关,人的跨步距离一般按 0.8 m 考虑。

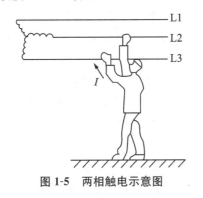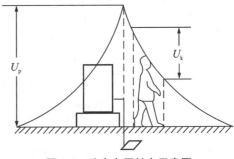

图 1-5 两相触电示意图   图 1-6 跨步电压触电示意图

4. 触电事故的预防

触电事故是突发性事故,可在很短的时间内造成极为严重的后果,这是必须认真注意、尽量防止的。

触电事故原因很多,如电气设备质量不合格、电气线路或电气设备安装不符合要求等会直接造成触电事故;电气设备运行管理不当、绝缘损坏漏电会造成触电事故;非电工作人员处理电气事务,错误操作和违章操作等容易造成触电事故;用电现场混乱,线路接错,特别是插销座接线错误更容易造成触电事故;等等。对于这些,应建立严格的安全用电制度和有效的安全保护措施。

总结安全用电经验和事故教训,应采取以下的预防措施。

(1) 加强安全管理,建立和健全安全工作规程和制度,并严格执行。

(2) 保证电气设备制造质量和安装质量,做好保护接地或保护接零,在电气设备的带电部分安装防护罩、防护网。

(3) 使用、维护、检修电气设备,严格遵守有关安全规程和操作规程。

(4) 尽量不进行带电作业,特别在危险场所(如高温、潮湿地点)严禁带电工作;必须带电作业时,应该用各种安全防护用具、安全工具,如使用绝缘棒、绝缘夹钳和必要的仪表,戴绝缘手套、穿绝缘靴等,并设专人监护。

(5) 对各种电气设备按照规定进行定期试验、检查和检修,发现故障应及时处理;对不能修复的设备,不可使其带"病"运行,应立即更换。

(6) 根据规定,在不宜使用 220/380 V 电压的场所,应使用 12~36 V 的安全电压。

(7) 禁止非电工人员乱装乱拆电气设备,更不得乱接导线。

(8) 加强技术培训和安全培训,提高安全生产和安全用电水平。

5. 触电急救

(1) 触电急救必须分秒必争。

(2) 触电急救时,首先要使触电者迅速脱离电源。脱离电源就是要把触电者接触的那一部分带电设备的开关、刀闸或其他断路设备断开,或设法将触电者与带电设备脱离。救助时,救护人员既要救人,也要注意保护自身安全,防止触电。触电者未脱离电源前,救护人员不得直接用手触及触电者,以免触电。

（3）触电者脱离电源后，如神志清醒，应使其就地躺平，严密观察，暂时不要站立或走动。如触电者神志不清，应就地仰面躺平，且确保呼吸道通畅，并用 5 s 时间，呼叫触电者或轻拍其肩部，以判定触电者是否丧失意识。禁止摇动触电者头部呼叫触电者。如触电者意识丧失，应在 10 s 内，用看、听、试的方法，判定触电者呼吸、心跳情况。看触电者的胸部、腹部有无起伏动作；用耳贴近触电者的口鼻处，听有无呼气声音；试测口鼻有无呼气的气流；再用两手指轻试一侧喉结旁凹陷处的颈动脉有无搏动。

（4）触电者呼吸和心跳均停止时，应立即按心肺复苏法就地抢救。所谓心肺复苏法，就是支持生命的三项基本措施，即通畅气道、口对口（鼻）人工呼吸、胸外挤压（人工循环）。

（5）医务人员未接替抢救前，现场抢救人员不得放弃现场抢救。

6. 电气设备消防及灭火

（1）一般消防措施。电力生产设备或作业场所应配置必要的消防设施。现场消防设施不能移作他用，现场消防设施周围不得堆放杂物和其他设备。防火重点部位和场所应按有关规定装设火灾自动报警装置或固定灭火装置。防火重点部位禁止吸烟，并应有明显标志。工作间断或结束时，应清理和检查现场，消除火险隐患。电力生产场所的所有电话机近旁应悬挂火警电话号码。

（2）电气灭火。

①先断电后灭火。当发生电气火灾时，应立即切断电源，然后进行扑救。夜间断电灭火应有临时照明措施。切断电源时应有选择，尽量局部断电，同时应该注意安全，防止触电。不得带负荷拉闸刀或隔离开关。拉闸和剪断导线时都应使用绝缘工具，并注意防止断落导线伤人或短路。

②带电灭火的安全要求。带电灭火时，应使用干粉灭火器、二氧化碳灭火器进行灭火，而不得使用泡沫灭火器或用水泼救。用水枪带电灭火时，宜采用泄漏电流小的喷雾水枪，并将水枪喷嘴接地。灭火人员应戴绝缘手套、穿绝缘靴或穿均压服操作。喷嘴至带电体的距离：110 kV 及其以下者不应小于 3 m，220 kV 及其以上者不应小于 5 m。使用不导电的灭火器灭火时，灭火器机体的喷嘴至带电体的距离：10 kV 及其以下者不应小于 0.4 m，35 kV 及其以上者不应小于 0.6 m。

③充油设备灭火的安全要求。充油设备着火时，应在灭火的同时考虑油的安全排放，并设法将油火隔离；旋转电机着火时，应防止轴和轴承由于着火和灭火造成的冷热不均而变形，并不得使用干粉、砂子、泥土灭火，以防损伤设备的绝缘。

另外，在救火过程中，灭火人员应占据合理的位置，与带电部位保持安全距离，以防发生触电事故或其他事故。

二、电气设备的接地与接零保护

接地与接零是为了防止电气设备意外带电，造成人身触电事故和保证电气设备正常运行而采取的技术措施。

将电气设备的任何部分与大地做良好的电气接触，称为接地。在 1 000 V 以下的中性点接地系统中，将电气设备的外壳与供电线路的中点连接，称为接零。

1. 保护接地

保护接地是把电气设备不带电的金属部分与大地做可靠的金属连接。

在中性点不接地系统中,如当接到这个系统上的某台电动机内部绝缘损坏使机壳带电,电动机又没有接地,由于线路和大地之间存在着分布电容,如果人体触及机壳,则将有图1-7所示那样的危险。如果电动机有了保护接地,如图1-8所示,保护接地的接地电阻一般是4 Ω左右,则当人触及带电外壳时,形成人体电阻(最坏情况下1 000Ω左右)和接地电阻 R_d 的并联等效电路。由于 R_d 很小,起到了分流作用,所以通过人体的电流很小,这样就避免了触电的危险。

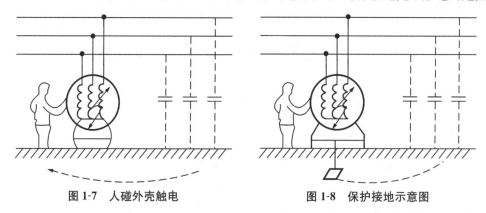

图1-7　人碰外壳触电　　　　　　图1-8　保护接地示意图

2. 保护接零及重复接地的基本要求

(1) 保护接零。保护接零宜用于中性点直接接地的220/380 V三相四线制电力系统中。保护接零的原理在于当设备发生漏电时,能迅速切断电源。其基本要求如下。

①线路的阻抗不宜过大,以保证发生漏电时有足够大的断路电流,迫使线路上的保护装置迅速动作。

②在用于保护接零的中性线或专用保护接地线上不得装设熔断器和开关。

③在同一供电系统中,不允许个别设备接地不接零。特别应当注意由同一台变压器供电的采取保护接零的系统中,所有电气设备都必须同零线连接起来,构成一个零线网。避免当采用接地的设备一旦出现故障或外壳带电时,将使所有采取保护接零的设备外壳都带电而产生触电事故。

(2) 重复接地。将零线上工作接地以外的一处或多处通过接地装置与大地再次连接,称为重复接地。重复接地在降低漏电设备对地电压、减轻零线断线的危险性、缩短故障时间、改善防雷性能等方面起着重要作用。其基本要求如下:

①重复接地可以从零线上直接接地,也可以从接零设备外壳接地。

②以金属外皮作为零线的低压电缆,要求重复接地。

③户外架空线路宜采用集中重复接地。架空线路干线、分支线的终端、沿线路每1 km处、分支线长度超过200 m的分支处,以及高压线路与低压线路同杆敷设时,共同敷设段的两端均应在零线上装设重复接地。

④车间内部宜采用环形重复接地。零线与接地装置至少有两点连接。除进线处一点外,其对角处最远点也应该连接,当车间周边长超过400 m时,每200 m应有一点连接。

⑤每一重复接地电阻,一般不应超过10 Ω。当变压器低压工作接地的接地电阻允许不超过10 Ω的场合,每一重复接地的接地电阻可以不超过30 Ω,但是不得少于三处。

项目 2

电路元件及万用表的使用

◀ 任务1　电路基本元件的识别与检测 ▶

电路元件的种类繁多,常用的有电阻器、电容器、电感器等。

一、电阻器的识别与检测

各种材料的物体对通过它的电流都会呈现一定的阻力,通常将这种阻碍电流流通的作用称为电阻。把具有一定的阻值、一定的几何形状、一定的技术性能、在电路中起电阻作用的电子元件称为电阻器,简称电阻,它由电阻的主体及其引线构成,用"R"表示。电阻的基本单位是欧姆(Ω),常用单位还有 kΩ、MΩ、GΩ 等。

电阻器是耗能元件,它吸收电能并将电能转换成其他形式的能量,主要用于调节和稳定电流与电压,可用作分流器和分压器,也可用作电路匹配负载。根据电路要求,电阻器还能用作放大电路的负反馈或正反馈、电压-电流转换、输入过载时的电压或电流保护元件,还可以组成 RC 电路作为振荡、滤波、旁路、微分、积分和时间常数元件等。

1. 电阻器的外形及图形符号

常用电阻器的外形及图形符号如图 2-1 所示。

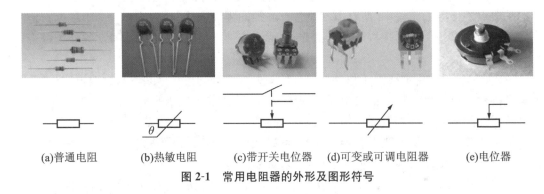

| (a)普通电阻 | (b)热敏电阻 | (c)带开关电位器 | (d)可变或可调电阻器 | (e)电位器 |

图 2-1　常用电阻器的外形及图形符号

2. 电阻器的型号命名方法

根据 GB/T 2470—1995 的规定,电阻器的型号由四部分组成(不适用敏感电阻,敏感器件及传感器型号命名方法查询 SJ/T 11167—1998)。

第一部分:主称,用字母表示,表示产品的名字,如 R 表示电阻器。

第二部分:材料,用字母表示,表示产品的主要材料,如用 T 表示碳膜,H 表示合成膜。

第三部分:特征,一般用数字或字母表示,表示产品的主要特征,也有电阻器用该部分的数字表示额定功率。

第四部分:序号,用数字表示,表示同类产品中不同品种,以区分产品的外形尺寸和性能指标等。

电阻器型号的命名方式及含义见表 2-1。

表 2-1 电阻器型号的命名方式及含义

第一部分		第二部分		第三部分		第四部分
用字母表示主称		用字母表示主称		用数字或字母表示特征		用数字表示序号
符 号	意 义	符 号	意 义	符 号	意 义	意 义
R	电阻器	T	碳膜	1	普通	
W	电位器	H	合成膜	2	普通	
M	敏感电阻器	S	有机实心	3	超高频	
		N	无机实心	4	高阻	
		J	金属膜（箔）	5	高温	包括额定功率阻值
		Y	氧化膜	6	高湿	允许误差和精度等级
		I	玻璃釉膜	7	精密	
		X	线绕	8	高压	
				9	特殊	
				G	功率型	

3. 电阻器的分类

按制作材料不同，电阻器可分为金属膜电阻器、碳膜电阻器、合成膜电阻器等。

按数值能否变化，电阻器可分为固定电阻器、微调电阻器（电阻值变化范围小）、电位器（电阻值变化范围大）等。

按用途不同，电阻器可分为高频电阻器、高温电阻器、光敏电阻器、热敏电阻器等。

常用电阻器的性能及特点见表 2-2。

表 2-2 常用电阻器的性能及特点

名 称	电阻器的性能及特点
碳膜电阻器	稳定性高，噪声低，应用广泛，阻值范围：$1\ \Omega\sim10\ M\Omega$
金属膜电阻器	体积小，稳定性高，噪声低，温度系数小，耐高温，精度高，但脉冲负载稳定性差。阻值范围：$1\ \Omega\sim620\ M\Omega$
线绕电阻器	稳定性高，噪声低，温度系数小，耐高温，黏度很高，功率大（可达 500 W），但高频性能差，体积大，成本高。阻值范围：$0.1\ \Omega\sim5\ M\Omega$
金属氧化膜电阻器	除具有金属膜电阻器的特点外，它比金属膜电阻器的抗氧化性和热稳定性高，功率大（可达 50 kW），但阻值范围小，主要用来补充金属膜电阻器的低阻部分。阻值范围：$1\ \Omega\sim200\ k\Omega$
合成实心电阻器	机械强度高，过负载能力较强，可靠性较高，体积小，但噪声较大，分布参数（L、C）大，对电压和温度的稳定性差。阻值范围：$4.7\ \Omega\sim22\ M\Omega$
合成碳膜电阻器	电阻器阻值变化范围大，价廉，但噪声大，频率特性差，电压稳定性低，抗湿性差，主要用来制造高压高阻电阻器。阻值范围：$10\sim10^6\ M\Omega$

名　称	电阻器的性能及特点
线绕电位器	稳定性高,噪声低,温度系数小,耐高温,精度很高,功率较大(达25 W),但高频性能差,阻值范围小,耐磨性差,分辨力低,适用于高温大功率电路及精密调节的场合。阻值范围:4.7 Ω~100 kΩ
合成碳膜电位器	稳定性高,噪声低,分辨力高,阻值范围大,寿命长,体积小,但抗湿性差,滑动噪声大,功率小,该电位器为通用电位器,广泛用于一般电路中。阻值范围:100 Ω~4.7 MΩ

4. 电阻器的主要性能参数

电阻器是电子产品中不可缺少的电路元件,使用时应根据其性能参数来选择,电阻器的主要性能参数包括标称电阻值与允许偏差、额定功率、温度系数和极限电压等。

1) 标称电阻值与允许偏差

(1) 标称电阻值。电阻器的标称电阻值是指电阻器上所标注的电阻值,是电阻器生产的规定值。电阻器的电阻值通常是按照国家标准 GB/T 2471—1995《电阻器和电容器优先数系》中的规定进行生产的,即不是所有阻值的电阻器都存在。表 2-3 所示为普通电阻器的标称电阻值系列。

表 2-3　普通电阻器的标称电阻值系列

系　列	E24	E12	E6	系　列	E24	E12	E6
标　志	J(Ⅰ)	K(Ⅱ)	M(Ⅲ)	标　志	J(Ⅰ)	K(Ⅱ)	M(Ⅲ)
允许偏差	±5%	±10%	±20%	允许偏差	±5%	±10%	±20%
特性标称数值	1.0	1.0	1.0	特性标称数值	3.3	3.3	3.3
	1.1				3.6		
	1.2	1.2			3.9	3.9	
	1.3				4.3		
	1.5	1.5	1.5		4.7	4.7	4.7
	1.6				5.1		
	1.8	1.8			5.6	5.6	
	2.0				6.2		
	2.2	2.2	2.2		6.8	6.8	6.8
	2.4				7.5		
	2.7	2.7			8.2	8.2	
	3.0				9.1		

(2)允许偏差。在电阻器的生产过程中,由于所用材料、设备和工艺等各方面的原因,厂家实际生产出的电阻,其阻值不可能和标准完全一致,总会有一定的偏差。把标称电阻值与实际电阻值之间允许的最大偏差范围的百分数称为电阻的允许偏差(简称允差),又称电阻的允许误差。

$$电阻的允许偏差 = \frac{标称电阻值 - 实际电阻值}{标称电阻值} \times 100\%$$

不同的允许偏差也称为数值的精度等级(简称精度),并为精度等级规定了标准系列,用不同的字母表示。例如,普通电阻器的允许偏差有±5%、±10%、±20%等,可以分别用字母J、K、M等标志;精密电阻器的允许偏差有±2%、±1%、±0.5%、±0.1%等,可以分别用G、F、D、B等标志。电阻值的允许偏差代码可用符号标明,见表2-4。

表 2-4 电阻值的允许偏差代码

允许偏差/%	±0.005	±0.002	±0.01	±0.02	±0.05	±0.1	±0.25
符 号	E	X	L	P	W	B	C
允许偏差/%	±0.5	±1	±2	±5	±10	±20	±30
符 号	D	F	G	J	K	M	N

允许偏差越小,其数值允许的偏差范围越小,电阻就越精密,同时它的生产成本及销售价格也就越高。在选择电阻器时,应该根据实际电路的要求合理选用不同允许偏差的电阻器。

2) 额定功率

电阻的额定功率是指在产品标准规定的大气压和额定温度下,电阻所允许承受的最大功率,又称为电阻的标称功率,其单位为瓦(W)。

常用的电阻额定功率有1/16 W(0.062 5 W)、1/8 W(0.125 W)、1/4 W(0.25 W)、1/2 W(0.5 W)、1 W、2 W、3 W、5 W、10 W、20 W等。电阻额定功率在电路图中的表示方法如图2-2所示。

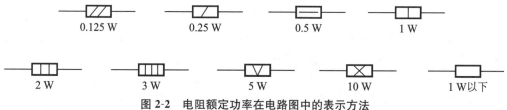

图 2-2 电阻额定功率在电路图中的表示方法

同一类型的电阻体积越大,其额定功率越大;功率越大,价格越高。在使用过程中,若电阻的实际功率超过额定功率,则会造成电阻过热而烧坏。因而在实际使用时,选取的额定功率值一般为实际计算值的1.5~3倍。

3) 温度系数

温度每变化1 ℃时,引起电阻的相对变化量称为电阻的温度系数,用 α_R 表示,单位为℃$^{-1}$。

$$\alpha_R = \frac{R_2 - R_1}{R_1(t_2 - t_1)}$$

式中,R_1、R_2分别是温度为 t_1、t_2 时的阻值。

温度系数 α_R 可正可负。温度升高,电阻值增大,则该电阻具有正的温度系数;温度降低,电阻值减小,则该电阻具有负的温度系数。温度系数越小,电阻的温度稳定度越高。

5. 固定电阻器的标注方法

固定电阻器的标注方法是将电阻器的主要参数(标称电阻值与允许偏差)标注在电阻器表面上的方法。

1) 直标法

直标法是将电阻器的标称电阻值用阿拉伯数字和单位符号直接标在电阻体上,其允许偏差用百分数表示。如图 2-3(a)所示,电阻器表面印有 3.9 kΩ±10%,表示其电阻值为 3.9 kΩ,允许偏差为±10%,未标偏差值的即默认为±20%。

一般功率较大的电阻器上还会标出额定功率。直标法直观,易于判读,但数字标注中的小数点不易辨别。

2) 文字符号法

文字符号法是将电阻器的标称电阻值和允许偏差用阿拉伯数字和字母符号法按一定的规律组合标注在电阻器上,用特定的字母表示电阻器的允许偏差。用文字符号法表示电阻器主要参数的具体方法:用字母符号表示电阻的单位,电阻值的整数部分写在阻值单位的前面,电阻值的小数部分写在阻值单位的后面,如图 2-3(b)所示。由于这种方法不使用小数点,因此提高了数值标记的可靠性。

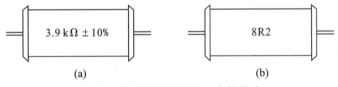

(a)   (b)

图 2-3 电阻器直标法和文字符号法

3) 数码表示法

用三位数码表示电阻器阻值、用相应字母表示电阻允许偏差的方法称为数码表示法。数码按从左到右的顺序,第一、第二位为电阻的有效值,第三位为倍乘数(有效值后"0"的个数),电阻的单位是 Ω,偏差用字母符号表示。

例如,标志为 222 的电阻器,其阻值为 2 200 Ω;标志为 105 的电阻器阻值为 1 MΩ;标志为 47 的电阻器阻值为 4.7 Ω。需要注意的是要将这种标志法与传统的方法区别开来。如标志为 220 的电阻器其电阻为 22 Ω,只有标志为 221 的电阻器其阻值才为 220 Ω。标志为 0 或 000 的电阻器,实际是跳线,阻值为 0 Ω。一些微调电阻器阻值的标志法除了用三位数字外,还有用两位数字的表达方式。如标志为 53 表示 5,14 和 54 分别表示 10 和 50。

4) 色码法

色码法是用不同颜色的色带代替数字在电阻器表面标出标称电阻值和允许偏差的方法。这种方法在小型电阻上用得比较多,且标志清晰、易于识别,与电阻的安装方向无关。色码颜色规定见表 2-5。

表 2-5 色码颜色规定

颜色	有效数字	倍率	允许偏差/(%)	颜色	有效数字	倍率	允许偏差/(%)
棕色	1	10^1	±1	灰色	8	10^8	
红色	2	10^2	±2	白色	9	10^9	−20～+50
橙色	3	10^3		黑色	0	10^0	

续表

颜色	有效数字	倍率	允许偏差/(%)	颜色	有效数字	倍率	允许偏差/(%)
黄色	4	10^4		金色		10^{-1}	±5
绿色	5	10^5	±0.5	银色		10^{-2}	±10
蓝色	6	10^6	±0.25	无色			±20
紫色	7	10^7	±0.1				

色码法常用四色码法和五色码法两种,如图 2-4 所示。

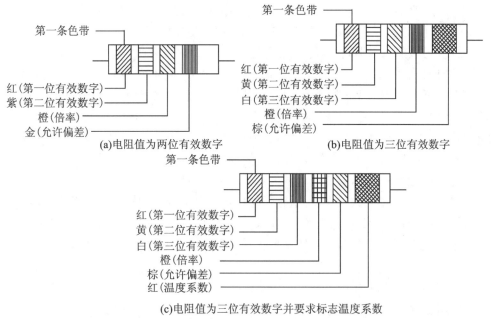

(a)电阻值为两位有效数字　　　　　(b)电阻值为三位有效数字

(c)电阻值为三位有效数字并要求标志温度系数

图 2-4　电阻器的色码法标注

6. 电阻器的选用与检测

1)电阻器的正确选用

电阻器类型的选取应根据不同的用途及场合来进行。一般的家用电器和普通的电子设备可选用通用型电阻器。我国生产的通用型电阻器种类很多,其中包括通用型(碳膜)电阻器、金属膜电阻器、金属氧化膜电阻器、金属玻璃釉电阻器、线绕电阻器、有机实心电阻器及无机实心电阻器等。通用型电阻器不仅种类多,而且规格齐全、阻值范围宽、成本低、价格便宜、货源充足。军用电子设备及特殊场合使用的电阻器应选用精密型电阻器和其他特殊电阻器,以保证电路的性能指标及工作的稳定性。

电阻器类型的选取应注意以下几个方面。

(1)在高增益放大电路中,应选用噪声电动势小的电阻器,如金属膜电阻器、碳膜电阻器和线绕电阻器。

(2)针对电路的工作频率选用不同类型的电阻器。线绕电阻器的分布参数较大,即使采用无感绕制的线绕电阻器,其分布参数也比非线绕电阻器大得多,因而线绕电阻器不适合在高频电路中工作。在低于 50 kHz 的电路中,由于电阻器的分布参数对电路工作影响不大,可选用线绕电阻器。在高频电路中的电阻器,要求其分布参数越小越好。所以,在高达数百兆赫的高频电路中应选用碳膜电阻器、金属膜电阻器和金属氧化膜电阻器。在超高频电路中,应选用超高频碳膜电阻器。

(3)金属膜电阻器稳定性好,额定工作温度高($+70 ℃$),高频特性好,噪声电动势小,在高频电路中应优先选用。电阻值大于 1 MΩ 的碳膜电阻器由于稳定性差,应用金属膜电阻器替换。

(4)薄膜电阻器不适宜在湿度高(相对湿度大于 80%)、温度低($-40 ℃$)的环境下工作。在这种环境条件下工作的电路,应选用实心电阻器或玻璃釉电阻器。

(5)要求耐热性较好、过负荷能力较强的低阻值电阻器,应选用氧化膜电阻器;要求耐高压及高阻值的电阻器,应选用合成膜电阻器或玻璃釉电阻器;要求耗散功率大、阻值不高、工作频率不高,而精度要求较高的电阻器,应选用线绕电阻器。

(6)同一类型的电阻器,在电阻值相同时,功率越大,高频特性越差。

(7)应针对电路稳定性的要求,选用不同温度特性的电阻器。电阻器的温度系数越大,它的阻值随温度变化越显著;温度系数越小,其阻值随温度变化越小。但有的电路对电阻器的阻值变化要求不严格,阻值变化对电路没有什么影响。例如,在去耦电路中,即使选用电阻器的阻值随温度有较大的变化,对电路工作影响也并不大。但有的电路对电阻器温度稳定性要求较高,要求电路中工作的电阻器阻值变化很小才行。例如,在直流放大器的电路中,为了减小放大器的零漂,就要选用温度系数小的电阻器。

实心电阻器的温度系数较大,不适合用在稳定性要求较高的电路中。碳膜电阻器、金属膜电阻器、金属氧化膜电阻器及玻璃釉电阻器等的温度系数较小,很适合用在稳定性要求较高的电路中。有的线绕电阻器的温度系数很小,可达 $1 \times 10^{-6} ℃^{-1}$,线绕电阻器的阻值最为稳定。

(8)由于制作电阻器的材料和工艺方法不同,相同电阻值和功率的电阻器体积可能不一样。金属膜电阻器的体积较小,适用于电子元器件需要紧凑安装的场合。当电路中电子元器件安装位置较宽松时,可选用体积较大的碳膜电阻器,这样较为经济。

(9)有时电路工作的场合,不仅温度和湿度较高,而且有酸碱腐蚀的影响,此时应选用耐高温、抗潮湿性好、耐酸碱性强的金属氧化膜电阻器和金属玻璃釉电阻器。

2)电阻器的检测方法

(1)固定电阻器的检测。

固定电阻器的检测步骤如下。

①外观检查。看电阻有无烧焦、电阻引脚有无脱落及松动的现象,从外表排除电阻的断路情况。

②断电。若电阻在路(电阻器仍然焊在电路中)时,一定要将电路中的电源断开,严禁带电检测,否则不但测量不准,而且易损坏万用表。

③选择合适的量程。根据电阻的标称值来选择万用表电阻挡的量程,使万用表指针落在万用表刻度盘中间(略偏右)的位置为佳,此时读数误差最小。

④在路检测。若测量值远远大于标称值,则可判断该电阻出现断路或严重老化现象,即电阻已损坏。

⑤断路检测。在路检测时,若测量值小于标称值,则应将电阻从电路中断开检测。此时,若测量值基本等于标称值,该电阻正常;若测量值接近于零,该电阻短路;测量值远小于标称值,该电阻已损坏;测量值远大于标称值,该电阻老化;测量值趋于无穷大,该电阻已断路。

注意:测量时,应避免手指同时接触被测电阻的两根引脚,以免人体电阻与被测电阻并联而影响测量的准确性。

(2)线绕电阻器的检测。检测线绕电阻器的方法及注意事项与检测普通固定电阻器完全相同。

(3)熔断电阻器的检测。在电路中,当熔断电阻器熔断开路后,可根据经验做出判断:若发现熔断电阻器表面发黑或烧焦,可断定其负荷过重,通过它的电流超过额定值很多倍;若其表面无任何痕迹而开路,则表明流过的电流刚好等于或稍大于其额定熔断值。对于表面无任何痕迹的熔断电阻器好坏的判断,可借助万用表 $R \times 1$ 挡来测量。为保证测量准确,应将熔断电阻器一端从电路上焊下;若测得的阻值为无穷大,则说明此熔断电阻器已失效开路,若测得的阻值与标称值相差甚远,表明电阻变值,也不宜再使用。在维修实践中发现,有少数熔断电阻器在电路中被击穿短路的现象,检测时也应予以注意。

(4)电位器的检测。检查电位器时,首先要转动旋柄,看旋柄转动是否平滑,开关是否灵活,开关通、断时"咔嗒"声是否清脆,并听一听电位器内部接触点和电阻体摩擦的声音,如有"沙沙"声,说明质量不好。用万用表测试时,先根据被测电位器阻值的大小选择万用表的合适电阻挡位,然后按下述方法进行检测。

①用万用表的欧姆挡测"1""2"两端,其读数应为电位器的标称阻值,如万用表的指针不动或阻值相差很多,则表明该电位器已损坏。

②检测电位器的活动臂与电阻片的接触是否良好。用万用表的欧姆挡测"1""2"(或"2""3")两端,将电位器的转轴按逆时针方向旋至接近"关"的位置,这时电阻值越小越好。再顺时针慢慢旋转轴柄,电阻值应逐渐增大,表头中的指针应平稳移动。当轴柄旋至极端位置"3"时,阻值应接近电位器的标称值。如万用表的指针在电位器的轴柄转动过程中有跳动现象,说明活动触点有接触不良的故障。

(5)特殊电阻的性能及检测。

①正温度系数热敏电阻(PTC)。正温度系数热敏电阻的电阻值会随着电阻本体温度的升高呈现出阶跃性的增加,温度越高,电阻值越大。

热敏电阻的主要特点:灵敏度较高,其电阻温度系数要比金属大 10 倍以上,能检测出 10^{-6} ℃的温度变化;工作温度范围宽,常温器件适用于$-55 \sim 315$ ℃,高温器件适用温度高于 315 ℃(目前最高可达到 2 000 ℃),低温器件适用于$-273 \sim 55$ ℃;体积小,能够测量其他温度计无法测量的空隙、腔体及生物体内血管的温度;使用方便,电阻值可在 0.1~100 kΩ任意选择;易加工成复杂的形状,可大批量生产;稳定性好、过载能力强。

检测时,用万用表 $R \times 1$ 挡,具体可分常温检测和加温检测两步操作。常温检测(室内温度接近 25℃):将两表笔接触 PTC 热敏电阻的两引脚测出其实际阻值,并与标称阻值相对比,二者相差在±2 Ω内即为正常。实际阻值若与标称阻值相差过大,则说明其性能不良或已损坏。加温检测:在常温测试正常的基础上,即可进行加温检测,将一热源(如电烙铁)靠近 PTC 热敏电阻对其加热,同时用万用表监测其电阻值是否随温度的升高而增大,如电阻值随温度的升高而增大,说明热敏电阻正常,若阻值无变化,说明其性能变劣,不能继续使用。注意不要使热源与 PTC 热敏电阻靠得过近或直接接触热敏电阻,以防止将其烫坏。

②负温度系数热敏电阻(NTC 热敏电阻)。NTC 热敏电阻使用单一高纯度材料、具有接近理论密度结构的高性能陶瓷制成。因此,在实现小型化的同时,NTC 热敏电阻还具有电阻值、温度特性波动小、对各种温度变化响应快的特点,可进行高灵敏度、高精度的检测。

a. 测量标称电阻值 R_t。用万用表测量 NTC 热敏电阻的方法与测量普通固定电阻的方法相同,即根据 NTC 热敏电阻的标称阻值选择合适的电阻挡,直接测出 R_t 的实际值。但因 NTC 热敏电阻对温度很敏感,故测试时应注意:R_t 是生产厂家在环境温度为 25 ℃时所测得的,所以用万用表测量 R_t 时,也应在环境温度接近 25 ℃时进行,以保证测试的可信度。测量功率不得超过规定值,以免电流热效应引起测量误差。注意正确操作。测试时,不要用手捏住热敏电阻体,以防止人体温度对测试产生影响。

b. 估测温度系数 α_R。先在室温 t_1 下测得电阻值 R_{t1},再用电烙铁为热源,靠近热敏电阻 R_t,测出电阻值 R_{t2},同时用温度计测出此时热敏电阻 R_t 表面的平均温度 t_2,再进行计算。

③压敏电阻。压敏电阻是一种具有非线性伏安特性的电阻器件,主要用于在电路承受过压时进行电压钳位,吸收多余的电流以保护敏感器件。压敏电阻是一种限压型保护器件。利用压敏电阻的非线性特性,当过电压出现在压敏电阻的两极间,压敏电阻可以将电压钳位到一个相对固定的电压值,从而实现对后级电路的保护。

压敏电阻的检测:用万用表的 $R \times 1k$ 挡测量压敏电阻两引脚之间的正、反向绝缘电阻,均为无穷大,否则,说明漏电流大。若所测电阻很小,说明压敏电阻已损坏,不能使用。

④光敏电阻。光敏电阻是根据光电导效应制成的光电探测器件。光电导效应是指光电材料受到光辐射后,材料的电导率发生变化。它可以这样理解:材料的电导率、电阻与该材料内部电子受到的束缚力有关,束缚力越大,电子越难自由运动,电导率越小,电阻越大;当电子吸收外来的一定能量的光子后,根据能量守恒原则,动能增加,材料对电子的束缚力减弱,电导率减小,电阻减小。光敏电阻的阻值会随着光照强弱的变化而变化。光照强,光敏电阻的阻值就小;光照弱,光敏电阻的阻值就大。光敏电阻在不受光时的阻值称为暗电阻,光敏电阻在受光照射时的阻值称为亮电阻。

光敏电阻的检测步骤:用一张黑纸片将光敏电阻的透光窗口遮住,此时万用表的指针基本保持不动,阻值接近无穷大。此值越大说明光敏电阻性能越好。若此值很小或接近为零,说明光敏电阻已烧穿损坏,不能继续使用。将一光源对准光敏电阻的透光窗口,此时万用表的指针应有较大幅度的摆动,阻值明显减小,此值越小说明光敏电阻性能越好。若此值很大甚至无穷大,表明光敏电阻内部开路损坏,也不能继续使用。将光敏电阻透光窗口对准入射光线,用小黑纸片在光敏电阻的遮光窗上部晃动,使其间断受光,此时万用表指针应随黑纸片的晃动而左右摆动。如果万用表指针始终停在某一位置不随纸片晃动而摆动,说明光敏电阻的光敏材料已经损坏。

7. 微调电阻器和电位器

微调电阻器和电位器都是电阻值可调的可变电阻器,从结构上看,它们都具有三个引脚,其中两个引脚是固定端,另一个引脚是滑动端。可变电阻的标称电阻值是其最大值(两个固定引脚之间的阻值),调节可变电阻的滑动端,可以使滑动端与固定端之间的阻值在 0 Ω 和最大阻值之间连续变化。

1)微调电阻器和电位器的区别

从外形结构看,微调电阻器的体积小,阻值的调节需要使用工具(螺丝刀)进行;电位器的体积相对来说更大些,滑动端带有手柄,使用时可根据需要直接调节。

从作用功能上来说,微调电阻器一般是在电路的调试阶段进行电路参数的调整,一旦电子产品调整定形后,微调电阻器就无须再调整了;电位器主要用于电子产品的使用调节方面,是方便用户使用设置的,如收音机的音量电位器等。

2) 微调电阻器和电位器的分类

(1) 微调电阻器的种类很多,按安装形式不同,可分为立式微调电阻器与卧式微调电阻器;按电阻体的材料不同,可分为碳膜微调电阻器、金属陶瓷微调电阻器和线绕微调电阻器。

(2) 电位器按结构特点可分为单联、多联电位器,带开关电位器、锁紧型及非锁紧型电位器等;按调节方式可分为直滑式电位器和旋转式电位器等;按用途可分为普通型、精密型、微调型、功率型及专用型等类型;按接触方式又可分为接触式电位器和非接触式电位器两大类。接触式电位器包括线绕电位器、金属膜电位器、合成碳膜电位器、合成实心电位器、金属玻璃釉电位器及金属氧化膜电位器等。非接触式电位器大多由光敏和磁敏器件及电子元件组成,其中,由光敏器件组成的电位器称为光电电位器,由磁敏器件组成的电位器称为磁敏电位器,由电子元件组成的电位器称为电子电位器。

3) 微调电阻器和电位器的主要性能指标

(1) 标称电阻值。标称电阻值是微调电阻器或电位器两个固定端之间的电阻值。可以通过测试两个固定端的阻值进行验证,并判断出其实际偏差。

(2) 额定功率。电位器滑动端与固定端之间所承受的功率小于电位器的额定功率。

(3) 滑动噪声。滑动噪声是调节滑动端时滑动端触点与电阻体的滑动接触所产生的噪声。它是电阻材料的分布不均匀及滑动端滑动时接触电阻的无规律变化引起的。

(4) 阻值变化规律。为了适应不同的用途,电位器的阻值变化规律也不同,常见的阻值变化规律有三种,即直线型(X 型,又称线性式)、指数型(Z 型)、对数型(D 型)。

X 型阻值变化与转角成直线关系。电阻体上导电物质的分布是均匀的,单位长度的阻值相等,适用于要求电阻值均匀调节的场合,如分压器、偏流调整等电路中。Z 型电位器的阻值变化与转角成指数变化关系。在开始转动时,阻值变化较小,而当转角到接近最大一端时阻值变化较为显著,适用于音量控制电路。D 型电位器的阻值变化与转角成对数变化关系,其阻值变化与 Z 型相反,在开始转动时,阻值变化很大,而当转角到接近最大一端时阻值变化比较缓慢,适用于音调控制电路。

8. 电位器的选用及检测

1) 电位器的选用

电位器的规格品种很多,选择电位器时,除了考虑其主要技术参数,如额定功率、标称电阻值范围、最高工作电压、开关额定电流等满足电路的具体条件外,还要考虑调节、操作和成本方面的要求。

一般的普通电子仪器调节旋钮选用合成碳膜或有机实心电位器;同时需要控制电源开、断的应选用带开关的电位器;用作分压式音调控制和音量控制时,应分别选用对数式和指数式电位器;负反馈电路或需要均匀调节电压的电路多选用直线型电位器;电子线路中三极管偏流调整或做可变电阻时,多选用微调电位器。

2) 电位器的检测

检查电位器时,首先要转动旋柄,看看旋柄转动是否平滑,开关是否灵活,并听一听电位器内部接触点和电阻体摩擦的声音,如有较响的"沙沙"声或其他噪声,则说明质量欠佳。在一般情况下,旋柄转动时应该有点儿阻力,既不能太"死",也不能太灵活。

用万用表测试时,应先根据被测电位器标称阻值的大小,选择好万用表的合适挡位再进行测量。用万用表的表笔测量两个固定端的电阻值,如果万用表指示的阻值比标称值大很多,表明电位器已不能使用;如万用表的指针跳动,表明电位器内部接触不良。

测量滑动端与固定端的阻值变化情况时,均匀移动滑动端,若阻值从最小值到最大值之间连续跳变,说明电位器内部接触不良,不能选用。

3)使用注意事项

(1)电位器的电阻体大多采用多碳酸类的合成树脂制成,应避免与以下物品接触:氨水、其他胺类、碱水溶液、芳香族碳氢化合物、酮类、酯类碳氢化合物、强烈化学品(酸碱值过高)等,否则会影响其性能。

(2)电位器的端子在焊接时应避免使用水溶性焊剂,否则将助长金属氧化与材料发霉;避免使用劣质焊剂,焊锡不良可能造成上锡困难,导致接触不良或者断路。

(3)焊接时若电位器的端子焊接温度过高或时间过长可能导致电位器的损坏。插脚式端子焊接时温度应为 235 ℃±5 ℃,3 s 内完成,焊接应离电位器本体 1.5 mm 以上,焊接时勿使用焊锡流穿线路板;焊线式端子焊接时温度应为 350 ℃±10 ℃,3 s 内完成。且端子应避免重压,否则易造成接触不良。

(4)焊接时,松香(焊剂)进入印刷机板的高度调整恰当,应避免焊剂侵入电位器内部,否则将造成电刷与电阻体接触不良,产生杂音等不良现象。

(5)电位器最好应用于电压调整式结构,且接线方式宜选择"1"脚接地;应避免使用电流调整式结构,因为电阻与接触片间的接触电阻不利于大电流的通过。

(6)电位器表面应避免结露或有水滴存在,避免在潮湿地方使用,以防止绝缘劣化或造成短路。

(7)安装旋转型电位器的固定螺母时,强度不宜过紧,以避免破坏螺牙或转动不良等;安装铁壳直滑式电位器时,避免使用过长螺钉,否则有可能妨碍滑柄的运动,甚至直接损坏电位器本身。

(8)在电位器套上旋钮的过程中,所用推力不能过大(不能超过"规格书"中轴的推拉力的参数指标),否则将可能造成对电位器的损坏。

(9)电位器回转操作力(旋转或滑动)会随温度的升高而变小,随温度降低而变大。若电位器在低温环境下使用时需加以说明,以便采用特制的耐低温油脂。

(10)电位器的转轴或滑柄使用设计时应尽量越短越好。转轴或滑柄长度越短手感越好且稳定。反之,越长晃动越大,手感易发生变化。

(11)电位器碳膜能承受周围的温度为 70 ℃,当使用温度高于 70 ℃时可能会丧失其功能。

二、电容器的识别与检测

电容器是一种能储存电能的元件,在各类电子线路中的使用频率仅次于电阻器。

广义上由绝缘材料(介质)隔开的两个导体即构成一个电容器,电容器在电路中主要起耦合、旁路、隔直、滤波、移相、延时等作用。

电容器用字母"C"表示,其基本单位为法拉(F),常用单位还有 μF、nF、pF 等。

1. 电容器的图形符号

常用电容器的图形符号如图 2-5 所示。

(a)一般符号　　(b)极性电容　　(c)可变电容　　(d)微调电容　　(e)穿心电容　　(f)双联同轴
　　　　　　　　　　　　　　　　　　　　　　　　　　　　　　　　　　　　　　　可变电容

图 2-5　常用电容器的图形符号

2. 电容器的分类

按介质材料不同,电容器可分为涤纶电容器、云母电容器、瓷介电容器、电解电容器等。

按容量能否变化,电容器可分为固定电容器、半可变电容器(微调电容器,电容量变化范围较小)、可变电容器(电容量变化范围较大)等。

按电容的用途不同,可分为耦合电容器、旁路电容器、隔直电容器、滤波电容器等。

按电容器有无极性,可分为电解电容器(有极性电容器)和无极性电容器。

几种常用电容器的性能、特点见表 2-6。

表 2-6　几种常用电容器的性能、特点

电容器名称	容 量 范 围	额定工作电压	主 要 特 点
纸介电容器	1 000 pF～0.1 μF	160～400 V	成本低,损耗大,体积大
云母电容器	4.7～30 000 pF	250～7 000 V	耐高压,耐高温,漏电小,损耗小,性能稳定,体积小,容量小
陶瓷电容器	2 pF～0.047 μF	160～500 V	耐高温,漏电小,损耗小,性能稳定,体积小,容量小
涤纶电容器	1 000 pF～0.5 μF	63～630 V	体积小,漏电小,质量轻,容量小
金属膜电容器	0.01～100 μF	400 V	体积小,电容量较大,击穿后有自愈能力
聚苯乙烯电容器	3 pF～1 μF	63～250 V	漏电小,损耗小,性能稳定,有较高的精密度
独石电容器	0.5 pF～1 μF	耐高压	体积小,可靠性高,性能稳定,耐高温,耐湿性好
钽电解质电容器	1～20 000 μF	3～450 V	电容量大,有极性,漏电大

3. 电容器的命名方法

电容器的命名方法与电阻器的命名方法类似,电容器的材料、分类符号及其含义见表 2-7。

表 2-7　电容器的材料、分类符号及其含义

材　　料		含　　义				
字母代号	含　义	序　号	类　型			
			瓷介电容器	云母电容器	电解电容器	有机电容器
T	2类陶瓷介质					

续表

材料		含义				
字母代号	含义	序号	类型			
			瓷介电容器	云母电容器	电解电容器	有机电容器
C	1类陶瓷介质	1	圆形	非密封	箔式	非密封(金属箔)
Y	云母介质	2	管形	非密封	箔式	非密封(金属化)
I	玻璃釉介质	3	迭片	密封	烧结粉液体	密封(金属箔)
O	玻璃膜介质	4	多层(独石)	独石	烧结粉液体	密封(金属化)
J	金属化纸介质	5	穿心			穿心
Z	纸介质	6	支柱式			交流
B	非极性有机薄膜介质	7	交流	标准	无极性	片式
L	极性有机薄膜介质	9			特殊	特殊
Q	漆膜介质	10			卧式	卧式
H	复合介质	11			立式	立式
D	铝电解介质	12				无感式
A	钽电解介质	G	高功率			
N	铌电解介质	W	微调			

4. 电容器的主要性能参数

1)标称容量与允许偏差

与电阻器一样,电容器的标称容量是指在电容上所标注的容量。电容器的标称容量与允许偏差符合国家标准 GB/T 2471—1995 中的规定,与电阻类似,可参照表 2-3 和表 2-4 取值。通常,电容器的容量为几皮法(pF)到几千微法(μF)。

2)额定工作电压与击穿电压

电容器的额定工作电压又称电容器的耐压,它是指电容器长期安全工作所允许施加的最大直流电压,有时,电容器的耐压会标注在电容器的外表上。

当电容器两极板之间所加的电压达到某一数值时,电容器就会被击穿,该电压称为电容器的击穿电压。

电容器的耐压通常为击穿电压的一半。在使用中,实际加在电容器两端的电压应小于额定电压;在交流电路中,加在电容器上的交流电压的最大值不得超过额定电压,否则,电容器会被击穿。

通常电解电容器的容量较大(微法量级),但其耐压相对较低,极性接反后耐压更低,很容易烧坏。所以在使用中一定要注意电解电容器的极性连接和耐压要求。

3)绝缘电阻

电容器的绝缘电阻是指电容器两极之间的电阻,也称为电容器的漏电阻。理想情况下,电容器的绝缘电阻应为无穷大,在实际情况下,电容器的绝缘电阻一般在 $10^8 \sim 10^{10}$ Ω,通常电解电容器的绝缘电阻小于无极性电容器。电容器的绝缘电阻越大越好,若绝缘电阻变小,则漏电流增大,损耗也增大,严重时会影响电路的正常工作。

5. 电容器的标注方法

电容器的标注方法主要有直标法、文字符号法、数码表示法和色码法四种。

1) 直标法

与电阻器一样,电容器的直标法也是用阿拉伯数字和单位符号在电容器表面直接标出主要参数(标称容量、额定电压、允许偏差等)的标示方法。若电容器上未标注偏差,则默认为±20%。当电容器的体积很小时,有时仅标注标称容量一项。

2) 文字符号法

文字符号法也是用阿拉伯数字和字母符号或两者有规律地组合,在电容器上标出主要参数的标示方法。该方法的具体规定为:用字母符号表示电容的单位(n 表示 nF、p 表示 pF、μ 表示 μF 等),电容器容量(用阿拉伯数字表示)的整数部分写在电容单位的前面,电容器容量的小数部分写在电容单位的后面;凡为整数(一般为 4 位)又无单位标注的电容,其单位默认为 pF;凡用小数又无单位标注的电容,其单位默认为 μF。

3) 数码表示法

数码表示法也是用三位数码表示电容器容量的方法。数码按从左到右的顺序,第一、第二位为有效数,第三位为倍乘数(零的个数),电容量的单位是 pF。允许偏差与电阻器的表示形式相同,也用字母符号表示。

4) 色码法

色码法是指用不同颜色的色带或色点表示电容器主要参数的标示方法,这种方法在小型电容器上用得比较多。色码法的具体含义与电阻器类似,色带颜色的规定与电阻色码法相同。

6. 电容器的选用与检测

1) 电容器的合理选用

(1) 应根据电路要求选择电容器的类型。对于要求不高的低频电路和直流电路,一般可选用纸介电容器,也可选用低频瓷介电容器。在高频电路中,当电气性能要求较高时,可选用云母电容器、高频瓷介电容器或穿心瓷介电容器。在要求较高的中频及低频电路中,可选用塑料薄膜电容器。在电源滤波、去耦电路中,一般可选用铝电解电容器。对于要求可靠性高、稳定性高的电路中,应选用云母电容器、漆膜电容器或钽电解电容器。对于高压电路,应选用高压瓷介电容器或其他类型的高压电容器。对于调谐电路,应选用可变电容器及微调电容器。

(2) 合理确定电容器的电容量及允许偏差。在低频的耦合及去耦电路中,一般对电容器的电容量要求不太严格,只要按计算值选取稍大一些的电容量便可以了。在定时电路、振荡回路及音调控制等电路中,对电容器的电容量要求较为严格,因此选取电容量的标称值应尽量与计算的电容值一致或尽量接近,应尽量选取精度高的电容器。在一些特殊的电路中,往往对电容器的电容量要求非常精确,此时应选用允许偏差为±0.1%～±0.5%的高精度电容器。

(3) 选用电容器的工作电压应符合电路要求。一般情况下,选用电容器的额定电压应是实际工作电压的 1.2～1.3 倍。对于工作环境温度较高或稳定性较差的电路,选用电容器的额定电压时应考虑降额使用,以留有更大的余量。

若电容器所在电路中的工作电压高于电容器的额定也压,电容器往往极易发生击穿现象,使整个电路无法正常工作。电容器的额定电压一般是指直流电压,若要用于交流电路,应根据电容器的特性及规格选用;若要用于脉动电路,则应按交、直流分量总和不得超过电容器的额定电压原则选用。

(4)优先选用绝缘电阻大、介质损耗小、漏电流小的电容器。

(5)应根据电容器工作环境选择电容器。电容器的性能参数与使用环境的条件密切相关,因此,选用电容器时应注意:在高温条件下使用,应选用工作温度高的电容器;在潮湿环境中的电路,应选用抗湿性好的密封电容器;在低温条件下使用,应选用耐寒的电容器,这对电解电容器来说尤为重要,因为普通的电解电容器在低温条件下电解液会结冰而失效。

(6)选用电容器时应考虑安装现场的要求。电容器的外形有很多种,选用时应根据实际情况选择电容器的形状及引脚尺寸。例如,作为高频旁路用的电容器最好选用穿心式电容器,这样不但便于安装,又可兼作接线柱使用。

2)电容器的常见故障

(1)开路故障。这种情况是指电容器的引脚在内部断开的情况,表现为电容两电极端的电阻无穷大,且无充、放电作用的故障现象。

(2)击穿故障。电容击穿是指电容器两极板之间的介质(绝缘物质)的绝缘性被破坏,介质变为导体的情况,表现为电容器两电极之间的电阻变为零的故障现象。

(3)漏电故障。电容漏电是当电容器使用时间过长、电容受潮或介质的质量不良时,电容内部的介质绝缘性能变差,导致电容的绝缘电阻变小、漏电流过大的故障现象。

电容器出现故障后,即失去电容的作用,影响电路的正常工作。

电容器比电阻器出现故障的概率大,检测也更为复杂。

3)电容器的检测方法

(1)电容器容量大小的判别。5 000 pF 以上容量的电容器用万用表的最高电阻挡判别。具体操作:将万用表的两表笔分别接在电容器的两个引脚上,可见万用表指针有一个较小的摆动过程;然后将两表笔对换,再进行一次测量,此时万用表指针会有一个较大的摆动过程。这就是电容器的充、放电过程。电容器的容量越大,指针摆动越大,指针复原的速度也越慢。5 000 pF 以下容量的电容器用万用表测量时,由于其容量小,已无法看出电容的充、放电过程,应选用具有测量电容功能的数字万用表进行测量。

(2)固定电容器故障判断。根据上述对电容器容量大小的判别方法连接电容器与万用表笔,若出现万用表指针不摆动(5 000 pF 以上容量的电容),说明电容已开路;若万用表指针向右摆动后,指针不再复原,说明电容被击穿;若万用表指针向右摆动后,指针只有少量向左回摆的现象,说明电容有漏电现象,指针稳定后的读数即为电容的漏电电阻值。

(3)电解电容器的检测。

①电解电容器的容量较一般固定电容器大得多,测量时应针对不同容量选用合适的量程。根据经验,一般情况下,$1～47~\mu F$ 的电容器可用 $R×1k$ 挡测量,大于 $47~\mu F$ 的电容器可用 $R×100$ 挡测量。

②将万用表红表笔接负极,黑表笔接正极,在刚接触的瞬间,万用表指针即向右偏转较

大角度(对于同一电阻挡,容量越大,摆幅越大),接着逐渐向左回转,直到停在某一位置。此时的阻值便是电解电容的正向漏电阻,此值略大于反向漏电阻。实际使用经验表明,电解电容的漏电阻一般应在几百千欧以上,否则,将不能正常工作。在测试中,若正向、反向均无充电的现象,即表针不动,则说明容量消失或内部断路;如果所测阻值很小或为零,说明电容漏电大或已击穿损坏,不能再使用。

③对于正、负极标志不明的电解电容器,可利用上述测量漏电阻的方法加以判别,即先任意测一下漏电阻,记住其大小,交换表笔再测出一个阻值。两次测量中阻值大的那一次便是正向接法,正向接法即黑表笔接的是正极,红表笔接的是负极。

④同样可以根据电容器充电时指针向右摆动幅度的大小估测电解电容器的容量。

(4) 可变电容器的检测。

①用手轻轻旋动转轴,应感觉十分平滑,不应有时松时紧甚至有卡滞现象。或者用一只手旋动转轴,另一只手轻摸动片组的外缘,不应感觉有任何松脱现象。转轴与动片之间接触不良的可变电容器不能继续使用。

②将万用表置于 $R \times 10k$ 挡,一只手将两根表笔分别接可变电容器的动片和定片的引出端,另一只手将转轴缓缓旋动几个来回,万用表指针都应在无穷大位置不动。在旋动转轴的过程中,如果指针有时指向零,说明动片和定片之间存在短路点;如果碰到某一角度,万用表读数不为无穷大而是出现一定阻值,说明可变电容器动片与定片之间存在漏电现象。

三、电感器和变压器的识别与检测

电感器俗称电感或电感线圈,是一种利用自感作用进行能量传输的元件。

与电容器一样,电感器也是一种储能元件,是储存磁场能量的元件,广泛应用于调谐、振荡、耦合、滤波、陷波、延迟、补偿等电子线路中。

电感器用"L"表示,其基本单位是亨利(H),常用单位还有 mH、μH 等。

变压器也是一种利用电磁感应原理来传输能量的元件,其实质是电感器的一种特殊形式。变压器具有变压、变流、变阻抗、耦合、匹配等作用。

1. 电感器和变压器的图形符号

各种电感线圈都具有不同的特点和用途,但它们都是用漆包线、纱包线和镀银裸铜线,并绕在绝缘骨架、铁芯或磁芯上构成的,而且每圈与每圈之间要彼此绝缘。常用电感器和变压器的图形符号如图 2-6 所示。

2. 电感器和变压器的分类

1) 电感器的分类

电感器按绕线结构可分为单层线圈、多层线圈、蜂房线圈等;按导磁性质可分为空心线圈、磁芯线圈、铜芯线圈等;按封装形式可分为普通电感器、色环电感器、环氧树脂电感器、贴片电感器等;按电感量是否变化可分为固定电感器、微调电感器、可变电感器等;按工作性质可分为高频电感器和低频电感器等;按用途可分为天线线圈、扼流线圈、振荡线圈、退耦线圈等。

2) 变压器的分类

变压器按工作频率可分为高频变压器、中频变压器、低频(音频)变压器、脉冲变压器等;按导磁性质可分为空心变压器、磁芯变压器、铁芯变压器等;按用途(传输方式)可分为电源变压器、输入变压器、输出变压器、耦合变压器等。

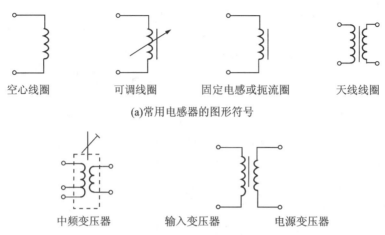

(a)常用电感器的图形符号

空心线圈　可调线圈　固定电感或扼流圈　天线线圈

中频变压器　输入变压器　电源变压器

(b)常用变压器的图形符号

图 2-6　常用电感器和变压器的图形符号

部分电感器和变压器的性能和用途见表 2-8。

表 2-8　部分电感器和变压器的性能和用途

电感器种类	电感器外形图	性能和用途
小型固定电感线圈		将铜线绕在磁芯上,再用环氧树脂或塑料封装而成。其电感量用直标法和色码法表示,又称色码电感器。体积小、质量小、结构牢固、安装使用方便,在电路中用于滤波、扼流、振荡、延迟等。固定电感器有立式和卧式两种,电感量为 0.1～3 000 μH,允许误差有 I(5%)、II(10%)、III(20%)挡,频率为 10 kHz～200 MHz
铁氧体磁芯线圈		铁氧体铁磁材料具有较高的磁导率,常用来作为电感线圈的磁芯,制造体积小而电感大的电感器。在中心磁柱上开出适当的气隙不但可以改变电感系数,而且能够提高电感的 Q 值、减小电感温度系数。广泛应用于 LC 滤波器、谐振回路和匹配回路。常见的铁氧体磁芯还有 E 形磁芯和磁环
交流扼流圈		交流扼流圈有低频扼流圈和高频扼流圈两种形式。低频扼流圈又称滤波线圈,由铁芯和绕组构成,有封闭式和开启式两种,它与电容器组成滤波电路,以滤除整流后残存的交流成分。高频扼流圈通常用在高频电路中阻碍高频电流的通过。常与电容器串联组成滤波电路,起到分开高频和低频信号的作用
可调电感器		在线圈中插入磁芯(或铜芯),改变磁芯在线圈中的位置就可以达到改变电感量的目的。如有些中周线圈的磁罩可以旋转调节,即磁芯可以旋转调节,调整磁芯和磁罩的相对位置,能够在±10%的范围内改变中周线圈的电感量

续表

电感器种类	电感器外形图	性能和用途
电源变压器		电源变压器的功能是功率传送、电压交换和绝缘隔离,作为一种主要的软磁电磁元件,在电源技术中和电子技术中得到广泛的应用

3. 电感器和变压器的型号命名方法

1)电感器型号命名方法

电感线圈型号命名由四部分组成,各部分的含义如下:第一部分为主称,常用 L 表示线圈,ZL 表示高频或低频扼流圈;第二部分为特征,常用 G 表示高频;第三部分为类型,常用 X 表示小型;第四部分为区别代号。例如,LGX 型即为小型高频电感线圈。

2)变压器型号命名方法

国产变压器型号命名由三部分组成,各部分的含义见表 2-9:第一部分用字母表示变压器的主称,第二部分用数字表示变压器的额定功率,第三部分用数字表示产品的序号。

表 2-9 国产变压器的型号命名的含义

第一部分:主称		第二部分:额定功率	第三部分:序号
字母	含义		
CB	音频输出变压器		
DB	电源变压器		
GB	高压变压器		
HB	灯丝变压器	用数字表示变压器的额定功率	用数字表示产品的序号
RB 或 JB	音频输入变压器		
SB 或 ZB	扩音机用定阻式音频输送变压器(线间变压器)		
SB 或 EB	扩音机用定压或自耦式音频输送变压器		
KB	开关变压器		

4. 电感器和变压器的主要性能参数

1)电感器的主要性能参数

(1)标称电感量。标称电感量是指电感器上所标注的电感量的大小。它用来表示线圈本身的固有特性,主要取决于线圈的圈数、结构及绕制方法等,与电流大小无关。标称电感量反映电感线圈存储磁场能的能力,也反映电感器通过变化电流时产生感应电动势的能力。

(2)品质因数。电感线圈中,储存能量与消耗能量的比值称为品质因数,也称 Q 值。它是表示线圈质量的一个物理量,Q 为线圈的感抗(ωL)与线圈的损耗电阻(R)的比值,即 $Q = \omega L/R$,线圈的 Q 值越高,回路的损耗越小。线圈的 Q 值与导线的直流电阻、骨架的介质损耗、屏蔽罩或铁芯引起的损耗等因素有关。为提高电感线圈的品质因数,可以采用镀银导线、多股绝缘线绕制线匝,使用高频陶瓷骨架及磁芯(提高磁通量)等措施。

(3) 额定电流。额定电流是指能保证电路正常工作的工作电流。有一些电感线圈在电路工作时,工作电流较大,如高频扼流圈、大功率谐振线圈及电源滤波电路中的低频扼流圈等。选用时额定电流应是考虑的重要因素。当工作电流大于电感线圈的额定电流时,电感线圈就会发热而改变其原有参数,严重时甚至会损坏线圈。

(4) 分布电容。电感线圈的分布电容是指电感线圈的各匝绕组之间通过空气、绝缘层和骨架而形成的电容效应。同时,在屏蔽罩之间、多层绕组的每层之间、绕组与底板之间也都存在着分布电容。这些电容可以看成一个与线圈并联的等效电容。低频时,分布电容对电感器的工作没有影响;高频时,分布电容会改变电感器的性能。

(5) 电感线圈的直流电阻。电感线圈的直流电阻即为电感线圈的直流损耗电阻 R_0,可以用万用表的电阻挡直接测量出来。

2) 变压器的主要性能参数

(1) 变压比 n。变压比 n 指变压器的初级电压 U_1 与次级电压 U_2 的比值,或初级线圈匝数 N_1 与次级线圈匝数 N_2 的比值。

$$n = \frac{U_1}{U_2} = \frac{N_1}{N_2}$$

(2) 额定功率。额定功率指在规定的频率和电压下,变压器能长期工作而不超过规定温升的输出功率。

(3) 效率。效率指变压器的输出功率与输入功率的比值。一般来说,变压器的容量(额定功率)越大,其效率越高;容量(额定功率)越小,效率越低。例如,变压器的额定功率为 100 W 以上时,其效率可达 90% 以上;变压器的额定功率为 10 W 以下时,其效率只有 60%~70%。

(4) 绝缘电阻。绝缘电阻指变压器各绕组之间及各绕组与铁芯或机壳之间的电阻。若绝缘电阻过低,会使仪器和设备机壳带电,造成工作不稳定,甚至给设备和人身带来危险。

5. 电感器的标注方法

电感器的标注方法与电阻器、电容器相似,分为直标法、文字符号法、数码法和色码法,此处不再赘述。

6. 电感器和变压器的性能检测

1) 电感器的性能检测

电感器的主要故障有短路、断线现象。

电感器的性能检测一般采用外观检查结合万用表测试的方法。先外观检查,看线圈有无断线、生锈、发霉、松散或烧焦的情况(这些故障现象较常见),若无此现象,再用万用表检测电感线圈的直流损耗电阻。

电感线圈的直流损耗电阻通常在几欧与几百欧之间,所以使用指针式万用表检测时,通常使用 $R \times 1$ 或 $R \times 10$ 挡测量。若测得线圈的电阻远大于标称电阻值或趋于无穷大,说明电感器断路;若测得线圈的电阻远小于标称电阻值,说明线圈内部有短路故障。

2) 变压器的性能检测

变压器的性能检测方法与电感器大致相同,不同之处如下:

(1)检测变压器之前,先了解该变压器的连线结构,然后主要测量变压器线圈的直流电阻和各绕组之间的绝缘电阻。在没有电气连接的地方,其电阻值应为无穷大;在有电气连接之处,有规定的直流电阻(可查资料得知)。

(2) 变压器各绕组之间及绕组和铁芯之间的绝缘电阻的测量。电路中的输入变压器和输出变压器使用 500 V 的摇表(兆欧表)测量,其绝缘电阻应不小于 100 MΩ;电源变压器使用 1 000 V 的摇表(兆欧表)测量,其绝缘电阻不小于 1 000 MΩ。

◀ 任务 2 万用表及其使用方法 ▶

万用表是一种多功能、多量程的测量仪表,可以测量直流电流电压、交流电流电压、电阻等,广泛应用于电气维修和测试中。万用表可分为指针式和数字式两大类,如图 2-7 所示。

(a)指针式   (b)数字式

图 2-7 万用表

一、指针式万用表的结构

常见的指针式万用表主要有 500 型、MF47 型、MF64 型、MF50 型、MF15 型等,它们功能各异,但结构和原理基本相同。从外观看,它们一般由外壳、表头、表盘及面板等组成。

以 MF47 型指针式万用表为例,其面板结构如图 2-8 所示。在使用指针式万用表之前,若万用表零位不准,可采用旋具转动机械调零旋钮校准。量程转换开关周围标有不同的量程,从量程可以看出,该万用表可以测量交、直流电压,直流电流,电阻及晶体管的直流电流放大系数。量程转换开关左上角是测量 NPN 型和 PNP 型晶体管 h_{FE} 的插孔,右上角是电阻挡调零旋钮,当电阻表笔短接,指针没有指示电阻(零值)时,可旋转此旋钮调准。面板左下角标有" ＋ "和 $\overline{COM}$ 的插孔,它们分别为红、黑表笔插孔。右下角有测量 2 500 V 直流高压的专用插孔及一个测量 5 A 直流大电流的专用插孔。

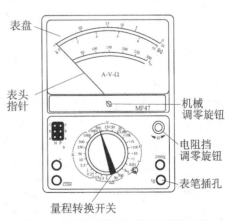

图 2-8 MF47 型指针式万用表的面板

面板上还有表盘和表头指针。表头是万用表的重要组成部分,决定了万用表的灵敏度。表头由磁路系统、表针和偏转系统组成。表头一般都采用内阻较大、灵敏度较高的磁电式直流电流表。表盘由多种刻度线及各种符号组成。只有正确理解各种刻度线的读数方法和各种符号所代表的意义,才能正确地使用万用表。

MF47 型指针式万用表的表盘如图 2-9 所示。表盘中 6 条刻度标尺的含义为:从上到下看,最上面的是电阻刻度标尺,用"Ω"表示;第二条是交、直流电压及直流电流共用刻度标尺,用"$\underline{V}$"和"$\underline{mA}$"表示;第三条是晶体管共发射极直流电流放大系数刻度标尺,用"h_{FE}"表示;第四条是电容刻度标尺,用"C(μF)50Hz"表示;第五条是电感刻度标尺,用"L(H)50Hz"表示;最后一条是音频电平刻度标尺,用"—dB"表示。

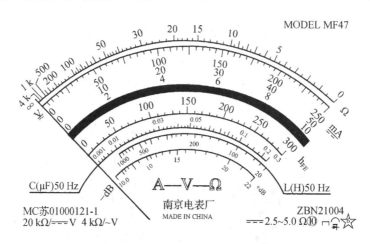

图2-9　MF47型指针式万用表的表盘

二、指针式万用表的测量方法

使用前,需要检查仪表。水平放置万用表,查看表头指针是否指零,若不指零,则要通过旋转机械调零旋钮进行调零。除了测量直流高电压和大电流外,其他测量时都应把红表笔插入标有"+"的插孔,黑表笔插入标有"COM"的插孔。

（1）指针式万用表测量电阻的方法如图2-10(a)所示。测量步骤如下。

①使被测电阻所在支路呈开路状态。

②先把量程转换开关旋到电阻挡"Ω"范围内,再选择适当的电阻倍率挡。

③将两表笔短接调零,看表头指针是否指在零刻度上,若不指零,转动电阻挡调零旋钮至表头指针指零。

④将表笔分别与被测电阻两端相连,指针将偏转一个角度,指针在刻度尺的1/3～2/3范围内时读数比较精准,否则,应变换倍率挡,使指针指在该范围内。注意每次变换倍率后,都须重新调零。

⑤读出测量值,电阻值＝指针读数×倍率。

> **测量小常识:** 如图2-10(b)所示,测电阻时,不要用手触碰被测电阻两端或两支表笔的金属部分,以免人体电阻与被测电阻并联,使测量结果不准确;若无法调至零位,说明表内电池电压已不足,应更换新电池,其中×1～×1k应更换1.5 V电池,×10k应更换9 V叠层电池;不能带电测量电阻,因为测电阻时,由万用表内部电池供电,如果带电测量相当于接入一个外加电源,可能损坏表头。

（2）指针式万用表测量直流电压的方法如图2-11(a)所示。具体步骤如下。

①先将量程转换开关拨到直流电压挡位范围内,根据估算电压值选择适当的量程,若不知道被测电压的值,应先用最高挡测出大约值后,再选择合适的挡位来测量,以免表头指针偏转过度而损坏表头。

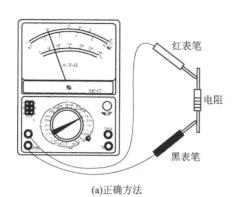
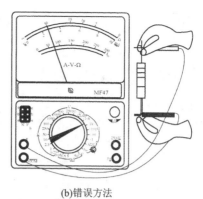

(a)正确方法　　　　　　　　　　　　　(b)错误方法

图 2-10　指针式万用表测量电阻的方法

②万用表并联在被测电路中,红表笔接被测电路高电位端,黑表笔接低电位端。

③读出测量值,电压值＝ V(mV)/格×格数。

测量小常识:适当的电压量程是指指针指在刻度尺的 1/3～2/3 处。

(3) 指针式万用表测量交流电压的方法如图 2-11(b)所示。具体步骤如下。

①将量程转换开关拨到交流电压范围内,根据估算电压值,选择适当的量程。

②两表笔分别并联到被测电路的两端,与测量直流电压不同的是,红、黑表笔可任意接被测电路两端。

测量小常识:在测量电流和电压时,不能带电更换量程,也不能旋错挡位,若误用电阻挡或电流挡去测量电压,则极易烧坏电表。测量直流电压和直流电流时,注意"＋""－"极性,不要接错;如果发现指针反偏,应立即调换表笔,以免损坏表头及指针。

(4) 指针式万用表测量直流电流的方法如图 2-11(c)所示。具体步骤如下。

①先将量程转换开关拨到直流电流范围内,根据估算值选择量程,若不知道被测电流的大约值,应先用最高挡测出大约值后再选择合适的挡位来测量。

②测量时应将万用表串联在被测电路中,正负极必须正确,红表笔接电流流入端,黑表笔接电流流出端。

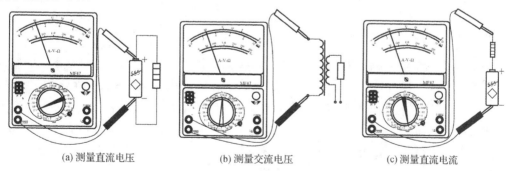

(a) 测量直流电压　　　　(b) 测量交流电压　　　　(c) 测量直流电流

图 2-11　指针式万用表测量电压、电流的方法

测量小常识:万用表不用时,量程转换开关不要旋在电阻挡,因为表内有电池,如果不小心使两根表笔相碰短路,不仅会使表内电池的电量很快耗完,而且会损坏表头。应将量程转换开关调到交流电压最大挡位或空挡上。

活动：(1)用指针式万用表测量自己连接电路的电压、电流和负载电阻值。

(2)分析 MF47 型指针式万用表的测量线路原理图。

三、数字式万用表的结构

数字式万用表可用于测量交、直流电压，交、直流电流，电阻、电容、二极管、晶体管、音频信号的频率等，其面板结构如图 2-12 所示。

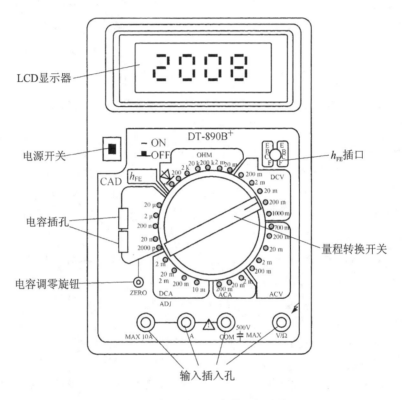

图 2-12　数字式万用表的面板结构

四、数字式万用表的测量方法

使用前应先检查仪表。将电源开关置于 ON 位置，LCD 显示器应有数字或符号显示。若显示器出现低电压符号，应立即更换内置的 9 V 电池。表笔插孔旁的 △符号表示测量时输入电流、电压不得超过量程规定值，否则将损坏内部测量线路。测量前，量程转换开关应置于所需量程。测量交、直流电压和电流时，若不知道被测数值的高低，可先将量程转换开关置于最大量程挡，在测量中按需要逐步下调。

具体测量步骤如下：

①将表笔插入相应插孔。

②将量程转换开关置于相应范围内的适当量程(可参照指针式万用表的测量方法)。例如，DC 表示直流，V 表示电压。

③表笔与被测电路相连(可参照指针式万用表的测量方法)。

④读数。

测量交、直流电压,交、直流电流,电阻,电容,二极管正向电阻及晶体管静态放大系数 h_{FE} 的方法如图 2-13 所示。

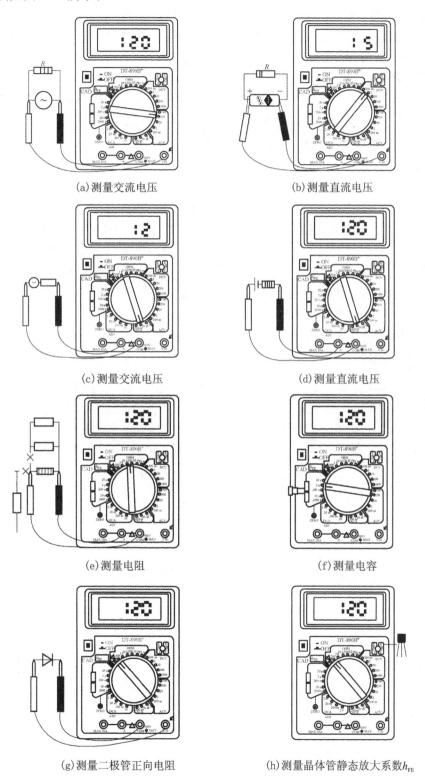

(a)测量交流电压

(b)测量直流电压

(c)测量交流电压

(d)测量直流电压

(e)测量电阻

(f)测量电容

(g)测量二极管正向电阻

(h)测量晶体管静态放大系数 h_{FE}

图 2-13　数字式万用表的测量方法

1. 测量电阻

万用表与被测电阻并联,注意必须事先断开被测电阻的一端或与被测电阻相并联的所有电路,并切断电源。数字式万用表的各挡量程没有倍率关系,所以按所选量程及单位读取的数字即为电阻值。表笔开路状态显示为1,并非故障,所测电阻大于 1 MΩ 时,显示读数要几秒钟后方可稳定。

2. 测量电容

将量程转换开关置于 F 范围内的适当量程,注意每次转换量程时需要一定的时间才能稳定漂移数字;待稳定后调节 ZERO 电容调零旋钮,使其显示为零;将待测电容两脚插入电容插孔即可读数,插入电容时无须考虑极性,测量大容量电容时,需要一定的时间方能使读数稳定。

3. 测量二极管正向电阻

黑表笔插入"$\overline{COM}$"插孔,红表笔插入"V/Ω"插孔(红表笔极性为"+",与指针式万用表相反,指针式万用表的红表笔接仪表内部电源的"−"极);将量程转换开关置于"通断"挡;红表笔接二极管正极,黑表笔接二极管负极,此时 LCD 显示器显示值即为该二极管正向导通时的电阻值。注意二极管的正向电阻与它的工作电流有关,而在具体电路中,二极管的工作电流一般与万用表的测试电流不会相同,故万用表显示的仅为近似值。

4. 测量晶体管静态放大系数 h_{FE}

将量程转换开关置于 h_{FE} 位置。将已知 PNP 型或 NPN 型晶体管的三只引脚分别插入仪表面板右上方的对应插孔中,LCD 显示器显示值即为晶体管静态放大系数,h_{FE} 的近似值。

> **测量小常识:**LCD 显示器只显示 1,表示被测量值超出所选量程范围,应选择更大的量程;在高压线路上测量电流、电压时,应注意人身安全,当量程转换开关置于 OHM,"通断挡位"时,不得引入电压。用万用表测量交流电路时,黑、红表笔不分极性;测量直流电路时,黑、红表笔需要分极性。

活动:用数字式万用表测量自己连接电路的电压、电流和负载电阻。

项目3

直流电路的认识

◀ 任务1 建立电路模型 ▶

在日常生产生活中,广泛应用着各种电路,它们是将实际器件按一定方式连接起来形成的电流通路。实际电路的种类很多,不同用途的电路,其形式和结构也各不相同。由于实际元件构成的实际电路分析起来不方便,为了更好地分析、研究电路,人们创造了由电路模型构成的电路图,同时也摸索出了很多分析电路的方法和规律。

一、电路的组成和分类

电流流经的路径称为电路。图 3-1 所示的手电筒电路由电池(源)、电灯(负载)、开关(控制元件)及连接导线组成。

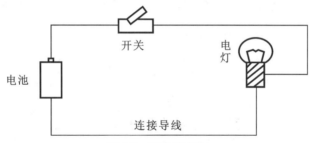

图 3-1 手电筒电路

为了把电路各组成部分的电关系在工程上简明地表达出来,常用国家规定的电气图形符号及文字符号表示各电气元器件,把实物图简化成电路原理图(简称电路图)。电路图中常用的图形及文字符号见表 3-1。

表 3-1 电路图中常用的图形及文字符号

电池 E	⊣⊢	电容 C	⊣⊦	开关 S	⸻o⟋ o⸻
固定电阻 R	⊏▭⊐	电压源	⊕	熔断器 FU	⊏▭⊐
可变电阻 R	⊏▭⊐	电流源	⊘	电压表	Ⓥ
电感 L	⌒⌒⌒	电灯 EL	⊗	电流表	Ⓐ

根据电源性质的不同,电路中的电流可分为直流和交流。通直流电的电路称为直流电路,通交流电的电路称为交流电路。如果电路中电流的大小和方向都不随时间变化,则称为直流电(DC);如果电流的大小和方向都随时间变化,则称为交流电(AC)。习惯上把正电荷的移动方向定义为电流方向。家用电器大多使用直流电,如收音机、电视机、计算机、电磁炉等。交流电通常是指正弦交流电,它的大小和方向随时间而改变。因为交流电压是按正弦函数规律变化的,其波形与数学上的正弦曲线一致,因此称为正弦交流电。

电路根据其用电类型大体分为强电电路和弱电电路两大类。例如,照明电路及给电动机负载供电的动力电路,其特点是工作电压高、传输电能大,称为强电电路,用于实现电能的传输及转换;收音机电路、有线电视信号传输电路、晶体管测温度电路、有线电话传输电路、网线等称为弱电电路,用来进行电信号的传输和处理。此外,在一个闭合的电路中,电源内部的电路称为内电路,电源外部的电路称为外电路。

二、电路的物理量

电路的物理量有电流、电位、电压、电动势、电阻等。其中,电流、电压是最基本的物理量。

1. 电流

电路中,在电源电场力的作用下,电荷的定向移动称为电流。电路中有电流产生须满足两个基本条件:一是有电源供电,二是必须形成闭合回路。

电流的大小等于单位时间(t)内流过某一截面的电荷量(Q),在直流电中用字母 I 表示。其表达式为

$$I = \frac{Q}{t} \tag{3-1}$$

电流 I 的单位为安[培](A),电荷量 Q 的单位为库[仑](C),时间 t 的单位为秒(s)。其他常用的电流单位还有千安(kA)、毫安(mA)、微安(μA)等。

电流的方向规定为正电荷运动的方向,如图 3-2 所示。在电源内部电流由负极流向正极,在电源外部电流则由正极流向负极,以形成闭合回路。

在分析、计算电路时,有时难以确定电流的实际方向,可先假定一个电流方向,称为参考方向(或正方向),并在电路图中用箭头标出。然后根据假定的参考方向列出方程求解,若计算结果为正,则表示电流的实际方向与参考方向相同;若为负,则表示电流的实际方向与参考方向相反,如图 3-3 所示。电流参考方向的假定在电路分析计算,分析电动势、电压、电位等物理量的正负时是必不可少的。

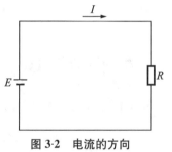

图 3-2 电流的方向

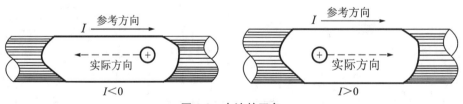

图 3-3 电流的正负

测量电流所用的仪表称为电流表,使用电流表时,必须把电流表串接在被测电路中,电流表的正端"+"接电流的流入端,负端"-"接电流的流出端,被测电流从电流表中通过,如图 3-4 所示。

2. 电位

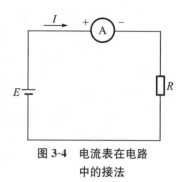

图 3-4 电流表在电路中的接法

水由高处向低处流,高处的水位高,低处的水位低,不同点因存在水位差而形成水流。与此类似,电路中各点均有一定的电位,在外电路中电流从高电位流向低电位。分析高度时,总有一个计算高度的起点,称为参考点,通常以海平面作为基准参考点。电路中计算电位也必须有一个计算电位的起点,通常以大地作为零参考点,在电子电路中则以机壳、金属底板或公共点作为零参考点,用符号"⏚"或"⊥"表示。在电路计算时,可任选一点作为参考点。

某一点的电位是指电场力将单位正电荷从电场中的某一点移动到参考点所做的功(W)。电位用字母 V 表示,则有

$$V = \frac{W}{Q} \tag{3-2}$$

式中,W 的单位为焦[耳](J);Q 的单位为库[仑](C);V 的单位为伏[特](V)。

必须注意,电路中任意点电位的大小与参考点的选择有关。当参考点的选择不同时,该点的电位值也随之改变。例如,在图 3-5 中,如果以 A 点为参考点,则 $V_A = 0$ V,$V_B = 2$ V,$V_C = 7$ V;如果以 B 点为参考点,则 $V_A = -2$ V,$V_B = 0$ V,$V_C = 5$ V。

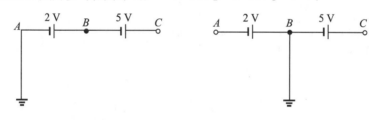

(a)以 A 点为参考点   (b)以 B 点为参考点

图 3-5 电位参考点

📖 **活动**:如图 3-6 所示,分别求以 A 点、B 点、D 点为参考点时各点的电位。

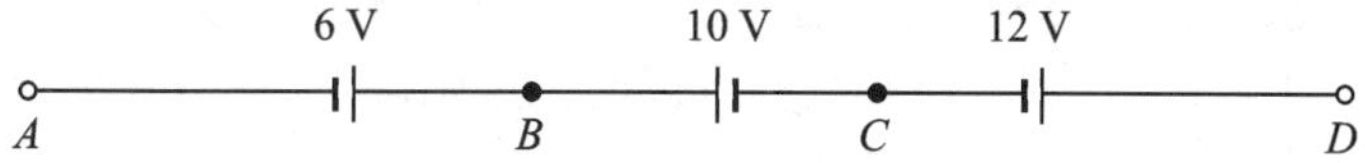

```
        6 V            10 V           12 V
 A ─────┤├──────●──────┤├──────●──────┤├─────○ D
              B            C
```
图 3-6 求各点的电位

3. 电压

电压还可称为电位差。水位差是水路中形成水流的原因,同样地,电位差是电路中形成电流的原因。电路中 A、B 两点之间的电位差称为该两点间的电压,即

$$U_{AB} = V_A - V_B \tag{3-3}$$

电压的数值等于单位正电荷在电场力的作用下从 A 点移动到 B 点时所做的功,即

$$U_{AB} = \frac{W_{AB}}{Q} \tag{3-4}$$

电压用字母 U 表示,它的单位是伏[特](V)。电压的方向规定为由高电位端指向低电

位端,用"+""−"极性表示,即从"+"端指向"−"端。在进行电路计算时,如果无法判定电压的实际方向,可先假设一个电压的参考方向,若计算结果为正,则表示电压的实际方向与参考方向一致;若计算结果为负,则表示电压的实际方向与参考方向相反。电压和电流的参考方向可分别假定,但在分析计算电路时常假定电压和电流的参考方向一致,称为关联参考方向,这样比较方便和清晰。

电路中任意两点之间的电压值与参考点的选择无关。例如,在图3-5中,若以A点为参考点,则$U_{CA}=V_C-V_A=(7-0)\text{V}=7\text{ V}$;若以$B$点为参考点,则仍有$U_{CA}=V_C-V_A=[5-(-2)]\text{V}=7\text{ V}$。

测量电压所用仪表称为电压表,用直流电压表测量电压时,必须把电压表并联在被测电路的两端,且电压表的正端"+"接电路中的高电位端,负端"−"接电路中的低电位端,如图3-7所示。

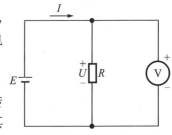

图 3-7　电压表测量电压

4. 电动势

电源用来维持电路中任意两点间的电位差,它将非电能转换为电能,因此电源是电路中提供电能的装置。电源内部将其他形式的能量转换为电能,将电源两极间所建立的电位差称为电动势E,其数值等于电源内部电源力将单位正电荷从电源负极经电源内部移动到正极所做的功,即

$$E=\frac{W}{Q} \tag{3-5}$$

电动势E的单位是伏[特](V),电动势的方向规定为从电源负极指向正极。

5. 电阻

导体对电流的通过具有一定的阻碍作用,称为电阻,用字母R表示,单位为欧[姆](Ω)。导体的电阻大小可用式(3-6)计算。

$$R=\rho\frac{l}{A} \tag{3-6}$$

式中,l为导体长度(m);A为导体横截面积(m^2);ρ为导体电阻率($\Omega\cdot\text{m}$)。各种不同金属材料的电阻率是不同的,在常用的导电材料中,银、铜、铝的电阻率都很小,对电流的阻碍作用很小。电阻率比较高的材料主要用来制造各种电阻元件,而镍铬合金及铁铬铝合金的电阻较高,并有长期承受高温的能力,因此常用来制造各种电热器件,如电热水器、电熨斗、吹风机等的发热电阻丝。

导体的电阻不仅与材料有关,还与温度有关,金属导体在温度升高时其电阻也随之增大,而某些半导体、电解液等则相反,在温度升高时其电阻随之减小;少数铜合金的电阻几乎不受温度影响,常制作成标准电阻。

三、欧姆定律

欧姆定律是用来反映电路中电动势、电压、电流、电阻等物理量之间内在联系的一个极为重要的定律。

1. 纯电阻电路的欧姆定律

实验证明:在一段只有电阻(不含电源)的电路中,流过电阻的电流I的大小和加在电阻两端的电压U成正比,与电阻R成反比,即

$$I=\frac{U}{R} \tag{3-7}$$

使用式(3-7)要注意电流 I 与电压 U 的参考方向必须一致,如不一致将出现负号。例如,如图 3-8 所示,已知 $R=20\ \Omega$,$U_{AB}=100\ V$,分别求图 3-8(a)和图 3-8(b)中的电流 I。

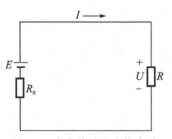

(a)I为正　　　　　　　　(b)I为负

图 3-8　电流与电压的参考方向

解　(1)$I=\dfrac{U_{AB}}{R}=5\ A$。

(2) $I=\dfrac{-U_{AB}}{R}=-5\ A$。

电流为负值表示该电阻上的实际电流方向与图中所标定的方向相反。

2. 全电路欧姆定律

如图 3-9 所示,含有电源和负载的闭合电路称为全电路,其欧姆定律表达式为

$$I=\frac{U}{R+R_0} \tag{3-8}$$

式中,R_0 是电源内阻。

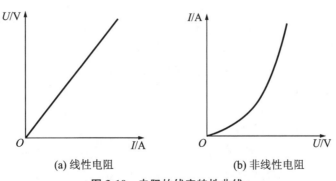

图 3-9　全电路欧姆定律电路

3. 电阻的伏安特性

上面讲的电阻是一个常数,它的大小不随电压、电流的变化而变化,称为线性电阻。线性电阻的电压、电流关系线(伏安特性曲线)是通过原点的一条直线,如图 3-10(a)所示,电阻器、电阻炉等元件均可近似看作线性电阻。还有一类电阻元件,当加上不同的电压或通过不同的电流时,其电阻值不同,这类电阻称为非线性电阻,其伏安特性曲线为一条曲线,如图 3-10(b)所示,该曲线为晶体二极管的正向伏安特性曲线。在晶体管电路中,元件的伏安特性曲线习惯上仍以电压为横坐标,以电流为纵坐标。

(a) 线性电阻　　　　　　　　(b) 非线性电阻

图 3-10　电阻的伏安特性曲线

4. 电能

电场力移动电荷 Q 通过负载 R 时所做的功,即负载中有电流通过时消耗的电能 W 为

$$W=UQ=UIt=I^2Rt \tag{3-9}$$

电能的单位除了焦耳(J)外,还常用千瓦时(kW·h),也称度,1 kW·h$=3.6\times10^6$ J,家庭电路中常用电度表来测量使用的电能。

5. 电功率

单位时间内负载所消耗的电能称为电功率,用字母 P 表示,单位为瓦(W)或千瓦(kW)。

$$P=\frac{W}{t}=UI=\frac{U^2}{R} \tag{3-10}$$

四、电路模型

实际元器件或设备种类繁多,特性及用途各异,这给电路的分析和计算带来了许多困难和不便。为此,在分析计算电路时,可把实际电路中的各种元件等,用表征其物理性质的理想电路元件来代替,这种元件称为理想元件,由理想元件组成的电路称为电路模型。

由于在电路分析计算中,只研究电源与负载之间的相互能量转换关系,因此对电路实行控制、保护、测量的中间环节没有特别说明的,一般均予以忽略。这样就可以把理想电路元件按负载及电源的性能不同而分为两大类:理想无源元件和理想电源元件。

理想无源元件包括理想电阻元件、理想电容元件、理想电感元件三种,简称电阻元件(电阻)、电容元件(电容)和电感元件(电感)。电阻是表征电路中消耗电能的元件,电容是表征电路中储存电场能的元件,电感是表征电路中储存磁场能的元件。

理想电源元件是从实际电源中抽象出来的。当实际电源本身的功率损耗忽略不计而只起电源作用时,这种电源便可以用一个理想电源来表示,理想电源可分为理想电压源和理想电流源两种。理想电压源(恒压源)的图形及文字符号如图 3-11(a)所示,它输出电压恒定不变,即输出电压不随输出电流的变化而变化,如图 3-11(b)所示。

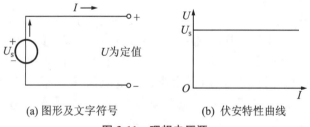

(a) 图形及文字符号　　　　(b) 伏安特性曲线

图 3-11　理想电压源

理想电流源(恒流源)的图形及文字符号如图 3-12(a)所示,输出电流恒定不变,即伏安特性是一条与 U 轴平行的直线,如图 3-12(b)所示。

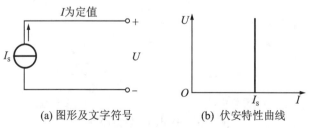

(a) 图形及文字符号　　　　(b) 伏安特性曲线

图 3-12　理想电流源

五、电路状态

1. 开路状态

当某一部分电路与电源断开时,该部分电路中没有电流流过,这部分电路所处的状态称为开路。如图 3-13 所示,S_1 及 S_2 均断开即电源与负载全部断开,则电路中的电流 $I=0$,这时电源的工作状态为空载,电源空载时,$E=U$,即电路的端电压等于电源的电动势。

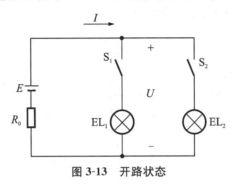

图 3-13 开路状态

2. 工作(通路)状态

当负载与电源接通,电路中有电流流过,并有能量的输送和转换时,则电路处于工作状态。通路状态根据负载大小可分为以下三种情况:

(1)轻载,负载低于额定功率下的工作状态。

(2)满载,负载在额定功率下的工作状态。

(3)过载,负载高于额定功率下的工作状态,又称超载。

轻载没有充分利用负载设备,过载容易烧坏负载设备或电源。

3. 短路状态

当某一部分电路的两端被导线或开关(它们的电阻可认为是零)直接连接起来,使得该部分电路中的电流全部被导线或开关旁路,这一部分电路所处的状态称为短路或短接状态。如图 3-14 所示,A、B 间发生了短路。电路中电阻近似为零,短路电流比灯丝正常发光时的电流大几十倍至几百倍。这样大的电流通过电路将产生大量的热,使导线温度迅速升高,不但损坏导线、电源和设备,严重时还会引起火灾。所以,一般会在电路中加装短路保护装置。

六、电阻的串联

几个电阻一个接一个首尾相连,使电流只有一条通路,称为电阻的串联,如图 3-15 所示。

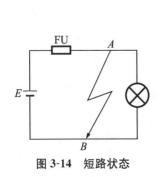

图 3-14 短路状态

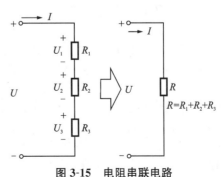

图 3-15 电阻串联电路

电阻串联电路的特点如下：

(1) 通过各电阻的电流相等。

(2) 总电压等于各电阻上的电压之和，即

$$U = U_1 + U_2 + U_3 \tag{3-11}$$

(3) 等效电阻(总电阻)R 等于各串联电阻之和，即

$$R = R_1 + R_2 + R_3 \tag{3-12}$$

(4) 各电阻上的电压与其电阻大小成正比，即

$$\frac{U_1}{R_1} = \frac{U_2}{R_2} = \frac{U_3}{R_3} \tag{3-13}$$

各串联电阻对总电压起分压作用。当电路两端的电压一定时，串联的电阻越多，电路中的电流就越小，因此电阻串联可以起到限流(限制电流)和分压作用。

📖 **活动**：和组员讨论以下问题：两个 $10\ \Omega$ 的电阻串联起来的等效电阻为多少？更多的电阻串联起来呢？

七、电阻的并联

几个电阻一端连在一起，另一端也连在一起，称为电阻的并联，如图 3-16 所示。流过各并联电阻中电流的大小与其他电阻无关，因此，应用时各用电设备均以并联的形式接在电源两端。

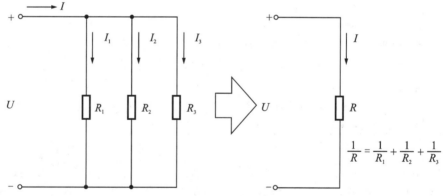

图 3-16　电阻并联电路

电阻并联电路的特点如下：

(1) 各并联电阻两端的电压相等。

(2) 总电流等于各电阻中的电流之和，即

$$I = I_1 + I_2 + I_3 \tag{3-14}$$

(3) 并联电路等效电阻(总电阻)的倒数等于各并联电阻倒数之和，即

$$\frac{I}{R} = \frac{1}{R_1} + \frac{1}{R_2} + \frac{1}{R_3} \tag{3-15}$$

(4) 电阻并联电路对总电流有分流作用。例如，若 R_1 和 R_2 两个电阻并联，则

$$I_1 = \frac{R_2}{R_1 + R_2} I, \quad I_2 = \frac{R_1}{R_1 + R_2} I \tag{3-16}$$

📖 **活动**：和组员讨论以下问题：

（1）两个 10 Ω 的电阻并联起来的等效电阻为多少？

（2）在电压 $U=220$ V 的电路中并联接入一盏额定电压为 220 V、功率为 60 W 的白炽灯和一个额定电压为 220 V、功率为 600 W 的电热器，求该并联电路的总电阻 R 及总电流 I。

八、电阻的混联

有时会遇到既有电阻串联又有电阻并联的电路，称为电阻的混联电路，如图 3-17 所示。求解混联电路，必须先分清哪些是串联电阻，哪些是并联电阻，再运用前面讲过的串联和并联电阻电路的特点去求解。图 3-17 中的等效电阻（总电阻）R 可用式（3-17）计算。

$$R=R_1+R_2+\frac{R_3 R_4}{R_3+R_4} \tag{3-17}$$

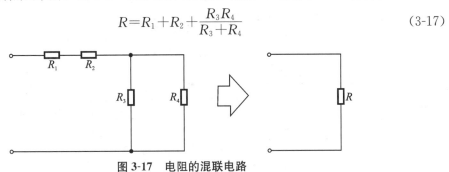

图 3-17 电阻的混联电路

📖 **活动**：在图 3-17 中，4 个电阻阻值均为 2 Ω，和组员计算等效电阻 R。

◀ 任务 2 认识基尔霍夫定律 ▶

用电阻串、并联方法及欧姆定律即可进行求解的电路称为简单电路，而在实际中遇到的电路有时则比较复杂，如汽车、铁路客车的照明供电电路等，如图 3-18 所示。

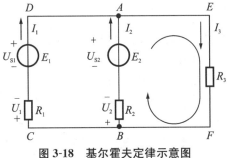

图 3-18 基尔霍夫定律示意图

该电路中有两个电压源，三个电阻之间不是简单的串、并联，用欧姆定律无法求解，这样的电路称为复杂电路。图 3-18 中，E_1 是发电机的电动势，R_1 是发电机的内电阻；E_2 是蓄电池的电动势，R_2 是蓄电池的内电阻；R_3 是照明灯负载。

一、基尔霍夫第一定律

基尔霍夫第一定律（也称基尔霍夫电流定律，KCL）：任一瞬间，流入（或流出）电路任一节点的电流的代数和恒等于零。节点是指三条或三条以上支路汇集的点。通常取流入节点的电流为正,流出节点的电流为负。图 3-18 中的 A 点和 B 点均为节点,对节点 A 而言,有

$$I_1 + I_2 + (-I_3) = 0$$

基尔霍夫第一定律的理论依据是电流的连续性原理,即流过一点或一个封闭面的电流既不能积聚,也不能消失,因此流入节点的电流必须等于流出节点的电流。其通式为

$$\sum I = 0 \tag{3-18}$$

对于一个封闭面而言,基尔霍夫第一定律仍然适用。例如,对于图 3-19(a),负载采用三角形连接,则有

$$I_C = I_A + I_B$$

对于图 3-19(b),晶体管中三个电流之间的关系为

$$I_e = I_b + I_c$$

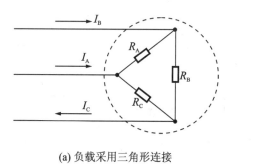 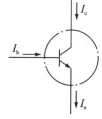

(a) 负载采用三角形连接   (b) 晶体管电流

图 3-19 封闭面电流关系

二、基尔霍夫第二定律

基尔霍夫第二定律(也称基尔霍夫电压定律,KVL):任一瞬间,在电路中沿任一闭合回路各段电压的代数和恒等于零,即

$$\sum U = 0$$

电路中各点的电位是确定的,从一个闭合电路中的某一点出发,沿任意路径绕行一周,回到原出发点时,电位值不变。因此,在任意一个含电源、电阻的闭合回路中,各电动势的代数和等于各电阻上电压降的代数和。其通式为

$$\sum E = \sum IR \tag{3-19}$$

◀ 任务3 认识叠加原理及戴维南定理 ▶

复杂电路的分析不能简单地用欧姆定律来解决,需要借助基尔霍夫定律来分析讨论,常用的解决复杂电路的方法有支路电流法、叠加原理和戴维南定理等。

一、支路电流法

支路电流法是分析复杂电路的基本方法,对于一个复杂电路,在已知电路中各电阻和电动势的前提下,以各条支路电流为未知量,根据基尔霍夫第一定律和基尔霍夫第二定律分别

列出电路中的节点电流方程及回路电压方程,然后联立求解,计算出各支路电流,这种分析电路的方法称为支路电流法。

图 3-20 所示为两个电源并联供电的电路。已知两个电源的电动势 E_1、E_2,内阻 r_1、r_2,以及负载电阻 R_3,求各支路电流。

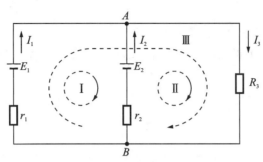

图 3-20 两个电源并联供电的电路

这个电路有三条支路,有三个未知量。要解出三个未知量,需要三个独立方程式联立求解。利用基尔霍夫定律可列出所需要的方程组。

首先假设各支路电流方向与绕行方向如图 3-20 所示,根据 KCL 可得

对于节点 A $\qquad\qquad\qquad\qquad$ $I_1+I_2=I_3$

对于节点 B $\qquad\qquad\qquad\qquad$ $I_3=I_1+I_2$

很明显,以上两个方程实际上是一个方程。所以对两个节点的电路,只能列出一个独立的节点电流方程。

根据 KVL 可得

对回路 I $\qquad\qquad\qquad\qquad$ $I_1r_1-I_2r_2=E_1-E_2$

对回路 II $\qquad\qquad\qquad\qquad$ $I_2r_2+I_3R_3=E_2$

对回路 III $\qquad\qquad\qquad\qquad$ $I_1r_1+I_3R_3=E_1$

上述三个方程式中的任何一个方程式,都可以从其他两个方程式中推导出,所以只有两个回路电压方程是独立的。在复杂电路中,运用 KVL 所列的独立方程数等于电路的网孔数。这样,即可列出三个独立方程:

$$\begin{cases} I_1+I_2=I_3 \\ I_1r_1-I_2r_2=E_1-E_2 \\ I_1r_1+I_3R_3=E_1 \end{cases}$$

只要解出上述三个联立方程,就可求得三条支路电流。

支路电流法的解题步骤可概括如下。

(1)分析电路的结构,看有几条支路、几个网孔,选取并标出各支路电流的参考方向、网孔或回路电压的绕行方向。

(2)根据 KCL 列出 $n-1$ 个独立节点的电流方程(n 为节点的数目)。

(3)根据 KVL 列出 m 个网孔的电压方程(m 为网孔的数目)。

(4)代入已知的电阻和电动势的数值,联立求解以上方程得出各支路电流值。

(5)由各支路电流可求出相应的电压和功率。

例 3-1 在图 3-20 所示电路中,已知电源电动势 $E_1=7$ V,内阻 $r_1=0.2\ \Omega$;$E_2=6.2$ V,

内阻 $r_2=0.2\ \Omega$；负载电阻 $R_3=3.2\ \Omega$。求各支路电流和负载的端电压。

解 根据图中标出的各电流方向，将已知数代入联立方程可得方程组

$$\begin{cases} I_1+I_2=I_3 \\ 0.2I_1-0.2I_2=0.8 \\ 0.2I_1+3.2I_3=7 \end{cases}$$

解方程后得：$I_1=3\ A,c=-1\ A,I_3=2\ A$。

电流 I_2 为负值，说明 I_2 的实际方向与参考方向相反，即实际方向应从 A 指向 B。这时电源 E_2 是处于负载状态。

负载两端的电压 $U_3=I_3R_3=2\times3.2\ V=6.4\ V$。

二、叠加原理

叠加原理是线性电路分析的基本方法，它的内容是：在线性电路中，任一支路中的电流（或电压）等于各个电源单独作用时，在此支路中所产生的电流（或电压）的代数和。

应用叠加原理求复杂电路，可将电路等效变换成几个简单电路，然后将计算结果叠加，求得原来电路的电流、电压。在等效变换过程中，要保持电路中所有电阻不变（包括电源内阻），假定电路中只有一个电源起作用，而将其他电源做多余电源处理，多余电压源做短路处理，多余电流源做开路处理。

下面通过例题来介绍利用叠加原理解题的步骤。

例 3-2 用叠加原理求例 3-1 电路中各支路电流和负载两端的电压，如图 3-21 所示。

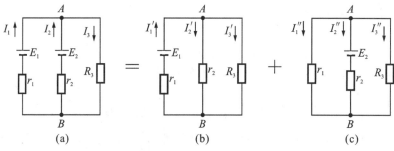

图 3-21 例 3-2 的电路图

解 （1）假定待求各支路的电流的参考方向如图 3-21(a)所示。图中 I_1、I_2、I_3 为待求支路电流，U_{AB} 为待求负载电压。

（2）求 E_1 单独作用时的各支路电流 I_1'、I_2'、I_3' 和负载电压 U_{AB}'，如图 3-21(b)所示。

由于这时只有一个电动势作用，各电流的实际方向是容易判定的，可以利用简单电路的计算方法来计算。

$$R'=r_1+\frac{r_2R_3}{r_2+R_3}=0.388\ 2\ \Omega$$

$$I_1'=\frac{E_1}{R'}=18.03\ A$$

$$U_{AB}'=I_1'\frac{r_2R_3}{r_2+R_3}=3.393\ V$$

$$I_2'=\frac{U_{AB}'}{r_2}=16.97\ A$$

$$I'_3 = \frac{U'_{AB}}{R_3} = 1.060\ 3\ \text{A}$$

(3) 求 E_2 单独作用时的各支路电流 I''_1、I''_2、I''_3 和负载电压 U''_{AB}，这时电路如图 3-21(c) 所示，计算方法与上面相同，有

$$R'' = 0.388\ 2\ \Omega$$
$$I''_2 = 15.97\ \text{A}$$
$$U''_{AB} = 3.006\ \text{V}$$
$$I''_1 = 15.03\ \text{A}$$
$$I''_3 = 0.939\ 4\ \text{A}$$

(4) 将每一支路的电流或电压分别进行叠加。凡是与原电路中假定的电流(或电压)方向相同的为正，反之为负。这样，待求的各支路电流和负载电压分别为

$$I_1 = I'_1 - I''_1 = (18.03 - 15.03)\text{A} = 3\ \text{A}$$
$$I_2 = -I'_2 + I''_2 = (-16.97 + 15.97)\text{A} = -1\ \text{A}$$
$$I_3 = I'_3 + I''_3 = (1.060\ 3 + 0.939\ 4)\text{A} \approx 2\ \text{A}$$
$$U_{AB} = U'_{AB} + U''_{AB} = (3.393 + 3.006)\text{V} \approx 6.4\ \text{V}$$

计算结果与前面采用支路电流法时完全一致。同时也可看出，这一方法虽然可行，但过程比较烦琐，因而在计算复杂电路时不常采用。还应该指出，运用叠加原理只能计算电路中的电压或电流，而不能用于计算功率。因为功率与电流(或电压)之间的关系不是线性关系。

三、二端网络与戴维南定理

戴维南定理又称二端网络定理或等效发电机定理。

1. 二端网络

在电路分析中，任何具有两个引出端的部分电路都可称为二端网络。二端网络中，如果含有电源就称为有源二端网络，如图 3-22(a) 所示；如果没有含电源则称为无源二端网络，如图 3-22(b) 所示。电阻的串联、并联、混联电路都属于无源二端网络，它总可以用一个等效电阻来替代，而一个有源二端网络则可以用一个等效电压源来代替。

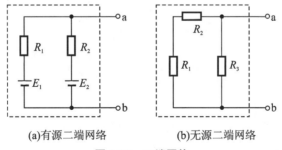

(a)有源二端网络　　　　(b)无源二端网络

图 3-22　二端网络

2. 戴维南定理

戴维南定理是说明如何将一个线性有源二端电路等效成一个电压源的重要定理。戴维南定理可以表述如下：对外电路来说，线性有源二端网络可以用一个理想电压源和一个电阻的串联组合来代替。理想电压源的电压等于该有源二端网络两端点间的开路电压，用 U_0 表示；电阻则等于该网络中所有电源都不起作用时(电压源短接，电流源切断)两端点间的等效

电阻,用 R_0 表示。

应用戴维南定理求某一支路电流和电压的步骤如下:

(1)把复杂电路分成待求支路和有源二端网络两部分。

(2)把待求支路移开,求出有源二端网络两端点间的开路电压 U_0。

(3)把网络内各电压源短路,切断电流源,求出无源二端网络两端点间的等效电阻 R_0。

(4)画出等效电压源图,该电压源的电动势 $E=U_0$,内阻 $r_0=R_0$,并将其与待求支路接通,形成与原电路等效的简化电路,用欧姆定律或基尔霍夫定律求支路的电流或电压。

例 3-3 用戴维南定理计算图 3-23(a)所示电路中 3 Ω 电阻中的电流 I 及 U_{ab}。

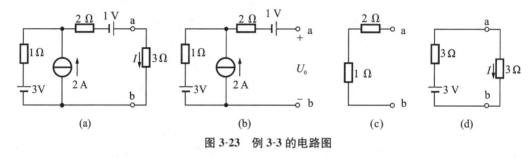

图 3-23 例 3-3 的电路图

解 (1)把电路分为待求支路和有源二端网络两部分。移走待求支路,得到有源二端网络,如图 3-23(b)所示。

(2)图 3-23(b)所示为一简单电路,其中 2 Ω 电阻支路中电流为零,左边回路中的电流由理想电流源决定为 2 A,由此得 $U_0=(1+2\times0+1\times2+3)\text{V}=6\text{ V}$。

(3)求该二端网络除去电源后的等效电阻 R_0,如图 3-23(c)所示,$R_0=(2+1)\Omega=3\ \Omega$。

(4)画出等效电压源模型,接上待求支路,如图 3-23(d)所示,由于已将原电路化简为了简单电路,则电流 I 及 U_{ab} 都很容易计算出来。

电工工具及电工仪表的使用

◀ 任务1 电工工具的使用 ▶

电工常用工具是指一般专业电工都要使用的工具。电工工具是电气操作的基本用具,工具不合格、质量不好或使用不当都会影响工作质量,降低工作效率,甚至造成事故及人身伤害,因此电气操作人员必须掌握常用的电工工具的结构、性能和电工工具正确的使用方法。

一、螺丝刀

螺丝刀又称螺丝旋具、改锥,用于拧紧或旋松螺钉。螺丝刀按结构形状可分为直形、L形和T形。直形螺丝刀最常见;L形螺丝刀为了省力,用较长的杆增大力矩;T形螺丝刀主要用于汽修行业。螺丝刀按动力源可分为手动螺丝刀和电动螺丝刀两种,其形状如图4-1和图4-2所示。

常用的螺丝刀有三种,即普通螺丝刀、组合型螺丝刀和电动螺丝刀。

普通螺丝刀的刀头形状可以分为一字形、十字形、米字形、星形、方头、六角头等,其中,最常用的是一字形和十字形两种,如图4-3所示。普通螺丝刀的头部和手柄为一体,使用时,为了避免出现打滑现象,要根据螺钉种类和规格选用合适的螺丝刀。

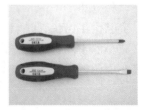

图 4-1 手动螺丝刀　　　　图 4-2 电动螺丝刀　　　图4-3 普通螺丝刀的外形

组合型螺丝刀的螺丝刀头和手柄可以分开。安装时根据螺丝的不同类型更换螺丝刀头即可,灵活性较强,不需要准备很多类型的螺丝刀,大大节省了存放空间。

电动螺丝刀又称为电动螺丝旋具,它以电动机代替人力,可以实现快速装卸螺钉。

📖 **活动:**演示一字形和十字形螺丝刀的用法。

二、钳子

钳子根据用途可分为钢丝钳、尖嘴钳、剥线钳、斜口钳、卡线钳和网线压线钳等。下面介绍其中几种。

1. 钢丝钳

钢丝钳也称老虎钳、克丝钳,由钳头、钳柄和绝缘管组成。钳头由钳口、刀口、齿口、铡口四部分组成,如图 4-4 所示。钢丝钳的使用如图 4-5 所示。钳口可夹持和弯绞导线;刀口可以切断导线和软导线的绝缘层;齿口可紧固或松起螺母;铡口可用来铡切电线线芯、钢丝及铅丝等较硬的金属线。

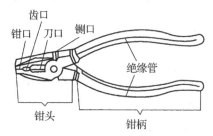

图 4-4　钢丝钳的结构

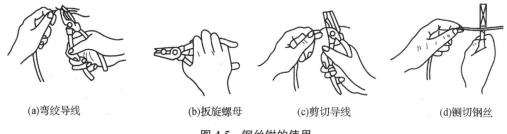

(a)弯绞导线　　　　(b)扳旋螺母　　　　(c)剪切导线　　　　(d)铡切钢丝

图 4-5　钢丝钳的使用

钢丝钳使用小常识:钢丝钳剪断带电导线时,注意必须单根操作,为避免短路,不得同时剪断相线和零线;钢丝钳存放时,避免支点发涩或生锈,应在其表面涂抹润滑防锈油;钢丝钳不能作为锤子使用,以避免刀口错位。

2. 尖嘴钳

尖嘴钳由钳头、钳柄和绝缘管组成。尖嘴钳的用途和钢丝钳相似。但尖嘴钳头部细长,可在狭小的空间进行操作。带有刀口的尖嘴钳还可以剪切细小零件。它是装配、修理各种仪表和电信器材的常用工具。尖嘴钳的外形及握法如图 4-6 所示。

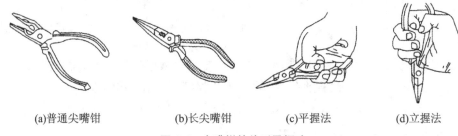

(a)普通尖嘴钳　　　　(b)长尖嘴钳　　　　(c)平握法　　　　(d)立握法

图 4-6　尖嘴钳的外形及握法

3. 剥线钳

剥线钳是用于剥除导线(直径 6 mm 以下)绝缘层的专用工具,由刀口、压线口和钳柄三部分组成,如图 4-7 所示。钳柄是绝缘的,耐压为 500 V。使用时,把导线放入相应的刀口中

（比导线直径稍大），用手将钳柄一握后放松，导线的绝缘层即脱落弹出。

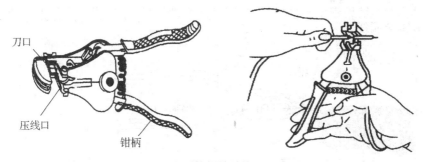

图 4-7　剥线钳的结构及用法

活动：给同组组员演示尖嘴钳和剥线钳的用法。

三、电工刀及电工工具包

1. 电工刀

电工刀是用来剖削导线、切割木台缺口、剖切电缆绝缘层等的专用工具，其外形如图 4-8 所示。使用时，应将刀口朝外剖削。剖削导线绝缘层时，应使刀面与导线成小于 45°的锐角，以免割伤导线。

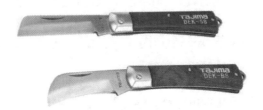

图 4-8　电工刀的外形

2. 电工工具包

电工工具包是用来放置电工随身携带的常用工具或零星电工器材的，一般包括验电笔、螺丝刀、电工刀、各种钳子等，便于安装和维修用电线路和电气设备。其外形如图 4-9 所示。

图 4-9　电工工具包的外形

四、活络扳手和其他常用扳手

1. 活络扳手

活络扳手又称活络扳头、活扳,是用来紧固和松动螺母的一种专用工具。活络扳手的结构如图 4-10(a)所示,旋动蜗轮可调节扳口的大小。规格以"长度×最大开口宽度"(单位为 mm)来表示,电工常用的活络扳手有 150×19(6 in)、200×24(8 in)、250×30(10 in)和 300×36(12 in)四种。扳较大螺母及较小螺母的握法分别如图 4-10(b)和图 4-10(c)所示。

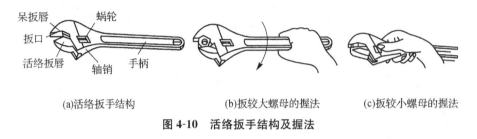

(a)活络扳手结构   (b)扳较大螺母的握法   (c)扳较小螺母的握法

图 4-10 活络扳手结构及握法

活络扳手的使用方法如下。

(1)扳动较小螺母时,需用力矩不大,但螺母过小,易打滑,因此操作时手应握在接近扳手端部的地方,以便随时调节蜗轮,收紧活络扳唇,防止打滑。

(2)扳动大螺母时,需用较大力矩,手应握在接近扳手柄尾处。

(3)活络扳手不可反方向用力,以免损坏活络扳唇,也不可用套接钢管接长手柄的方法来施加较大的扳拧力矩。

(4)活络扳手不得当作撬棒或手锤使用,不能用于撬、砸等工作场所。

2. 其他常用扳手

扳手是用于螺纹连接的一种手动工具,除了活络扳手之外,种类和规格很多,如图 4-11所示。下面介绍用于紧固、拆卸六角螺钉和螺母的几种扳手。

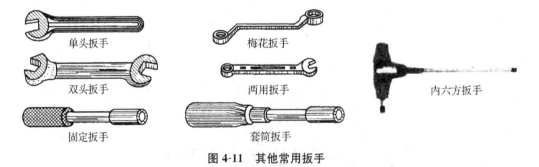

单头扳手   梅花扳手   内六方扳手

双头扳手   两用扳手

固定扳手   套筒扳手

图 4-11 其他常用扳手

(1)呆扳手。呆扳手又称死扳手、固定扳手,其开口宽度不能调节,有单端开口和两端开口两种形式,分别称为单头扳手和双头扳手。单头扳手的规格以开口宽度表示,双头扳手的规格以两端开口宽度(单位为 mm)表示,如 8×10、32×36 等。

(2)梅花扳手。梅花扳手规格是双头形式,它的端口工作部分为封闭圆,封闭圆内分布了 12 个可与六角头螺钉或螺母相配的齿型。适用于工作空间狭小、不便使用活络扳手和呆扳手的场合,其规格表示方法与双头扳手相同。

(3)套筒扳手。套筒扳手由一套尺寸不同的梅花套筒头和一些附件组成,可用在一般扳手难以接近螺钉或螺母的场合,用来紧固或拆卸粗细尺寸不一的螺母。

（4）两用扳手。两用扳手的一端与单头扳手相同,另一端与梅花扳手相同,两端适用同一规格的六角螺钉或螺母。

（5）内六方扳手。内六方扳手又称内六角扳手,用于旋动内六角螺钉,其规格以六角形对边的尺寸来表示,最小的规格为 3 mm,最大的为 27 mm。

五、加热工具

1. 电烙铁

电烙铁是手工焊接的主要工具,选择合适的电烙铁并合理使用是保证焊接质量的基础。

按加热方式不同,电烙铁有直热式、感应式等。

按电烙铁的发热能力(消耗功率)分类,有 20 W,30 W,…,500 W 等。

按电烙铁的功能分类,有单用式、两用式、调温式、恒温式等。

此外,还有特别适合于野外维修使用的低压直流电烙铁和气体燃烧式电烙铁。

1）直热式电烙铁

实际中最常用的电烙铁是单一焊接使用的直热式电烙铁,它又可以分为内热式和外热式两种。

内热式电烙铁的发热元件装在烙铁头的内部,从烙铁头内部向外传热,所以被称为内热式电烙铁,其外形与结构如图 4-12 所示。它具有发热快、体积小、重量轻和耗电低等特点。内热式电烙铁的能量转换效率高,可达到 90% 以上。同样发热量和温度的电烙铁,内热式的体积和重量都优于其他种类。例如,20 W 内热式电烙铁的实际发热功率与 25～40 W 的外热式电烙铁相当,其头部温度可达到 350 ℃ 左右;发热速度快,一般通电 2 min 就可以进行焊接。

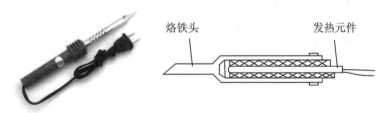

烙铁头　　　　　发热元件

图 4-12　内热式电烙铁的外形与结构

外热式电烙铁的发热元件包在烙铁头外面,有直立式、Γ 形等不同形式,其中最常用的是直立式,其外形与结构如图 4-13 所示。外热直立式电烙铁的规格按功率分有 30 W、45 W、75 W、100 W、200 W、300 W 等,以 100 W 以上的最为常见;工作电压有 220 V、110 V、36 V 等几种,其中最常用的规格是 220 V 的。

烙铁头　　　发热元件

外壳

图 4-13　外热式电烙铁的外形与结构

（1）发热元件。电烙铁的能量转换部分是发热元件,俗称烙铁芯。它由镍铬发热电阻丝缠在云母、陶瓷等耐热、绝缘材料上构成。电子产品生产中最常用的内热式电烙铁的烙铁芯,是将镍铬电阻丝缠绕在两层陶瓷管之间,再经过烧结制成。

（2）烙铁头。存储、传递热能的烙铁头一般都是用紫铜材料制成的。根据表面电镀层的不同,烙铁头可以分为普通型和长寿型。

普通内热式烙铁头的表面通常镀锌,镀层的保护能力较差。在使用过程中,因为高温氧化和助焊剂的腐蚀,普通烙铁头的表面会产生不沾锡的氧化层,需要经常清理和修整。

在市场上还可以买到一种长寿型电烙铁,其烙铁头的寿命比普通烙铁头的寿命延长数十倍,这是手工焊接工具的一大进步。一把电烙铁备几个不同形状的长寿型烙铁头,可以适应各种焊接工作的需要。长寿型烙铁头通常是在紫铜外面渗透或电镀一层耐高温、抗氧化的铁镍合金,所以这种电烙铁的使用寿命长、维护少。长寿型烙铁头看上去与普通烙铁头没有差别,最简单的判断方法是把烙铁头靠近磁铁,如果两者之间有吸合磁力,说明烙铁头表面渗镀了铁镍,则是长寿型烙铁头;反之,则是普通型烙铁头。

（3）手柄。电烙铁的手柄一般用耐热塑胶或木料制成。如果设计不良,手柄的温升过高会影响操作。

（4）接线柱。接线柱是发热元件同电源线的连接处。必须注意:一般电烙铁都有三个接线柱,其中一个是接金属外壳的。如果考虑防静电问题,接线时应该用三芯线将电烙铁外壳接保护零线。

2）感应式电烙铁

感应式电烙铁也称速热烙铁,俗称焊枪,其结构示意图如图 4-14 所示。它里面实际上是一个变压器,这个变压器的次级线圈一般只有一匝。当变压器初级通电时,次级感应出的大电流通过加热体,使同它相连的烙铁头迅速达到焊接所需的温度。

这种电烙铁的特点是加热速度快,一般通电几秒钟即可达到焊接温度。因此,不需要像直热式电烙铁那样持续通电。它的手柄上带有电源开关,工作时只需要按下开关,几秒钟即可进行焊接,特别适合于断续工作。

由于感应式电烙铁的烙铁头实际上是变压器的次级绕组,对一些电荷敏感器件,如绝缘栅型 MOS 电路,常会因感应电荷的作用而损坏器件。因此,在焊接这类电路时不能使用感应式电烙铁。

3）两用式电烙铁

在焊接或维修电子产品的过程中,有时需要把元器件从电路板上拆卸下来。拆卸元器件是和焊接相反的操作,也称拆焊或解焊。拆焊常用两用式电烙铁。

图 4-15 所示为一种焊接、拆焊两用电烙铁示意图。两用电烙铁又称吸锡电烙铁,它是在普通直热式电烙铁基础上增加吸锡结构制成的,使其具有加热、吸锡两种功能。

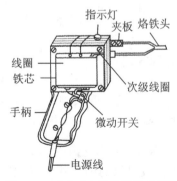

图 4-14　感应式电烙铁结构示意图

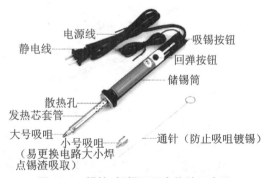

图 4-15　焊接、拆焊两用电烙铁示意图

4) 调温式电烙铁

调温式电烙铁有自动调温和手动调温两种。手动调温实际上就是将电烙铁接到一个可调电源(如调压器)上,由调压器上的刻度设定电烙铁的温度。

5) 恒温式电烙铁

图 4-16 所示为恒温式电烙铁,其特点是恒温装置在电烙铁本体内,核心是装在烙铁头上的强磁体传感器。强磁体传感器的特性是能够在温度达到某一点时磁性消失。这一特征正好作为磁控开关来控制加热元件的通断,从而控制烙铁头的温度。装有不同强磁传感器的烙铁头具有不同的恒温特性。使用者只需更换烙铁头,便可在 260~450 ℃ 任意选定温度,最适合维修人员使用。

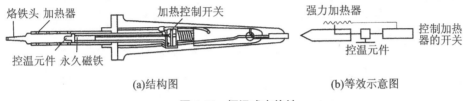

(a)结构图   (b)等效示意图

图 4-16   恒温式电烙铁

另一种自动恒温电烙铁依靠温度传感元件监测烙铁头的温度,并通过放大器将传感器输出的信号放大,控制电烙铁的供电电路,从而达到恒温的目的。这种电烙铁也有将供电电压降为 24 V、12 V 低压或直流供电形式的,有利于焊接操作安全。但相应的价格提高使这种电烙铁的推广受到限制。

恒温式电烙铁的优越性如下:

(1)断续加热,不仅省电,而且电烙铁不会过热,延长电烙铁寿命。

(2) 升温快,只需 40~60 s。

(3) 烙铁头采用渗镀铁镍的工艺,不需要修整。

(4) 烙铁头温度不受电源电压、环境温度的影响。例如,50 W、270 ℃ 的恒温电烙铁,当电源电压为 180~240 V 时均能恒温,在电烙铁通电很短的时间内就可达到 270 ℃。

SMC、SMD 器件对温度比较敏感,维修时必须注意温度不能超过 390 ℃,所以最好使用恒温电烙铁。如使用普通电烙铁焊接 SMT 元器件,其功率应该在 20 W 以下。由于片状元器件的体积小,烙铁头的尖端应该小于焊接面;为防止感应电压损坏集成电路,电烙铁的金属外壳要接地。

图 4-17   焊接 SMT 元器件的烙铁尖形状

SMT 元器件的体积很小,引脚间距小,用于焊接的电烙铁也小巧得多,烙铁尖应该是尖细的锥状,如图 4-17 所示。

6) 其他电烙铁

储能式电烙铁是用于集成电路特别是对电荷敏感的 MOS 电路的焊接工具。电烙铁本身不接电源,当把电烙铁插到配套的充电器上时,电烙铁处于储能状态;焊接时拿下电烙铁,靠储存在电烙铁中的能量完成焊接,一次可焊接若干个焊点。

还有用蓄电池供电的碳弧电烙铁、可以同时除去焊件氧化膜的超声波电烙铁、具有自动送进焊锡装置的自动电烙铁及使用液化气体作为燃料的电烙铁等。不过,这些电烙铁在一般生产、科研中应用较少。

7）电烙铁的合理选用

如果条件允许，选用恒温式电烙铁是比较理想的。一般科研、生产根据不同焊接对象选择不同功率的普通电烙铁就能够满足需要。表 4-1 提供了选择电烙铁的依据，可供参考。

表 4-1　选择电烙铁的依据

焊接对象及工作性质	烙铁头温度/ ℃ （室温、220 V 电压）	选用电烙铁
一般印制电路板、安装导线	300～400	20 W 内热式、30 W 外热式、恒温式
集成电路	300～400	20 W 内热式、恒温式
焊片、电位器、2～8 W 电阻、大电解电容器、大功率管	350～450	35～50 W 内热式、恒温式 50～75 W 外热式
8 W 以上的大电阻器、φ2 mm 以上导线	400～550	100 W 内热式、150～200 W 外热式
汇流排、金属板等	500～630	300 W 外热式
维修、调试一般电子产品		20 W 内热式、恒温式、感应式、储能式、两用式

烙铁头温度的高低，可以用热电偶或表面温度计测量，也可以根据助焊剂的冒烟状态粗略地估计出来。温度越低，冒烟越小，持续时间越长；温度高则与此相反。当然，对比的前提是在烙铁头上滴了等量的助焊剂。

实际工作中要根据情况灵活运用电烙铁。不能错误地以为电烙铁功率小就不会烫坏元器件。假如用一个小功率电烙铁焊接大功率元器件，因为电烙铁的功率较小，烙铁头同元器件接触以后不能提供足够的热量，焊点达不到焊接温度，不得不延长烙铁头的停留时间。这样，热量将传到整个器件上，可能使管芯温度达到损坏器件的程度。相反，用较大功率的电烙铁则能很快使焊点局部达到焊接温度，不会使整个元器件承受长时间的高温，不容易损坏元器件。

2. 热风工作台

热风工作台是一种用热风作为加热源的半自动设备，简称热风台。用热风工作台很容易拆焊 SMT 元器件，与电烙铁相比使用方便，能够拆焊的元器件种类更多。热风工作台也能够用于焊接。热风工作台的外观如图 4-18 所示。

热风工作台的热风筒内装有电热丝，由软管连接热风筒和热风台内置的吹风电动机。按下热风台前面板上的电源开关（开关 ON），电热丝和吹风电动机同时开始工作，电热丝被加热，吹风电动机压缩空气，通过软管从热风筒前端吹出来，电热丝达到足够的温度后就可以用热风进行焊接或拆焊；断开电源开关（开关 OFF），电热丝停止加热，但吹风电动机还要继续工作一段时间，直到热风筒的温度降低以后才自动停止。

图 4-18　热风工作台的外观

热风台的前面板上除了电源开关，还有"HEATER"（加热温度）和"AIR"（吹风强度）两个旋钮，分别用来调整、控制电热丝的温度和吹风电动机的送风量。两个旋钮的刻度都是从 1 到

8,分别指示热风的温度和吹风强度。一般在使用热风台焊接 SMT 电路板的时候,应该把"HEATER"旋钮置于刻度 4 左右,"AIR"旋钮置于刻度 3 左右。

热风台热风筒的前端上可以装配各种专用的热风嘴,用于拆卸不同尺寸、不同封装方式的芯片。

3. 吸锡器

吸锡器是拆卸电子元件时的必备工具,用于吸出焊点上的存锡,其外形如图 4-19 所示。

图 4-19 吸锡器的外形

4. 喷灯

喷灯是一种利用喷射火焰对工件进行加热的工具,常用来焊接铅包电缆的铅包层、大截面铜导线连接处的搪锡、电连接表面的防氧化镀锡、锡焊时加热烙铁或工件、水箱加热解冻、小型金属制件的热处理等。按使用燃油的不同,喷灯分煤油喷灯和汽油喷灯两种。喷灯燃烧时火焰温度可达 900 ℃以上,其外形如图 4-20 所示。

图 4-20 喷灯的外形

六、电动工具

1. 手电钻

手电钻是利用钻头加工小孔的常用电动工具,分手枪式和手提式两种。一般手枪式电钻加工孔径为 0.3～6.3 mm;手提式电钻加工范围较大,加工孔径为 6～13 mm。手电钻的外形如图 4-21 所示。手电钻在使用时应注意以下几点。

(a)手枪式   (b)手提式

图 4-21 手电钻的外形

（1）使用前首先要检查电线绝缘是否良好，如果电线有破损，可用绝缘胶布包好。

（2）手电钻接入电源后，要用验电笔测试外壳是否带电，不带电才能使用。操作中需接触手电钻的金属外壳时，应佩戴绝缘手套、穿电工绝缘鞋并站在绝缘板上。

（3）在使用手电钻过程中，钻头应垂直于被钻物体，用力要均匀，当钻头卡在被钻物体上时，应停止钻孔，检查钻头是否卡得过松，重新紧固钻头后再使用。

（4）在钻金属孔过程中，若温度过高，很可能引起钻头退火，因此钻孔时要适量加些润滑油。

2. 冲击钻

冲击钻常用于在建筑物上打孔，把调节开关置于"钻"的位置，可作为普通电钻使用；将调节开关置于"锤"的位置，钻头边旋转，边前后冲击，便于钻混凝土或砖结构建筑物上的孔，通常可冲打 6～16 mm 的圆孔。冲击钻的外形如图 4-22 所示。冲击钻在使用中应注意以下几点。

图 4-22　冲击钻的外形

（1）长期搁置不用的冲击钻，使用前必须用 500 V 兆欧表测定其相对绝缘电阻，其值应不小于 0.5 MΩ。

（2）在使用金属外壳冲击钻时，必须佩戴绝缘手套、穿绝缘鞋并站在绝缘板上，以确保维修人员的人身安全。

（3）在调速或调挡时，应该停转后再进行，避免打坏内部齿轮。

（4）在钢筋建筑物上冲孔，遇到硬物时不应施加过大的压力，以免钻头退火或冲击钻因过载而损坏。冲击钻因故突然停转时应立即切断电源。

（5）在钻孔时应经常把钻头从钻孔中拔出以便排除钻屑。

3. 电锤

电锤是装修工程常使用的一种工具，适用于混凝土、砖石等硬质建筑材料的钻孔，可替代手工进行凿孔操作，其外形如图 4-23 所示。

图 4-23　电锤的外形

电锤在使用中应注意以下几点。

(1) 使用前先检查电源线有无损伤,用 500 V 兆欧表对电锤电源线进行检测,电锤绝缘电阻应不小于 0.5 MΩ 才能通电运转。

(2) 电锤使用前应先通电空转一下,检查转动部分是否灵活,待检查电锤无故障时方能使用。

(3) 工作时先将钻头顶在工作面上,然后再启动开关,尽可能避免空打孔。在钻孔中若发现电锤不转,应立即松开电源开关,检查出原因后方能再次启动。

(4) 使用电锤时,若发现声音异常,要立即停止钻孔。如果因连续工作时间过长,电锤发烫,也要让电锤停止工作,使其自然冷却,切勿用水淋浇。

七、其他电工常用工具

1. 钢锯

钢锯常用于锯割各种金属板和电路板、槽板等,其使用方法如图 4-24 所示。

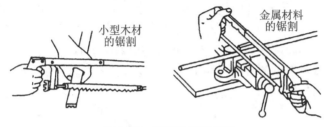

图 4-24 钢锯的使用方法

2. 手锤和电工用凿

手锤又称榔头,是电工在拆装电气设备时常用的工具。例如,可用手锤敲击来校直、凿削和装卸零件等。手锤由锤头和木柄两部分组成,其外形及用法如图 4-25 所示。

电工用凿主要用来在建筑物上打孔,以便下输线管或安装架线木桩,常用的电工用凿有麻线凿、小扁凿等。电工用凿的外形及用法如图 4-26 所示。

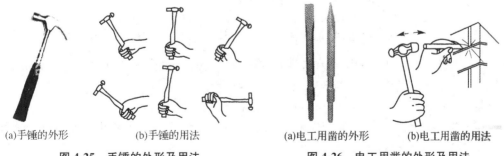

(a)手锤的外形   (b)手锤的用法   (a)电工用凿的外形   (b)电工用凿的用法

图 4-25 手锤的外形及用法   图 4-26 电工用凿的外形及用法

3. 手摇绕线机

手摇绕线机主要用来绕制小型电动机的绕组、低压电器线圈和小型变压器线圈。手摇绕线机体积小、重量轻、操作简便、能记忆绕制的匝数。使用手摇绕线机时应注意以下几个问题。

（1）使用时要把绕线机牢固固定在操作台上。

（2）绕制线圈时注意记下起头指针所指示的匝数，并在线圈绕制后减去。

（3）绕线操作者需用手把导线拉紧拉直，但要注意较细的漆包线切勿用力过度，以免将线拉断，或损伤漆包线绝缘层。

◀ 任务2 电工仪表的使用 ▶

电气设备的绝缘性能是否良好，不仅关系到设备能否正常运行，而且关系到操作人员的生命安全。另外，电气设备由于工作时的发热、受潮及老化等原因，绝缘性能往往会达不到要求，需要检修，检修前后都需要用兆欧表测量绝缘电阻，所以绝缘电阻的测量也是电工从业人员必备的操作技能之一。

一、验电器

验电器用于检查低压线路和电气设备的外壳是否带电。它又称试电笔、验电笔，简称电笔，一般做成笔状。

根据接触方式的不同，验电器可分为接触式验电器和感应式验电器。

通过接触带电体获得电信号的检测工具称为接触式验电器。通常有钢笔式数显验电器和螺丝刀式验电器两种，如图4-27所示。

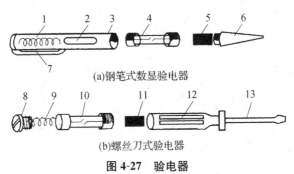

(a)钢笔式数显验电器

(b)螺丝刀式验电器

图4-27 验电器

1、9—弹簧；2、12—观察孔；3—笔身；4、10—氖管；5、11—电阻；
6—笔尖探头；7—金属笔挂；8—金属螺钉；13—导体探头

感应式验电器常用于验电器和被测物体不直接接触的情形，这时采用感应式测试方式，检测线路和插座上的电压，并判定导线中断点的位置。

根据测量电压的高低，验电器还可分为低压验电器和高压验电器。

低压验电器适用于检查线电压380 V以下的带电体；高压验电器用来测量交流输配电线路和设备，一般测试高于10 kV的电压。

1. 钢笔式数显验电器

钢笔式数显验电器的结构如图4-27(a)所示。笔体带有液晶显示屏，可以直观读取被测电压的数值。

钢笔式数显验电器的使用方法：可按直接测试按钮直接测试，也可按感应断点测试按钮间接测试。按住感应断点测试按钮，将笔尖靠近被测物体，如果显示屏上显示"高压符号"，表明物体带交流电。但是，不能同时按两个按钮进行测试，否则会影响测试结果。

2. 螺丝刀式验电器

螺丝刀式验电器主要由导体探头、观察孔、电阻、氖管、弹簧和金属端盖组成,如图 4-27(b)所示。笔尖和笔尾采用金属材料,笔杆为绝缘材料,氖管在笔体内部,内部的电阻为几兆欧姆。测试时,相当于验电器和人体串联,电流通过验电器和人体。电流值等于带电体与大地之间的电压除以螺丝刀式验电器和人体的总电阻。电流很小,人没有感觉,但氖管可以发亮,亮度越强,则电压越高。

使用螺丝刀式验电器时,用笔尖接触测试点,用手指触摸顶端金属,并观察氖管是否发光。注意绝不能用手触及螺丝刀式验电器前端的导体探头。

> **测量小常识**:氖管发光微弱的原因可能是笔尖或带电体测试点有污垢,也可能测试的是带电体的地线,可清洁试电笔或重选测试点。如果反复多次测试后,氖管仍发光微弱或不亮,才可判定被测物体电压低或确实不带电。

3. 高压验电器

高压验电器由检测部分、绝缘部分和握柄部分组成。绝缘部分和握柄部分根据电压等级不同,长度也不尽相同。

使用高压验电器时的注意事项如下。

(1)验电器的额定电压一定要与被测线路或设备的工作电压等级相匹配,避免错误判断,危害检测人员的人身安全。

(2)按照《电业安全工作规程》规定,使用前应验证高压验电器的性能,可先在有电设备上进行自检。

(3)检验 10 kV 以上电压时,工作人员应戴绝缘手套,穿绝缘靴,同时保持人体与带电设备的安全距离,手握高压验电器护环以下的握柄部分。

(4)验电时,测量同杆架设的多层线路时,应遵循先低压后高压、先下层后上层的测试原则,逐渐向带电体靠近,直至验电器发光或发声为止。

📖**活动**:讨论验电器的用途。用验电器测试电压的基本原理是什么?使用螺丝刀式验电器时应注意哪些事项?验电器的氖管发光微弱的原因是什么?

二、兆欧表的使用

1. 绝缘电阻

在电气设备中,如电机、电缆、家用电器,它们的正常运行条件之一就是其绝缘材料的绝缘程度(即绝缘电阻的数值)要符合安全标准。当电气设备受热或受潮时,绝缘材料便老化,其绝缘电阻降低,从而造成电气设备漏电或短路事故的发生。为了避免事故发生,就要求经常测量各种电气设备的绝缘电阻,判断其绝缘程度是否满足设备需要。

普通电阻的测量通常有低电压下测量和高电压下测量两种方式。由于绝缘电阻一般数值较高(一般为兆欧级,$1\ \mathrm{M}\Omega = 10^6\ \Omega$),在低电压下的测量值不能反映其在高电压条件下工作的真正绝缘电阻值。所以,绝缘电阻的测量应在高压条件下进行。

绝缘电阻是电气设备和电气线路最基本的绝缘指标。对于低压电气设备,常温下电动机、配电设备和配电线路的绝缘电阻不应低于 0.5 MΩ(对于运行中的设备和线路,绝缘电阻不应低于 1 MΩ)。低压电器及其连接电缆和二次回路的绝缘电阻一般不应低于 1 MΩ;在比较潮湿的环境不应低于 0.5 MΩ;二次回路小母线的绝缘电阻不应低于 10 MΩ。Ⅰ类手持电动工具的绝缘电阻不应低于 2 MΩ。

2. 兆欧表的结构

兆欧表也称绝缘电阻表(俗称摇表),它是检测电气设备、供电线路绝缘电阻的一种可携式仪表。其上面的标尺刻度以"MΩ"为单位,可较准确地测出绝缘电阻值。它在测量绝缘电阻时本身就带有高电压电源,这就是它与其他测量电阻仪表的不同之处。

通常兆欧表由两部分组成:一部分是由磁电系比率表组成的测量机构,另一部分是由手摇直流发电机组成的电源供给系统,包括接线柱(L、E、G)。其外形如图 4-28 所示。

兆欧表中的手摇发电机多数为永磁发电机,可以发出较高的直流电压,常用的有 250 V、500 V、1 000 V 和 2 500 V 等几种规格,可按照测量要求来选用。近年来,随着电子技术的发展,某些型号(如 ZC26、ZC30)的兆欧表已经采用晶体管直流变换器来代替手摇发电机。

图 4-28　兆欧表外形

3. 兆欧表的选择

兆欧表的主要性能参数有额定电压、测量范围等,额定电压有 100 V、250 V、500 V、1 000 V、2 500 V 等规格,测量范围有 0～200 MΩ、0～500 MΩ、0～1 000 MΩ、0～2 000 MΩ、2～2 000 MΩ 等规格。

选择兆欧表时,其额定电压一定要与被测电气设备或线路的工作电压相适应,测量范围也要与被测量绝缘电阻的范围相吻合。兆欧表测量范围的选择主要考虑两方面:一方面,测量低压电气设备的绝缘电阻时可选用 0～200 MΩ 的兆欧表,测量高压电气设备或电缆时可选用 0～2 000 MΩ 的兆欧表;另一方面,因为有些兆欧表的起始刻度不是零,而是 1 MΩ 或 2 MΩ,这种仪表不宜用来测量处于潮湿环境中的低压电气设备的绝缘电阻,因其绝缘电阻可能小于 1 MΩ,造成仪表上无法读数或读数不准确。

选择兆欧表时,主要是选择它的额定电压及测量范围。兆欧表的额定电压应根据被测电气设备或线路的额定电压来选择。例如,测量额定电压在 500 V 以上的电气设备绝缘电阻时,一般应选择额定电压为 2 500 V 的兆欧表;而测量额定电压在 500 V 以下的电气设备绝缘电阻时,可选择额定电压为 500 V 或 1 000 V 的兆欧表。如果选用额定电压太低的兆欧表去测量高压设备的绝缘电阻,则测量结果不能正确反映被测设备在工作电压下的绝缘电阻值;如果选用额定电压太高的兆欧表去测量低压电气设备的绝缘电阻,则有可能损坏被测电气设备的绝缘。表 4-2 中列举了兆欧表额定电压和量程选择,可供参考。

表 4-2　兆欧表额定电压和量程选择

被　测　对　象	设备的额定电压/V	兆欧表的额定电压/V	兆欧表的量程/MΩ
普通线圈的绝缘电阻	500 以下	500	0～200
变压器和电动机线圈的绝缘电阻	500 以上	1 000～2 500	0～200
发动机线圈的绝缘电阻	500 以下	1 000	0～200
低压电气设备的绝缘电阻	500 以下	500～1 000	0～200
高压电气设备的绝缘电阻	500 以上	2 500	0～2 000
瓷瓶、高压电缆、刀闸	—	2 500～5 000	0～2 000

4. 使用兆欧表前的准备

（1）测量前须先校表。兆欧表使用前要先进行一次开路和短路试验,检查兆欧表是否良好。将兆欧表平稳放置,先使 L、E 两端开路,摇动手柄使发电机达到额定转速,这时表头指针在"∞"刻度处;然后将 L、E 两端短路,缓慢摇动手柄,指针应指在"0"刻度上。若指示不对,说明该兆欧表不能使用,应进行检修。如图 4-29 所示。

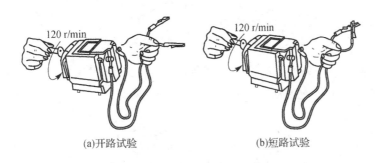

(a)开路试验   (b)短路试验

图 4-29　兆欧表的开路和短路试验

（2）用兆欧表测量线路或设备的绝缘电阻,必须在不带电的情况下进行,绝对不允许带电测量。

（3）测量前应先断开被测线路或设备的电源,并对被测设备进行充分放电,清除残存静电荷,以免危及人身安全或损坏仪表。

5. 用兆欧表测量绝缘电阻的方法及注意事项

兆欧表使用时应放在平稳、牢固的地方,且远离大的外电流导体和外磁场。兆欧表的接线柱共有三个:一个为"L",即线端;一个为"E",即地端;再一个为"G",即屏蔽端(也称为保护环)。一般被测绝缘电阻都接在"L"和"E"端之间,但当被测绝缘体表面漏电严重时,必须将被测物的屏蔽环或不须测量的部分与"G"端相连接。这样漏电流就经由屏蔽端"G"直接流回发电机的负端形成回路,而不再流过兆欧表的测量机构,从根本上消除了表面漏电流的影响。特别应该注意的是:测量电缆线芯和外表之间的绝缘电阻时,一定要接好屏蔽端钮"G",因为当空气湿度大或电缆绝缘表面不干净时,其表面的漏电流将很大,为防止被测物因漏电而对其内部绝缘测量所造成的影响,一般在电缆外表加一个金属屏蔽环与兆欧表的"G"端相连。

（1）测量电力线路的绝缘电阻时,将"E"接线柱可靠接地,"L"接被测量线路,如图 4-30 所示。

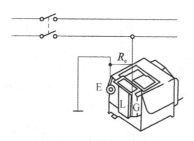

图 4-30　测线路绝缘电阻

（2）测量电动机、电气设备的绝缘电阻时，将"E"接线柱接设备外壳，"L"接电动机绕组或设备内部电路，如图4-31所示。

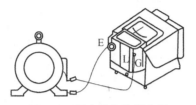

图 4-31　测电动机绝缘电阻

（3）测量电缆芯线与外壳间的绝缘电阻时，将"E"接线柱接电缆外壳，"L"接被测芯线，"G"接电缆壳与芯之间的绝缘层，如图4-32所示。

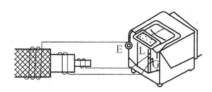

图 4-32　测电缆绝缘电阻

（4）接好线后，按顺时针方向摇动手柄，速度由慢到快，并稳定在120 r/min，允许有±20%的变化，最多不应超过25%。通常要摇动1 min后，待指针稳定下来再读数。

（5）如被测电路中有电容，先持续摇动一段时间，让兆欧表对电容充电，指针稳定后再读数。测定后先拆去接线，再停止摇动。若测量中发现指针指零，应立即停止摇动手柄。

（6）兆欧表测量用的接线要选用绝缘良好的单股导线，测量时两条线不能绞在一起，以免导线间的绝缘电阻影响测量结果。

（7）测量完毕后，在兆欧表没有停止转动或被测设备没有放电之前，不可用手触及被测部位，也不可拆除连接导线，以免引起触电。

（8）测量具有大电容的设备时，读数后不得立即停止摇动手柄，否则已充电的电容将对兆欧表放电，有可能烧坏仪表。

（9）手摇发电机要保持匀速，不可忽快忽慢地使指针不停地摆动。

（10）测量过程中，若发现指针为零，说明被测物的绝缘层可能击穿短路，此时应停止继续摇动手柄。

（11）温度、湿度、被测物的有关状况等对绝缘电阻的影响较大，为便于分析比较，记录数据时应反映上述情况。

另外需要注意的是，当用兆欧表摇测电气设备的绝缘电阻时，一定要注意"L"和"E"接线柱不能接反。正确的接法是："L"接线柱接被测设备导体，"E"接线柱接设备外壳，"G"接线柱接被测设备的绝缘部分。如果将"L"和"E"接线柱接反了，流过绝缘体内及表面的漏电流经外壳汇集到地，由地经"L"流进测量线圈，使"G"失去屏蔽作用而给测量带来很大误差。还须注意，因为"E"接线柱内部引线同外壳的绝缘程度比"L"端与外壳的绝缘程度要低，当兆欧表放在地上使用，采用正确接线方式时，"E"接线柱对仪表外壳和外壳对地的绝缘电阻相当于短路，不会造成误差。而当"L"与"E"接反时，"E"对地的绝缘电阻同被测绝缘电阻并联，从而使测量结果偏小，给测量带来较大误差。

由此可见,要想准确地测量出电气设备的绝缘电阻,必须对兆欧表进行正确的使用,否则,将影响测量的准确性和可靠性。

三、接地摇表的使用

1. 接地的概念及作用

所谓接地,就是把设备的某一部分通过接地装置同大地紧密连接在一起。到目前为止,接地仍然是应用最广泛的并且无法用其他方法替代的电气安全措施之一。不管是电气设备还是电子设备,不管是生产用设备还是生活用设备,不管是直流设备还是交流设备,不管是固定式设备还是移动式设备,不管是高压设备还是低压设备,也不管是发电厂还是用电户,都采用不同方式、不同用途的接地措施来保障设备的正常运行或是它们的安全。

接地的作用主要是防止人身遭受电击、设备和线路遭受损坏、预防火灾和防止雷击、防止静电损害和保障电力系统正常运行。

1)防止人身遭受电击

将电气设备在正常运行时不带电的金属导体部分与接地极之间做良好的金属连接,以保护人体的安全,防止人身遭受电击。

当电气设备某处的绝缘体损坏后外壳就会带电,由于电源中性点接地,即使设备不接地,因线路与大地间存在电容,此时人体接触到设备外壳时也会有电流流经人体;或者线路上某处绝缘不好,如果人体触及此绝缘损坏的电气设备外壳,电流就会经人体而形成通路,从而使人体遭受电击伤害。

有接地装置的电气设备,当绝缘损坏、外壳带电时,接地电流将同时沿着接地极和人体两条通路流过,此时,人体与接地极是并联的关系,流过每一条通路的电流值将与其电阻的大小成反比,接地极电阻越小,流经人体的电流也就越小。通常人体的电阻比接地极电阻大数百倍,所以流经人体的电流比流经接地极的电流小数百倍。当接地电阻极小时,流经人体的电流几乎等于零,相当于接地极将人体短接,因此,人体就能避免触电的危险。

所以,不论是施工还是运行,在一年中的所有季节,均应保证接地电阻不大于设计或规范中所规定的接地电阻值,以免发生电击伤害。

2)保障电气系统正常运行

电力系统接地一般为中性点接地,中性点的接地电阻很小,因此中性点与地间的电位差接近于零。当相线碰壳或接地时,其他两相对地电压,在中性点绝缘的系统中将升高为相电压的 $\sqrt{3}$ 倍,而在中性点接地的系统中则接近于相电压,因此中性点接地将有利于系统的稳定运行,防止系统振荡,且系统中的电气设备和线路只需按相电压来考虑其绝缘水平,可降低电气设备的制造成本和线路的建设费用。中性点接地的系统,还可以保证继电保护的可靠动作。

通信系统一般采用正极接地,可防止杂音窜入和保证通信设备的正常运行。电子线路需要稳定的参考点才能正常运行,因此也需要进行接地。

3)防止雷击和静电的危害

雷击时会产生静电感应和电磁感应,物料在生产和运输过程中因摩擦而引起的静电,都有可能造成电击或是火灾的危险。

直接遭受雷击的危害,比之于感应雷就更大了,而且发生的机会更多,所以,为了防止直击雷,必须装设防雷装置。

所有防雷装置和防止静电危害的措施中,最主要的方法就是设置接地装置。

2. 接地的种类

要求接地的有各种各样的设备,如电力设备、通信设备、电子设备、防雷装置等。接地的目的是使设备正常、安全地运行,以及为建筑物和人身的安全创造条件。常用的接地方式按作用或功能可分为以下几种。

(1)系统接地。在电力系统中将其某一点与大地进行适当的连接,称为系统接地或工作接地。如变压器中性点的接地、零线重复接地等。

(2)设备的保护接地。各种电气设备的金属外壳、线路的金属管、电缆的金属保护层、安装电气设备的金属支架等,由于导体的绝缘损坏后可能带电,为了防止这些不带电金属部分产生过大的对地电压危及人身安全而设置的接地,称为保护接地。

(3)防雷接地。为了使雷电流安全地向大地泄放,以保护被击建筑物或电力设备而采取的接地,称为防雷接地。

(4)屏蔽接地。屏蔽接地一方面为了防止外来电磁波的干扰和侵入,造成电子设备的误动作或通信质量的下降;另一方面为了防止电子设备产生的高频能量向外部泄放,而将线路的滤波器、变压器的静电屏蔽层、电缆的金属屏蔽等进行接地。为减少高层建筑竖井内垂直管道受雷电流感应所产生的感应电势,而将竖井混凝土壁内的钢筋予以接地,也属于屏蔽接地。

(5)防静电接地。静电是由于摩擦等原因而产生的积累电荷,为防止静电产生事故或影响电子设备的正常工作,需要有让静电荷迅速向大地泄放的接地,这种接地称为防静电接地。

(6)等电位接地。医院的某些特殊的检查室、治疗室、手术室和病房中,病人所能接触到的金属部分(如床架、床灯、医疗电器等),不应有危险的电位差存在,因此要把这些金属部分相互连接起来成为等电位体并予以接地,这种接地方式称为等电位接地。高层建筑中为了减少雷电流造成的电位差,将每层的钢筋网及大型金属物体连接在一起并接地,也是等电位接地。

(7)电子设备的信号接地及功率接地。电子设备的信号接地(逻辑接地)是指信号回路中放大器、混频器、扫描电路、逻辑电路等有统一基准电位而进行的接地,接地的目的是不致引起信号量的误差。功率接地是所有继电器、电动机、电源装置、大电流装置、指示灯等电路的统一接地,以保证在这些电路中的干扰信号泄放到地中,不至于干扰其他灵敏信号电路的正常工作。

按照接地的形成情况,可以将其分为正常接地和故障接地两大类。前者是为了某种需要而进行的人为接地,后者则是由各种外界或自身因素自然地形成的接地。

按照接地的不同作用,又可将正常接地分为工作接地和安全接地两大类。

3. 接地电阻

衡量接地系统优劣的重要指标就是接地电阻,通过对接地电阻的测量,可以判断接地系统的问题所在,从而进一步调整并完善接地系统。

接地电阻就是电流由接地装置流入大地再经大地流向另一接地体或向远处扩散所遇到的电阻,它包括接地线和接地体本身的电阻、接地体与大地的电阻之间的接触电阻以及两接地体之间大地的电阻或接地体到无限远处的大地电阻。接地电阻的大小直接体现了电气装置与"地"接触的良好程度,也反映了接地网的规模和接地系统性能的优劣。

对于不同的电气系统,接地电阻的要求是不一样的,具体数值可以查阅相应的电气规范。以下是标准接地电阻规范要求。

(1) 独立的防雷保护接地电阻应小于等于 10 Ω。

(2) 独立的安全保护接地电阻应小于等于 4 Ω。

(3) 独立的交流工作接地电阻应小于等于 4 Ω。

(4) 独立的直流工作接地电阻应小于等于 4 Ω。

(5) 防静电接地电阻一般要求小于等于 100 Ω。

(6) 共用接地体(联合接地)接地电阻应不大于 1 Ω。

4. 用接地摇表测量接地电阻

接地摇表又称接地电阻摇表、接地电阻表或接地电阻测试仪。

接地摇表按供电方式分为传统的手摇式和电池驱动式,按显示方式分为指针式和数字式,按测量方式分为打地桩式和钳式。目前比较普及的是指针式或数字式接地摇表,在电力系统以及电信系统中比较普及的是钳式接地摇表。

下面以常用的 ZC-8 型接地电阻测试仪为例介绍测量接地电阻的方法。

ZC-8 型接地电阻测试仪适用于测量各种电力系统、电气设备、避雷针等接地装置的电阻值,亦可测量低电阻导体的电阻值和土壤电阻率。该仪表由手摇发电机、电流互感器、滑线电阻及检流计等组成,全部机构装在塑料壳内,外有皮壳便于携带。附件有辅助探棒导线等,装于附件袋内。ZC-8 型接地电阻测试仪的外形及接线方式如图 4-33 所示。

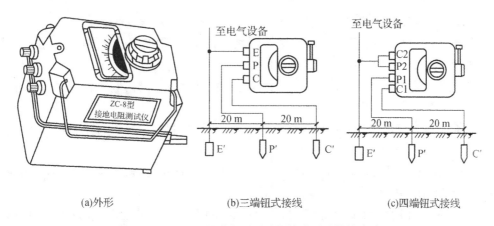

(a)外形　　　　　　(b)三端钮式接线　　　　　　(c)四端钮式接线

图 4-33　ZC-8 型接地电阻测试仪的外形及接线方式

1) 使用接地电阻测试仪的准备工作

(1) 熟读接地电阻测试仪的使用说明书,全面了解仪器的结构、性能及使用方法。

(2) 备齐测量时所必需的工具及全部仪器附件,并将仪器和接地探针擦拭干净,特别是接地探针,一定要将其表面影响导电能力的污垢及锈渍清理干净。

(3) 将接地干线与接地体的连接点或接地干线上所有接地支线的连接点断开,使接地体脱离任何连接关系成为独立体。

2) 使用接地电阻测试仪的测量步骤

(1) 将两个接地探针沿接地体辐射方向分别插入距接地体 20 m、40 m 的地下,插入深度为 400 mm,如图 4-34 所示。

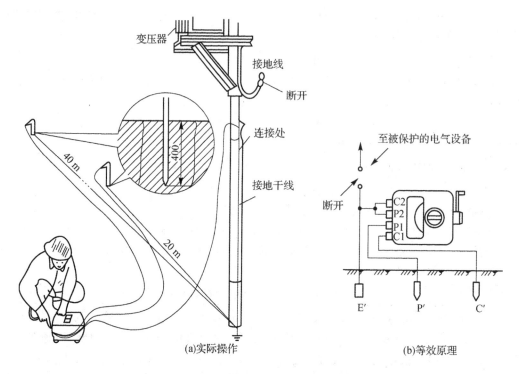

(a)实际操作   (b)等效原理

图 4-34　接地电阻测试仪使用图解

（2）将接地电阻测试仪平放于接地体附近，并进行接线，接线方法如下。

①用最短的专用导线将接地体与接地测试仪的接线端"E1"（三端钮的测试仪）或与"C2"短接后的公共端（四端钮的测试仪）相连。

②用最长的专用导线将距接地体 40 m 的测试探针（电流探针）与测试仪的接线钮"C1"相连。

③用余下的长度居中的专用导线将距接地体 20 m 的测量探针（电位探针）与测试仪的接线端"P1"相连。

（3）将测试仪水平放置后，检查检流计的指针是否指向中心线，否则调节"零位调整器"使测试仪指针指向中心线。

（4）将"倍率标度"（粗调旋钮）置于最大倍数，并慢慢地转动发电机转柄（指针开始偏移），同时旋动"测量标度盘"（细调旋钮）使检流计指针指向中心线。

（5）当检流计的指针接近于平衡时（指针近于中心线）加快摇动转柄，使其转速达到 120 r/min 以上，同时调整"测量标度盘"，使指针指向中心线。

（6）若"测量标度盘"的读数过小（小于 1）不易读准确，说明倍率标度倍数过大。此时应将"倍率标度"置于较小的倍数，重新调整"测量标度盘"，使指针指向中心线上并读出准确读数。

（7）计算测量结果，即 $R_{地}$＝"倍率标度"读数×"测量标度盘"读数。

任务实施

一、材料清单

本任务的材料清单见表 4-3 。

表 4-3　材料清单

任务器材	500 V 兆欧表	1.5 kW 电动机	尖嘴钳	剥线钳	已安装好的单相插座	1.5 mm² 软导线	500 V 中型橡套电缆
数量	1 台	1 部	1 把	1 把	1 个	若干	15 mm

二、内容与步骤

(1) 观察兆欧表表盘,并正确填写型号、测量范围等参数,记录于表 4-4 中。

表 4-4　兆欧表参数记录

兆欧表型号	规格(额定电压)	量程范围	其　他

(2) 按图 4-29 所示进行兆欧表的使用前自检,若发现问题,及时与指导教师联系。

(3) 线路绝缘电阻的测量。按图 4-30 所示进行导线的连接,按兆欧表操作要求进行测量,并将有关数据记录于表 4-5 中。

(4) 电动机绝缘电阻的测量。按图 4-31 所示进行导线的连接,按兆欧表操作要求进行测量,并将有关数据记录于表 4-5 中。

(5) 电缆绝缘电阻的测量。按图 4-32 所示进行导线的连接,按兆欧表操作要求进行测量,并将有关数据记录于表 4-5 中。

表 4-5　绝缘电阻测量记录

测量项目	绝缘电阻/MΩ				绝缘性能合格与否判定	其　他
线路绝缘电阻	L-N	L-E	E-N			
电动机绝缘电阻	U-V	W-V	U-W	绕组与机壳		电动机额定数据
电缆绝缘电阻						电缆型号

三、注意事项

(1) 线路绝缘电阻测量前确保线路断电,可将测量表笔与兆欧表接线柱连接,测量时将表笔插入插座插孔,这样操作就避免了对插座的拆装。

(2) 测量绝缘电阻时,为确保数据的准确,可对一个数据进行多次测量。

项目 5

单相交流电路的安装与调试

◀ 任务 1　*RLC* 串联电路 ▶

日常生活中,电路中输送电能和传递电信号的电流和电压,就其按时间变化的规律来看,可分为两大类:一类是直流电量,如干电池组成的照明电路;另一类是交流电量,如家庭用电电路。在交流电量中,正弦交流电量应用最为典型,也最为广泛。

一、正弦交流电的基本概念

1. 交流电的概念

直流电路中所讨论的电压和电流,其大小和方向(极性)都是不随时间变化的,其波形如图 5-1(a)所示,但是在工农业生产、日常生活中广泛应用的是大小和方向均随时间做周期性变化的电压和电流。这种大小和方向随时间做周期性变化的电流或电压称为交流电。其中,随时间按正弦规律变化的交流电称为正弦交流电,其波形如图 5-1(b)所示。随时间不按正弦规律变化的交流电,统称为非正弦交流电,图 5-1(c)所示的电压波形就是一种非正弦交流电压。在交流电中,最常用的是正弦交流电。如果没有特别说明,本项目所说的交流电都是指正弦交流电。

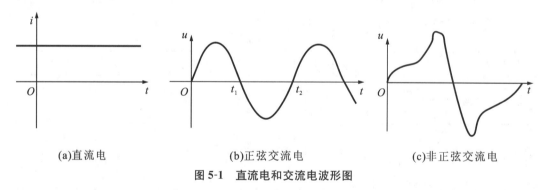

(a)直流电　　　　　　　(b)正弦交流电　　　　　　　(c)非正弦交流电

图 5-1　直流电和交流电波形图

正弦交流电的优点是变化平滑,同频率的几个正弦量相加或相减,其结果仍为同频率的正弦量。另外,非正弦交流电可以分解为许多不同频率的正弦分量,这就给电路的分析和计算带来了很大的方便。

2. 正弦交流电的产生

正弦交流电是通过单相交流发电机产生的,交流发电机包括两大部分:一个可以自由转动的电枢(转子)和一对固定的磁极(定子)。电枢上绕有线圈,线圈切割磁力线便可产生感应电动势。电磁感应现象中,穿过闭合回路的磁通发生变化时,回路中将出现感应电流。交流电的产生就是利用了电磁感应的原理。

交流发电机的基本原理可以利用图 5-2 所示的矩形线圈 $abcd$ 在匀强磁场中沿逆时针方向做匀速转动来说明。线圈在转动的过程中,ab 边和 cd 边分别切割磁力线,根据电磁感应定律,ab 边将产生感应电动势,其大小为 $E_{ab}=Bl_1v\sin\alpha$,方向由 a 指向 b;cd 也将产生感应电动势,其大小为 $E_{cd}=Bl_1v\sin\alpha$,方向由 c 指向 d。从 a、d 端口看过去,线圈产生的总的感应电动势为

$$e=2Bl_1v\sin\alpha$$

式中,B 为匀强磁场的磁感应强度(T);l_1 为 ab 边或 cd 边的边长(m);v 为线圈切割磁力线的速度(m/s);α 为 v 与 B 之间的夹角(rad)。

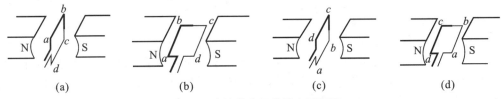

图 5-2 交流发电机的基本原理图

如果线圈转动的速度为 ω,其单位为弧度/秒(rad/s),那么 ab 边和 cd 边的线速度 $v=\dfrac{l_2}{2}\omega$,其中 l_2 为 bc 边的边长。若从图 5-2(a)所示的位置计时,那么经过时间 t 后,v 与 B 之间的夹角 $\alpha=\omega t$。于是,感应电动势可写成

$$e=Bl_1l_2\omega\sin\omega t$$

线圈在转动过程中,每一圈都要经过图 5-2(a)、(b)、(c)、(d)4 个位置,然后又从图 5-2(a)中的位置开始转动下一圈。线圈转动一圈所需要的时间 T 称为周期。在每个周期内,线圈上的感应电动势都有相同的变化。例如,在线圈转动的第一圈内:

(1)$t=0$ 时,线圈位于图 5-2(a)中的位置,线圈所在的平面与磁场垂直,ab 边与 cd 边均不切割磁力线,$\alpha=0°$,此时感应电动势最小:$e=0$ V。

(2)$t=\dfrac{T}{4}$ 时,线圈位于图 5-2(b)中的位置,线圈所在的平面与磁场平行,但 ab 边与 cd 边均切割磁力线,$\alpha=90°$,此时感应电动势最大:$e=Bl_1l_2\omega$。

(3)$t=\dfrac{T}{2}$ 时,线圈位于图 5-2(c)中的位置,线圈所在的平面与磁场垂直,ab 边与 cd 边均不切割磁力线,$\alpha=180°$,此时感应电动势最小:$e=0$ V。

(4)$t=\dfrac{3T}{4}$ 时,线圈位于图 5-2(d)中的位置,线圈所在的平面与磁场平行,但 ab 边与 cd 边均切割磁力线,$\alpha=270°$,此时感应电动势最大:$e=Bl_1l_2\omega$,其方向与(2)中的感应电动势的方向相反。

(5)$t=T$ 时,线圈又回到图 5-2(a)中的位置,ab 边与 cd 边均不切割磁力线,$\alpha=360°$,此时感应电动势又变为最小:$e=0$ V。

上述过程可利用图 5-3 所示的感应电动势波形描述。

3. 描述交流电的物理量

对于交流电,实际使用中往往关注的问题是电流、电压或电动势的大小在多大的范围内变化,变化的快慢如何,它们的方向从什么时刻开始变化等。为此,首先来介绍描述交流电

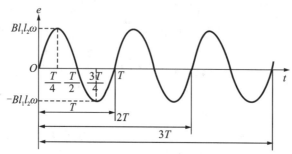

图 5-3　线圈感应电动势的波形

特征一些物理量。

1）周期、频率和角频率

如果利用线圈在匀强磁场中转动产生交流电,那么线圈转动一圈所需要的时间便是交流电的周期。也就是说,交流电完成一次周期性变化所需要的时间称为交流电的周期。周期通常用 T 表示,单位是秒(s)。

交流电在 1 s 内完成周期性变化的次数称为交流电的频率。频率通常用 f 表示,单位为赫兹(Hz)。

交流电变化一周还可以利用 2π 弧度或 360° 来表征。也就是说,交流电变化一周相当于线圈转动了 2π 弧度或 360°。如果利用角度来表征交流电,那么每秒内交流电所变化的角度被称为角频率。角频率通常用 ω 来表示,单位是弧度/秒(rad/s)。

交流电的周期、频率和角频率主要是用来描述交流电变化快慢的物理量,它们之间的关系是

$$f=\frac{1}{T} \quad 或 \quad T=\frac{1}{f}, \quad \omega=\frac{2\pi}{T}=2\pi f$$

我国使用的交流电的频率为 50 Hz,称为工作标准频率,简称工频。国家电网的频率为 50 Hz,频率偏差的允许值为 ±0.2 Hz。少数国家,如美国、日本等使用的交流电频率为 60 Hz。

2）幅值

交流电在每周变化过程中出现的最大瞬时值称为幅值,也称为最大值。交流电的幅值不随时间的变化而变化。用带下标"m"的大写字母表示,如用 I_m、U_m、E_m 来表示电流、电压、电动势的最大值。

3）初相位

如果利用角度来表征交流电,那么 $t=0$ 时刻交流电对应的角度被称为初相位,简称初相。初相表示交流电的初始状态,单位为度(°)或者弧度(rad)。

4）瞬时值

交流电流、电压、电动势在某一时刻所对应的值称为它们的瞬时值。瞬时值随时间的变化而变化。不同时刻,瞬时值的大小和方向均不同。交流电的瞬时值取决于它的周期、幅值和初相位。用小写字母表示,如用 i、u、e 分别表示瞬时电流、瞬时电压、瞬时电动势。

以正弦电流为例,其解析式为

$$i=I_m\sin(\omega t+\theta)$$

式中,i 为正弦交流电流随时间变化的瞬时值(A);I_m 为电流的最大值(A);ω 为正弦交流电流的角频率(rad/s);θ 为正弦交流电的初相角(rad)。

综上可见,交流电的幅值描述了交流电大小的变化范围,交流电的角频率描述了交流电

变化的快慢,交流电的初相位描述了交流电的初始状态。这三个物理量决定了交流电的瞬时值,因此,将幅值、角频率和初相位称为交流电的三要素。

例 5-1 对于图 5-4 所示的交流电压波形,请说出该交流电三要素的大小,其中横坐标轴的单位是 s,纵坐标轴的单位是 V。

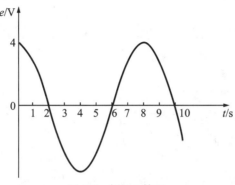

图 5-4 例 5-1 的图

解 该交流电压的周期为 $T = 8$ s,角频率为

$$\omega = \frac{2\pi}{T} = \frac{2\pi}{8} \text{ rad/s} = \frac{\pi}{4} \text{ rad/s}$$

交流电压的幅值为 4 V。

交流电压的初相位为 $\frac{\pi}{4}$ rad。

4. 相位差

以正弦交流电压为例,其解析式为

$$u = U_m \sin(\omega t + \theta)$$

式中,$\omega t + \theta$ 称为交流电的相位角,简称相位。当 $t = 0$ 时的相位称为初相位,简称初相,用"θ"表示。初相决定交流电的起始状态。

两个同频率正弦量的相位之差称为相位差,用字母"φ"表示。$u_1 = U_{m1} \sin(\omega t + \theta_1)$,$u_2 = U_{m2} \sin(\omega t + \theta_2)$,其相位差为

$$\varphi_{12} = (\omega t + \theta_1) - (\omega t + \theta_2) = \theta_1 - \theta_2$$

下面分别对相位差加以讨论。

(1) $\varphi_{12} = \theta_1 - \theta_2 > 0$ 且 $|\varphi_{12}| \leqslant \pi$ 弧度,表示 u_1 超前 $u_2 \varphi$ 角,如图 5-5(a)所示。

(2) $\varphi_{12} = \theta_1 - \theta_2 < 0$ 且 $|\varphi_{12}| \leqslant \pi$ 弧度,表示 u_1 滞后 $u_2 \varphi$ 角。

(3) $\varphi_{12} = \theta_1 - \theta_2 = 0$,称这两个正弦量同相,如图 5-5(b)所示。

(4) $\varphi_{12} = \theta_1 - \theta_2 = \pi$,称这两个正弦量反相,如图 5-5(c)所示。

(5) $\varphi_{12} = \theta_1 - \theta_2 = \pi/2$,称这两个正弦量正交,如图 5-5(d)所示。

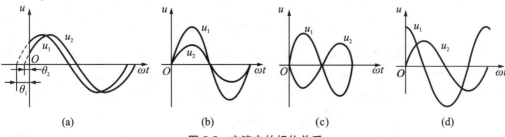

| (a) | (b) | (c) | (d) |

图 5-5 交流电的相位关系

相位差指的是两个同频率正弦量之间的相位之差,由于同频率正弦量之间的相位之差实际上就等于它们的初相之差,因此相位差就是两个同频率正弦量的初相之差。需要注意的是,不同频率的正弦量之间是没有相位差的概念的。

例 5-2 已知 $u=220\sqrt{2}\sin(\omega t+235°)\text{V}$,$i=10\sqrt{2}\sin(\omega t+45°)\text{A}$。求 u 和 i 的初相及两者间的相位关系。

解 由 u 和 i 表达式知,电压 u 的初相为 $-125°$,电流 i 的初相为 $45°$。

$$\varphi_{ui}=\theta_u-\theta_i=-125°-45°=-170°<0$$

表明电压 u 滞后于电流 i $170°$。

5. 交流电的有效值和平均值

在工程中,有时人们并不关心交流电是否变化和怎样变化,而是关心交流电做功所产生的效果,这种效果常用有效值和平均值来表示。

1)交流电的有效值

交流电的有效值是根据它的热效应确定的。交流电流 i 通过电阻 R 在一个周期内所产生的热量和直流电流 I 通过同一电阻 R 在相同时间内所产生的热量相等,则这个直流电流 I 的数值称为交流电流 i 的有效值。交流电的有效值用大写字母表示,如 I、U 等。

理论分析表明,交流电的有效值和幅值之间有如下关系。

$$I=\frac{I_\text{m}}{\sqrt{2}}\approx0.707I_\text{m}$$

$$U=\frac{U_\text{m}}{\sqrt{2}}\approx0.707U_\text{m}$$

$$E=\frac{E_\text{m}}{\sqrt{2}}\approx0.707E_\text{m}$$

式中,I、U、E 分别表示交流电流、电压、电动势的有效值;I_m、U_m、E_m 分别表示交流电流、电压、电动势的幅值。

通常说照明电路的电压是 220 V,就是指有效值,与其对应的交流电压的幅值是 311 V。各种交流电的电器设备上所标的额定电压和额定电流均为有效值。另外,利用交流电流表和交流电压表测量的交流电流和交流电压也都是有效值。

2)交流电的平均值

交流电半个周期内所有瞬时值的平均值称为交流电的平均值。理论分析表明,交流电的平均值与幅值之间的关系是

$$I_\text{av}=\frac{2}{\pi}I_\text{m}\approx0.637I_\text{m}$$

$$U_\text{av}=\frac{2}{\pi}U_\text{m}\approx0.637U_\text{m}$$

$$E_\text{av}=\frac{2}{\pi}E_\text{m}\approx0.637E_\text{m}$$

式中,I_av、U_av、E_av 分别表示交流电流、电压、电动势的平均值。

例 5-3 一正弦电压的初相为 $60°$,有效值为 100 V,试求它的解析式。

解 因为 $U=100$ V,所以其最大值为 $100\sqrt{2}$ V,则电压的解析式为

$$u=100\sqrt{2}\sin(\omega t+60°)\text{V}$$

二、正弦量的相量表示法

正弦交流电可用三角函数式(解析式)和波形图表示。三角函数式是基本的表示方法,但运算烦琐;波形图直观、形象,但不准确。为了便于分析计算正弦电路,常用相量(复数)法和相量图表示法表示,这两种方法是分析和计算交流电路常用的方法。它的优点是:第一,把几个同频率的正弦量画在同一相量图上,可直观快捷地解决一些特殊的交流电路分析问题;第二,复数运算法准确地解决了复杂交流电路的计算问题。

1. 相量

相量的本质是复数,用相量表示正弦量的基础就是用复数表示正弦量。设有一正弦电压 $u=U_m\sin(\omega t+\theta)$,其波形如图 5-6 所示,左边是一旋转有向线段 A,在直角坐标系中,有向线段的长度代表正弦量的幅值 U_m,它的初始位置($t=0$ 时的位置)与横轴正方向的夹角等于正弦量的初相位 θ,并且以正弦量的角频率 ω 做逆时针方向旋转。可见,这一旋转有向线段具有正弦量的三个特征,故可用来表示正弦量。正弦量在某时刻的瞬时值就是由这个旋转有向线段于该瞬时在纵轴上的投影表示出来的。

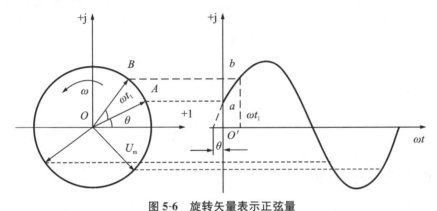

图 5-6 旋转矢量表示正弦量

该正弦电压 $u=U_m\sin(\omega t+\theta)$ 可表示为

$$U_m e^{j\theta} \cdot e^{j\omega t} = U_m e^{j(\omega t+\theta)}$$
$$= U_m\cos(\omega t+\theta) + jU_m\sin(\omega t+\theta)$$

相量形式为

$$\dot{U} = U\underline{|\theta}$$

在分析和计算线性交流电路时,一般情况下,所有的电压、电流都为同频率的正弦电量,因此,一般会把角频率 ω 略去,只需要知道 $t=0$ 时旋转矢量所表示的正弦量的最大值和初相就可以了。

一个正弦量可以用最大值和初相形成的矢量来表示,而矢量又可以用复数来表示,那么正弦电量也可以用复数来表示,其中最大值为复数的模,初相为复数的辐角。

表示正弦量的复数称为相量,对于任意一个正弦量,都能找到一个与之相对应的复数,由于这个复数与一正弦量相对应,把这个复数称作相量。在大写字母上加一个点来表示正弦量的相量。如电流、电压,其最大值相量符号为 $\dot{I}_m$、$\dot{U}_m$,有效值相量符号为 $\dot{I}$、$\dot{U}$。

需要注意的是,相量只是表示正弦量,不是等于正弦量;只有正弦量才能用相量表示,非正弦量不能用相量表示；只有同频率的正弦量才能画在同一相量图上。

2. 相量图

根据各个正弦量的大小和相位关系用初始位置的有向线段画出的若干个相量的图形，称为相量图。实际应用中可不画坐标轴，参考相量画在水平方向。

例 5-4 已知同频率的正弦量的解析式分别为 $u=220\sqrt{2}\sin(\omega t-45°)$ V 和 $i=10\sin(\omega t+30°)$ A，写出电流和电压的相量，并绘出相量图。

解 由解析式可得

$$\dot{I}=\frac{10}{\sqrt{2}}\underline{|30°}\ \text{A}=5\sqrt{2}\underline{|30°}\ \text{A}$$

$$\dot{U}=\frac{220\sqrt{2}}{\sqrt{2}}\underline{|-45°}\ \text{V}=220\underline{|-45°}\ \text{V}$$

相量图如图 5-7 所示。从图中可以看出，电流超前电压 75°。

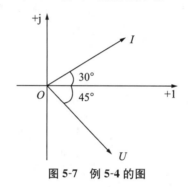

图 5-7 例 5-4 的图

三、电阻元件的交流电路

在交流电路中，电阻、电容、电感是实际中使用最广泛的三种负载元件，电阻是耗能元件，电容、电感是储能元件。在分析和计算交流电路时，首先讨论最简单的交流电路，即只由电阻、电感或电容组成的单一参数电路。

纯电阻电路，就是既没有电感又没有电容，只有线性电阻的电路。实际生活中，白炽灯、电烙铁、电炉等交流电路都可以近似地看作纯电阻电路。

1. 电阻元件上电压与电流的关系

图 5-8(a)所示为一个线性电阻元件的交流电路。电压和电流的正方向如图所示，两者关系由欧姆定律确定，即 $u=iR$。

为了方便地分析问题，选择电流经过零值并将向正值增加的瞬间作为计时起点($t=0$)，即设 $i=I_\text{m}\sin\omega t$ 为参考正弦量，则

$$u=iR=I_\text{m}R\sin\omega t=U_\text{m}\sin\omega t$$

可以看出，电压 u 也是一个同频率的正弦量。所以，在电阻元件的交流电路中，电流和电压是同相的(相位差 $\varphi=0°$)，二者的正弦波形如图 5-8(b)所示。

经推导，得到

$$U_\text{m}=I_\text{m}R\quad \text{或}\quad \frac{U_\text{m}}{I_\text{m}}=\frac{U}{I}=R$$

由此可见,在电阻元件电路中,电压与电流的幅值(有效值)之比值就是电阻 R。如用相量表示电压与电流的关系,则为

$$\frac{\dot{U}}{\dot{I}}=\frac{U}{I}=R \quad \text{或} \quad \dot{U}=\dot{I}R$$

此即欧姆定律的相量表示式,电压和电流的相量如图 5-8(c)所示。

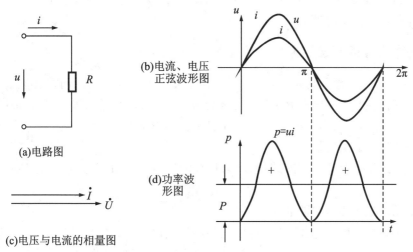

图 5-8 电阻元件交流电路

2. 电阻元件的功率

知道了电压和电流的变化规律和相互关系后,便可找出电路中的功率。在任意瞬间,电压瞬时值 u 与电流瞬时值 i 的乘积称为瞬时功率,用小写字母 p 表示,即

$$p=p_R=ui=U_m I_m \sin^2\omega t=U_m I_m \frac{1-\cos 2\omega t}{2}$$

$$=\frac{U_m}{\sqrt{2}} \cdot \frac{I_m}{\sqrt{2}} \cdot (1-\cos 2\omega t)=UI(1-\cos 2\omega t)$$

由于在电阻元件的交流电路中 u 与 i 同相,它们同时为正,同时为负,所以瞬时功率总是正值,即 $p \geqslant 0$。瞬时功率为正,这表明外电路从电源取用能量。

电阻元件从电源取用能量后转换成了热能,这是一种不可逆的能量转换过程。通常这样计算电能:$W=P \cdot t$。工程上都是计算瞬时功率的平均值,即平均功率,用大写字母 P 表示。P 是一个周期内电路消耗电能的平均功率,即瞬时功率的平均值,如图 5-8(d)所示。在电阻元件电路中,平均功率为

$$P=UI=I^2R=\frac{U^2}{R}$$

平均功率又称为有功功率。功率的单位为瓦(W),工程上也常用千瓦(kW),其与瓦的换算关系为

$$1 \text{ kW}=1\ 000 \text{ W}$$

例 5-5 一只额定电压为 220 V、功率为 100 W 的电烙铁,误接在 380 V 的交流电源上,此时它接受的功率为多少,是否安全? 若接到 110 V 的交流电源上,它的功率又为多少?

解 由电烙铁的额定值可得

$$R=\frac{U_R^2}{P}=\frac{220^2}{100}\Omega=484 \text{ }\Omega$$

$$P_1 = \frac{U_R^2}{R} = \frac{380^2}{484}\text{W} = 298\ \text{W} > 100\ \text{W}$$

$$P_2 = \frac{U_R^2}{R} = \frac{110^2}{484}\text{W} = 25\ \text{W} < 100\ \text{W}$$

当电源电压为 380 V 时,电烙铁的功率为 298 W,大于额定功率,此时不安全,电烙铁将被烧坏;当接到 110 V 的交流电源上时,此时电烙铁的功率为 25 W,小于额定功率,此时电烙铁达不到正常的使用温度。

四、电感元件的交流电路

在直流电路中,电感元件可视为短路,电容元件则可视为开路。而在交流电路中,由于电压、电流随时间变化,在电感元件中磁场不断变化,产生感生电动势;在电容极板间的电压不断变化,引起电荷在与电容极板相连的导线中移动形成电流。下面分别讨论电感与电容在交流电路中各自的电特性。

纯电感电路是只有空心线圈的负载,而且线圈的电阻和分布电容均可忽略不计的交流电路。

1. 电感元件上电压与电流的关系

假设线圈只有电感 L,而电阻 R 可以忽略不计,称之为纯电感,今后所说的电感如无特殊说明就是指纯电感。当电感线圈中通过交流电流 i 时,其中产生自感电动势 e_L,设电流 i、电动势 e_L 和电压 u 的正方向如图 5-9(a)所示。根据基尔霍夫电压定律得出

$$u = -e_L = L\frac{\mathrm{d}i}{\mathrm{d}t}$$

设有电流 $i = I_m \sin \omega t$ 流过电感 L,则代入上式得电感上的电压 u 为

$$u = \omega L I_m \sin(\omega t + 90°) = U_m \sin(\omega t + 90°)$$

即 u 和 i 也是一个同频率的正弦量。表示电压 u 和电流 i 的正弦波形如图 5-9(b)所示。

比较以上 u,i 两式可知,在电感元件电路中,电流在相位上比电压滞后 90°,且电压与电流的有效值符合下式

$$U_m = I_m \omega L \quad \text{或} \quad \frac{U_m}{I_m} = \frac{U}{I} = \omega L$$

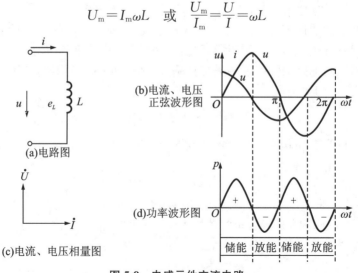

(a)电路图
(b)电流、电压正弦波形图
(c)电流、电压相量图
(d)功率波形图

图 5-9 电感元件交流电路

即在电感元件电路中,电压的幅值(有效值)与电流的幅值(有效值)之比值为 ωL,显然它的单位也为欧姆。电压 U 一定时,ωL 越大,则电流 I 越小。可见它具有对电流起阻碍作用的物理性质,所以称为感抗。用 X_L 表示为

$$X_L = \omega L = 2\pi f L$$

感抗 X_L 与电感 L、频率 f 成正比,因此电感线圈对高频电流的阻碍作用很大,而对直流则可视作短路。还应该注意,感抗只是电压与电流的幅值或有效值之比,而不是它们的瞬时值之比。

如用相量表示电压与电流的关系,则

$$\frac{\dot{U}}{\dot{I}} = jX_L = j\omega L \quad \text{或} \quad \dot{U} = j\omega L \cdot \dot{I}$$

相量式也表示了电压与电流的有效值关系以及相位关系,即电压与电流的有效值符合欧姆定律($U = IX_L$),相位上电压超前电流 $90°$。因电流相量 i 乘上 j 后即向前旋转 $90°$,所以称 jX_L 为复感抗。电压和电流的相量图如图 5-9(c)所示。

2. 电感元件的功率与储能

知道了电压 u 和电流 i 的变化规律和相互关系后,便可找出瞬时功率的变化规律,即

$$p = u \cdot i = U_m \sin(\omega t + 90°) \cdot I_m \sin\omega t = UI \sin2\omega t$$

可见,p 是一个幅值为 UI,以 2ω 角频率随时间而变化的交变量,如图 5-9(d)所示。当 u 和 i 正负相同时,p 为正值,电感处于受电状态,它从电源取用电能;当 u 和 i 正负相反时,p 为负值,电感处于供电状态,它把电能归还电源。电感元件电路的平均功率为零,即电感元件在交流电路中没有能量消耗,只有电源与电感元件间的能量互换。这种能量互换的规模用无功功率 Q 来衡量,规定无功功率等于瞬时功率 p_L 的幅值,即

$$Q = UI = I^2 X_L = \frac{U^2}{X_L}$$

无功功率的单位是乏(Var)或千乏(kVar),1 kVar = 1 000 Var。

例 5-6 已知一个电感 $L = 2$ H,接在 $u_L = 220\sqrt{2}\sin(314t - 60°)$V 的电源上。求:
(1)X_L;(2)通过电感的电流 i_L;(3)电感上的无功功率 Q_L。

解
$$X_L = \omega L = 314 \times 2 \ \Omega = 628 \ \Omega$$

$$\dot{I}_L = \frac{\dot{U}_L}{jX_L} = \frac{220\underline{/-60°}}{628j} \ \text{A} = 0.35\underline{/-150°} \ \text{A}$$

$$i_L = 0.35\sqrt{2}\sin(314t - 150°) \ \text{A}$$

$$Q_L = UI = 220 \times 0.35 \ \text{Var} = 77 \ \text{Var}$$

五、电容元件的交流电路

仅由介质损耗很小、绝缘电阻很大的电容器组成的交流电路,可近似地看成纯电容电路。

1. 电容元件上电流与电压的关系

线性电容元件与正弦电源连接的电路,如图 5-10(a)所示。

交流电流通过电容器时,电源和电容器之间不断地充电和放电。电容充放电电流 $i = \frac{dq}{dt} = \frac{dC \cdot u}{dt} = C\frac{du}{dt}$,若在电容器两端加一正弦电压 $u = U_m\sin\omega t$,则代入 $i = C\frac{du}{dt}$ 中有

$$i=\omega CU_{\mathrm{m}}\sin(\omega t+90°)=I_{\mathrm{m}}\sin(\omega t+90°)$$

即 u 和 i 也是一个同频率的正弦量。表示电压 u 和电流 i 的正弦波形如图 5-10(b)所示。

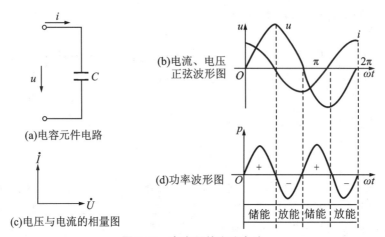

图 5-10　电容元件交流电路

比较以上 u,i 两式可知,在电容元件电路中,电压在相位上比电流滞后 90°(电压与电流的相位差为 −90°),且电压与电流的有效值符合下式。

$$I_{\mathrm{m}}=U_{\mathrm{m}}\omega C \quad \text{或} \quad \frac{U_{\mathrm{m}}}{I_{\mathrm{m}}}=\frac{U}{I}=\frac{1}{\omega C}$$

可见,在电容元件电路中,电压的幅值(有效值)与电流的幅值(有效值)之比值为 $\dfrac{1}{\omega C}$,它的单位也为欧姆。当电压 U 一定时,$\dfrac{1}{\omega C}$ 越大,则电流 I 越小。可见它对电流具有起阻碍作用的物理性质,所以称为容抗。用 X_C 表示,即

$$X_C=\frac{1}{\omega C}=\frac{1}{2\pi f C}$$

容抗 X_C 与电容 C、频率 f 成反比。因此,电容对低频电流的阻碍作用很大。对直流($f=0$)而言,$X_C\to\infty$,可视作开路。同样应该注意,容抗只是电压与电流的幅值或有效值之比,而不是它们的瞬时值之比。

如用相量表示电压与电流的关系,则有

$$\dot U=-\mathrm{j}\dot I X_C=-\mathrm{j}\frac{1}{\omega C}\dot I$$

相量式也表示了电压与电流的有效值关系和相位关系,即电压与电流的有效值符合欧姆定理($U=IX_C$),相位上电压滞后于电流 90°。因电流相量 $\dot I$ 乘以 $-\mathrm{j}$ 后即向后旋转 90°,所以称 $-\mathrm{j}X_C$ 为复容抗。

2. 交流电路中电容元件上的功率

根据电压 u 和电流 i 的变化规律和相互关系,便可找出瞬时功率的变化规律,即

$$p=ui=UI\sin2\omega t$$

由上式可见,p 是一个幅值为 UI,并以 2ω 角频率随时间而变化的交变量,如图 5-10(d)所示。当 u 和 i 正负相同时,p 为正值,电容处于充电状态,它从电源取用电能;当 u 和 i 正负相反时,p 为负值,电容处于放电状态,它把电能归还电源。

电容元件电路的平均功率也为零,即电容元件在交流电路中没有能量消耗,只有电源与电容元件间的能量互换。这种能量互换的规模用无功功率 Q 来衡量,规定无功功率等于瞬时功率 P_C 的幅值。

为了同电感元件电路的无功功率相比较,设电流 $i=I_m\sin\omega t$ 为参考正弦量,则

$$u=U_m\sin(\omega t-90°)$$

于是得出瞬时功率为

$$p=P_C=ui=-UI\sin2\omega t$$

由此可见,电容元件电路的无功功率为

$$Q=-UI=-X_C I^2$$

即电容性无功功率取负值,而电感性无功功率取正值,以示区别。

该负值表示电容在交流电路中对功率的作用与电感对功率的作用正好相反。单独计算功率时可不必考虑负号的问题,功率为标量。

例 5-7 一电容 $C=100\mu F$,接于 $u=220\sqrt{2}\sin(1\,000t-45°)$ V 的电源上。求:(1)流过电容的电流 I_C;(2)电容元件的有功功率 P_C 和无功功率 Q_C;(3)电容中储存的最大电场能量 W_{Cm};(4)绘电流和电压的相量图。

解 (1) $X_C=\dfrac{1}{\omega C}=\dfrac{1}{1\,000\times100\times10^{-6}}$ Ω$=10$ Ω

$$\dot{U}_C=220\underline{|-45°}\text{ V}$$

$$\dot{I}_C=\dfrac{\dot{U}_C}{-jX_C}=\dfrac{220\underline{|-45°}}{10\underline{|-90°}}\text{ A}=22\underline{|45°}\text{ A}$$

$$I_C=22\sqrt{2}\sin(1\,000t+45°)\text{ A}$$

(2) $$P_C=0$$

$$Q_C=-U_C I_C=-220\times22\text{ Var}=-4\,840\text{ Var}$$

(3) $W_{Cm}=\dfrac{1}{2}Cu_{Cm}^2=\dfrac{1}{2}\times100\times10^{-6}\times(220\sqrt{2})^2\text{ J}=4.84\text{ J}$

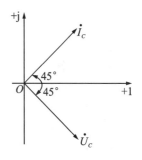

图 5-11 例 5-7 的图

(4)相量图如图 5-11 所示。

综上所述,电阻、电感和电容在交流电路中的作用见表 5-1。

表 5-1 电阻、电感和电容在交流电路中的作用

电　路	电压和电流的大小关系	相位关系	阻　抗	功　率	相量关系
	$U=IR$ $I=\dfrac{U}{R}$		电阻 R	$P=UI$ $=I^2R$ $=\dfrac{U^2}{R}$	$\dot{U}=\dot{I}R$
	$U=I\omega L=LX_L$ $I=\dfrac{U}{\omega L}=\dfrac{U}{X_L}$		感抗 $X_L=\omega L$	$P=0$ $Q_L=I^2X_L$ $=\dfrac{U^2}{X_L}$	$\dot{U}=jX_L\dot{I}$

续表

电　路	电压和电流的大小关系	相位关系	阻　抗	功　率	相量关系
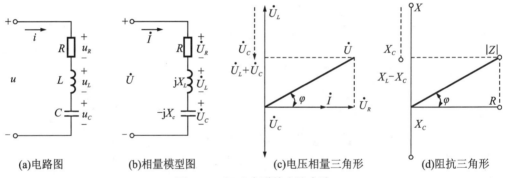	$U = I\dfrac{1}{\omega C} = IX_C$ $I = U\omega C = \dfrac{U}{X_C}$		容抗 $X_C = \dfrac{1}{\omega C}$	$P = 0$ $Q_C = -I^2 X_C$ $= \dfrac{U^2}{X_C}$	$\dot{U} = -jX_C\dot{I}$

六、RLC 串联交流电路

在实际的电路中,除白炽灯照明电路为纯电阻电路外,其他电路几乎都是包含了电感或电容的复杂混合电路。

1. RLC 串联交流电路中电流与电压的关系

电阻、电感与电容元件串联的交流电路如图 5-12(a)所示,注意在电路中的各元件通过同一电流 i。根据基尔霍夫电压定律可列出

$$u = u_R + u_L + u_C = iR + L\frac{\mathrm{d}i}{\mathrm{d}t} + C\int i\,\mathrm{d}t$$

(a)电路图　　　(b)相量模型图　　　(c)电压相量三角形　　　(d)阻抗三角形

图 5-12　RLC 串联的交流电路

设电流 $i = I_m \sin\omega t$,代入上式得

$$u = u_R + u_L + u_C = I_m R\sin\omega t + \omega L I_m \sin(\omega t + 90°) + \frac{I_m}{\omega C}\sin(\omega t - 90°)$$

如图 5-12(b)所示,上式各正弦量用有效值相量表示后,则有

$$\dot{U} = \dot{U}_R + \dot{U}_L + \dot{U}_C = \dot{I}R + jX_L\dot{I} + (-jX_C)\dot{I}$$

该式称为相量形式的基尔霍夫定理。

上式又可写成　　　　　　　　$\dot{U} = [R + j(X_L - X_C)]\dot{I}$

令　　　　　　　　$X = X_L - X_C, \quad Z = R + j(X_L - X_C) = R + jX$

则　　　　　　　　$$\dot{U} = \dot{I} \cdot Z \quad \text{或} \quad \frac{\dot{U}}{\dot{I}} = Z$$

上述两式中,X 称为电抗,表示电路中电感和电容对交流电流的阻碍作用的大小,单位为欧姆(Ω);Z 称为复阻抗,它描述了 RLC 串联交流电路对电流的阻碍以及使电流相对电压发生的相移。习惯上称其为正弦交流电路的相量式欧姆定理。

2. 电流电压关系与电压三角形、阻抗与阻抗三角形

因为电路中各元件上电流相同，故以电流 $\dot{I}$ 为参考相量，作出电路的电流与电压相量图，如图 5-12(c)所示。在相量图上，各元件电压 u_R、u_L、u_C 的相量 $\dot{U}_R$、$\dot{U}_L$、$\dot{U}_C$ 相加即可得出电源电压 u 的相量 $\dot{U}$。由于电压相量 $\dot{U}$、$\dot{U}_R$ 及 $(\dot{U}_L+\dot{U}_C)$ 组成了一个直角三角形，故称这个三角形为电压三角形。

利用电压三角形，便可求出电源电压的有效值，即

$$U = I\sqrt{R^2+(X_L-X_C)^2}$$

由上式可见，这种电路中电压与电流的有效值（幅值）之比为 $\sqrt{R^2+(X_L-X_C)^2}$，它就是复阻抗 Z 的模，它的单位也是欧姆，具有对电流起阻碍作用的性质，称为电路的阻抗，用 $|Z|$ 表示，即

$$|Z| = \sqrt{R^2+(X_L-X_C)^2} = \sqrt{R^2+\left(\omega L-\frac{1}{\omega C}\right)^2}$$

有了阻抗 $|Z|$，则电压与电流的关系可写为

$$U = I\cdot|Z|$$

即 RLC 串联电路中的电流与电压的有效值符合欧姆定理。

另外通过上述的分析，可以发现 $|Z|$、R、(X_L-X_C) 三者之间的关系也可用一个阻抗三角形来表示，阻抗三角形是一个直角三角形，如图 5-12(d)所示。阻抗三角形和电压三角形是相似三角形，故电源电压 u 与电流 i 之间的相位差 φ 既可以从电压三角形得出，也可以从阻抗三角形得出，即

$$\varphi = \arctan\frac{U_L-U_C}{U_R} = \arctan\frac{X_L-X_C}{R}$$

可以看出，上式中的电压与电流的相位差 φ 也是复阻抗 Z 的辐角，又称为阻抗的阻抗角。故复阻抗 Z 可表示为

$$Z=|Z|\angle\varphi \quad 或 \quad Z=|Z|e^{j\varphi}$$

而且，从前面的分析可知，复阻抗 Z 的模表示了电路对交流电流阻碍作用的大小，辐角 φ 表示了电路使交流电流相对于电压的相移，因此可以认为：复阻抗 Z 描述了交流电路对电流的阻碍，阻抗三角形描述了电流相对电压发生的相移。

3. 电路的性质

阻抗 $|Z|$、电阻 R、感抗 X_L 及容抗 X_C 不仅表示电压 u 及其分量 u_R、u_L 和 u_C 与电流 i 之间的大小关系，而且也表示了它们之间的相位关系。随着电路参数的不同，电压 u 与电流 i 之间的相位差 φ 也就不同，因此，φ 角的大小是由电路（负载）的参数决定的。一般根据 φ 角的大小来确定电路的性质。

(1)如果 $X_L>X_C$，则在相位上电流 i 比电压 u 滞后，$\varphi>0$，这种电路是电感性的，简称为感性电路。

(2) 如果 $X_L<X_C$，则在相位上电流 i 比电压 u 超前，$\varphi<0$，这种电路是电容性的，简称为容性电路。

(3)当 $X_L=X_C$，即 $\varphi=0$ 时，则电流 i 与电压 u 同相，这种电路是电阻性的，称为谐振电路。

例 5-8 有一 RLC 串联电路，其中 $R=30\ \Omega$，$L=382\ \text{mH}$，$C=39.8\ \mu\text{F}$，外加电压 $u=220\sqrt{2}\sin(314t+60°)$ V。试求：(1)复阻抗 Z，并确定电路的性质；(2)$\dot{I}$、$\dot{U}_R$、$\dot{U}_L$、$\dot{U}_C$；(3)绘出相量图。

解 （1）
$$Z = R + j(X_L - X_C) = R + j\left(\omega L - \frac{1}{\omega C}\right)$$

$$= 30 + j\left(314 \times 0.382 - \frac{10^6}{314 \times 39.8}\right)\Omega$$

$$= 30 + j(120 - 80) = 30 + j40\ \Omega = 50\ \underline{/53.1°}\ \Omega$$

$\varphi = 53.1° > 0$，所以此电路为感性电路。

（2）
$$\dot{I} = \frac{\dot{U}}{Z} = \frac{220\ \underline{/60°}}{50\ \underline{/53.1°}}\ \text{A} = 4.4\ \underline{/6.9°}\ \text{A}$$

$$\dot{U}_R = \dot{I}_R = 4.4\ \underline{/6.9°} \times 30\ \text{V} = 132\ \underline{/6.9°}\ \text{V}$$

$$\dot{U}_L = \dot{I}jX_L = 4.4\ \underline{/6.9°} \times 120\ \underline{/6.9°}\ \text{V}$$

$$= 528\ \underline{/96.9°}\ \text{V}$$

$$\dot{U}_C = -\dot{I}jX_C = 4.4\ \underline{/6.9°} \times 80\ \underline{/-90°}\ \text{V}$$

$$= 352\ \underline{/-83.1°}\ \text{V}$$

（3）相量图如图 5-13 所示。

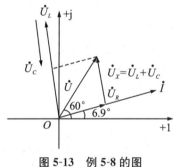

图 5-13　例 5-8 的图

七、阻抗的串联与并联

实际的交流电路往往不只是 RLC 串联电路，它可能是同时包含电阻、电感和电容的复杂的混联电路，在这些交流电路中若用复阻抗来表示电路各部分对电流与电压的作用，就可以用相量法像分析直流电路一样来分析正弦交流电路。

1. 阻抗的串联

由前面讨论可知，如果 R、L、C 串联，则如图 5-14 所示，其电路等效复阻抗为
$$Z = R + jX_L + (-jX_C)$$
即 R、L、C 串联电路的等效复阻抗为各元件的复阻抗之和。

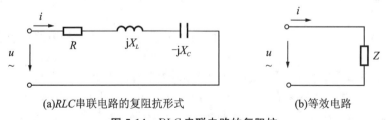

(a)RLC串联电路的复阻抗　　　　　　　　(b)等效电路

图 5-14　RLC 串联电路的复阻抗

图 5-15(a)所示为两复阻抗串联电路,则由基尔霍夫电压定律可得

$$\dot{U} = \dot{U}_1 + \dot{U}_2 = \dot{I}Z_1 + \dot{I}Z_2 = \dot{I}(Z_1 + Z_2) = \dot{I}Z$$

式中,Z 称为串联电路的等效阻抗。

可见

$$Z = Z_1 + Z_2$$

即串联电路的等效复阻抗等于各串联复阻抗之和。图 5-15(a)可等效简化为图 5-15(b)。

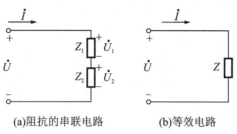

(a)阻抗的串联电路　　　　(b)等效电路

图 5-15　阻抗的串联

注意: 上述阻抗的运算是复数运算,一般情况下 $|Z| \neq |Z_1| + |Z_2|$。

2. 阻抗的并联

图 5-16(a)所示为两阻抗并联电路,由基尔霍夫电流定律可得

$$\dot{I} = \dot{I}_1 + \dot{I}_2 = \frac{\dot{U}}{Z_1} + \frac{\dot{U}}{Z_2} = \dot{U}\left(\frac{1}{Z_1} + \frac{1}{Z_2}\right) = \frac{\dot{U}}{Z}$$

式中,Z 称为并联电路的等效阻抗。

可见

$$\frac{1}{Z} = \frac{1}{Z_1} + \frac{1}{Z_2}$$

即并联电路的等效阻抗的倒数等于各并联阻抗倒数的和。图 5-16(a)可等效简化为图 5-16(b)。

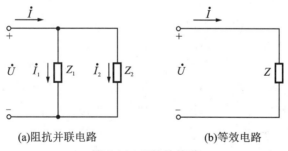

(a)阻抗并联电路　　　　(b)等效电路

图 5-16　阻抗的并联

例 5-9　有两个阻抗 $Z_1 = 6.16 + j9\ \Omega$,$Z_2 = 2.5 - j4\ \Omega$,它们串联接在 $\dot{U} = 220 \underline{/30°}$ V 的交流电源上,求 $\dot{I}$ 和 $\dot{U}_1$、$\dot{U}_2$ 并作相量图。

解
$$Z = Z_1 + Z_2 = (6.16 + 2.5) + j(9 - 4)\ \Omega$$
$$= 8.66 + j5 = 10\underline{/30°}\ \Omega$$

$$\dot{I} = \frac{\dot{U}}{Z} = \frac{220\underline{/30°}}{10\underline{/30°}}\ A = 22\underline{/0°}\ A$$

则

$$\dot{U}_1 = Z_1 \dot{I} = (6.16 + j9) \times 22 \text{V} = 10.9 \underline{\big/55.6^\circ} \times 22 \text{ V}$$
$$= 239.8 \underline{\big/55.6^\circ} \text{ V}$$

同理

$$\dot{U}_2 = Z_2 \dot{I} = (2.5 - j4) \times 22 \text{ V} = 103.6 \underline{\big/-58^\circ} \text{ V}$$

电路图和相量图如图 5-17 所示。

需要注意的是 $\dot{U} = \dot{U}_1 + \dot{U}_2$，$U \neq U_1 + U_2$。

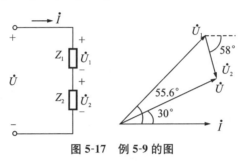

图 5-17　例 5-9 的图

八、功率因数的提高

1. 正弦交流电路的功率

1）瞬时功率

一般负载的交流电路如图 5-18 所示。交流负载的端电压 u 和 i 之间存在相位差 φ，φ 的正负、大小由负载具体情况确定。因此负载的端电压 u 和 i 之间的关系可表示为

$$i = \sqrt{2} I \sin\omega t \quad, \quad u = \sqrt{2} U \sin(\omega t + \varphi)$$

负载取用的瞬时功率为

$$p = ui = \sqrt{2} U \sin(\omega t + \varphi) \cdot \sqrt{2} I \sin\omega t$$
$$= UI \cos\varphi - UI \cos(2\omega t + \varphi)$$

瞬时功率是随时间变化的，其变化曲线如图 5-19 所示。可以看出瞬时功率有时为正，有时为负。正值表示负载从电源吸收功率，负值表示从负载中的储能元件（电感、电容）释放出能量送回电源。

图 5-18　一般负载的交流电路

2）有功功率和功率因数

把一个周期内瞬时功率的平均值称为平均功率，或称为有功功率，用字母 P 表示，即

$$P = \frac{1}{T} \int_0^T p \mathrm{d}t = \frac{1}{T} \int_0^T [UI \cos\varphi - UI \cos(2\omega t + \varphi)] \mathrm{d}t = UI \cos\varphi$$

上式表明，有功功率等于电路端电压有效值 U 和流过负载的电流有效值 I 的乘积，再乘以 $\cos\varphi$。

式中 $\cos\varphi$ 称为功率因数。其值取决于电路中总的电压和电流的相位差。由于一个交流负载总可以用一个等效复阻抗来表示，因此它的阻抗角决定电路中的电压和电流的相位差，即 $\cos\varphi$ 中的 φ 也就是复阻抗的阻抗角。

由上述分析可知，在交流负载中只有电阻部分才消耗能量，在 RLC 串联电路中电阻 R

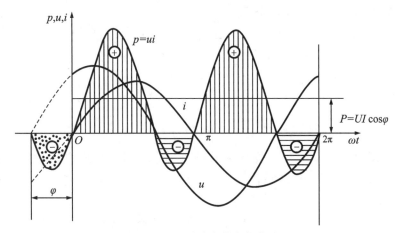

图 5-19　瞬时功率的变化曲线

是耗能元件,则有 $P = U_R/I = I^2R$。

3) 无功功率

由于电路中有储能元件电感和电容,它们虽不消耗功率,但与电源之间要进行能量交换。用无功功率表示这种能量交换的规模,用大写字母 Q 表示。对于任意一个无源二端网络的无功功率可定义为

$$Q = UI\sin\varphi$$

上式中的 φ 角为电压和电流的相位差,也是电路等效复阻抗的阻抗角。对于电感性电路,$\varphi > 0$,则 $\sin\varphi > 0$,无功功率 Q 为正值;对于容性电路,$\varphi < 0$,则 $\sin\varphi < 0$,无功功率 Q 为负值。当 $Q > 0$ 时,为吸收无功功率;当 $Q < 0$ 时,则为发出功率。

在电路中既有电感元件又有电容元件时,无功功率相互补偿,它们在电路内部先相互交换一部分能量后,不足部分再与电源进行交换,则无源二端网络的无功功率为

$$Q = Q_L + Q_C$$

上式表明,二端网络的无功功率是电感元件的无功功率与电容元件无功功率的代数和。式中的 Q_L 为正值,Q_C 为负值,Q 为一代数量,可正可负,单位为乏(Var)。

4) 视在功率

在交流电路中,端电压与电流的有效值乘积称为视在功率,用 S 表示。即

$$S = UI$$

视在功率的单位为伏安(VA)或千伏安(kVA)。

虽然视在功率 S 具有功率的量纲,但它与有功功率和无功功率是有区别的。视在功率 S 通常用来表示电气设备的容量。容量说明了电气设备可能转换的最大功率。电源设备如变压器、发电机等所发出的有功功率与负载的功率因数有关,不是一个常数,因此电源设备通常只用视在功率表示其容量,而不是用有功功率表示。

交流电气设备的容量是按照预先设计的额定电压和额定电流来确定的。用额定视在功率 S_N 来表示。即

$$S_N = U_N I_N$$

交流电气设备应在额定电压 U_N 条件下工作,因此电气设备允许提供的电流为

$$I_N = \frac{S_N}{U_N}$$

可见设备的运行要受 U_N、I_N 的限制。

由上所述,有功功率 P、无功功率 Q、视在功率 S 之间存在如下关系。

$$P=UI\cos\varphi=S\cos\varphi$$

$$Q=UI\sin\varphi=S\sin\varphi$$

$$S=\sqrt{P^2+Q^2}=UI$$

$$\varphi=\arctan\frac{Q}{P}$$

显然,S、P、Q 构成一个直角三角形,如图 5-20 所示。此三角形称为功率三角形,它与同电路的电压三角形、阻抗三角形相似。

2. 功率因数

由前面内容分析可知,R、L、C 混合电路中负载取用的功率不仅与发电机的输出电压及输出电流的有效值的乘积有关,而且还与电路(负载)的参数有关。电路所具有的参数不同,电压与电流之间的相位差 φ 也就不同,在同样的电压 U 和电流 I 下,电路的有功功率和无功功率也就不同。

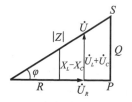

图 5-20 电压、阻抗和功率三角形

因此,电工学中将 $P=U_R I=I^2 R=UI\cos\varphi$ 中的 $\cos\varphi$ 称为功率因数。

只有在电阻负载(如白炽灯、电阻炉等)的情况下,电压与电流才同相,其功率因数为 1。对其他负载来说,其功率因数均介于 0 与 1 之间,这时电路中发生能量互换,出现无功功率 $Q=UI\sin\varphi$。无功功率的出现,使电能不能充分利用,其中有一部分能量即在电源与负载之间进行能量互换,同时增加了线路的功率损耗。所以对用电设备来说,提高功率因数一方面可以使电源设备的容量得到充分利用,另一方面也能使电能得到大量节约。

功率因数不高,根本原因是电感性负载的存在。例如,工程施工中常用的异步电动机,在额定负载时功率因数为 0.7~0.9,如果在轻载时其功率因数就更低。电感性负载的功率因数之所以小于 1,是由于负载本身需要一定的无功功率。

国家电业部门规定,用电企业的功率因数必须维持在 0.85 以上。高于此指标的给予奖励,低于此指标的则对其罚款,而低于 0.5 者停止供电。功率因数的高低为什么如此重要?功率因数低有哪些不利?从以下两方面来说明。

1)电源设备的容量不能充分利用

设某供电变压器的额定电压 $U_N=230$ V,额定电流 $I_N=434.8$ A,额定容量为

$$S_N=U_N I_N=230\times434.8\ \text{VA}\approx100\ \text{kVA}$$

如果负载功率因数等于 1,则变压器可以输出有功功率为

$$P=U_N I_N\cos\varphi=230\times434.8\times1\ \text{W}=100\ \text{kW}$$

如果负载功率因数等于 0.5,则变压器可以输出有功功率为

$$P=U_N I_N\cos\varphi=230\times434.8\times0.5\ \text{W}=50\ \text{kW}$$

可见,负载的功率因数越低,供电变压器输出的有功功率越小,设备的利用率越不充分,经济损失越严重。

2)增加输电线路上的功率损失

当发电机的输出电压 U 和输出的有功功率 P 一定时,发电机输出的电流(线路上的电

流)为

$$I = \frac{P}{U\cos\varphi}$$

可见电流 I 和功率因数 $\cos\varphi$ 成反比。若输电线的电阻为 R,则输电线上的功率损失为

$$\Delta P = I^2 R = (\frac{P}{U\cos\varphi})^2 R$$

功率损失 ΔP 和功率因数 $\cos\varphi$ 的平方成反比,功率因数越低,功率损失越大。

以上讨论的是一台发电机的情况,但其结论也适用于一个工厂或一个地区的用电系统。功率因数的提高意味着电网内的发电设备得到了充分利用,提高了发电机输出的有功功率和输电线上有功电能的输送量。与此同时,输电系统的功率损失也大大降低,可以节约大量电力。

3. 功率因数提高的方法

提高功率因数的简便而有效的方法,是给电感性负载并联适当大小的电容器,其电路图和相量图如图 5-21 所示。

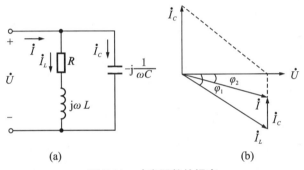

图 5-21 功率因数的提高

由于是并联,电感性负载的电压不受电容器的影响。电感性负载的电流 I_L 仍然等于原来的电流,这是因为电源电压和电感性负载的参数并未改变。但对总电流来说,却多了一个电流分量 I_C,即

$$i = i_L + i_C \quad 或 \quad \dot{I} = \dot{I}_L + \dot{I}_C$$

由图 5-21(b)可知,未并联电容器,总电流(等于电感性负载电流)与电源电压的相位差是 φ_1;并联电容器之后,总电流(等于 $\dot{I}_L + \dot{I}_C$)与电源电压的相位差为 φ_2,相位差减小了,由 φ_1 减小为 φ_2,功率因数 $\cos\varphi$ 就提高了。应当注意,这里所说的功率因数提高了,是指整流器电路系统(包括电容器在内)的功率因数提高了(或者说,此时电源的功率因数提高了),而原电感性负载的功率因数并未改变。

由电路图和相量图可知,若增加电容量,容抗减小,则 I_C 增大,顺 I 的延长线伸长角 φ_2 随着减小,功率因数逐渐提高。若 C 值选得适当,电流 I 和电压 U 同相,则 $\cos\varphi = 1$,获得最佳状态。若 C 值选得过大,I_C 增大太多,电流 I 将超前电压,功率因数反倒减小。因此 C 值必须选择适当。C 的计算公式推导如下。

由相量图可知

$$I_C = I_1 \sin\varphi_1 - I\sin\varphi_2$$

式中,I_C 为电容器中的电流;I_1 和 I 分别为功率因数提高前、后的电流。

I_C可由下面关系得出

$$I_C = \frac{U}{X_C} = \omega CU$$

$$P = UI_1\cos\varphi_1 \text{(功率因数提高前电路的有功功率)}$$

$$P = UI\cos\varphi_2 \text{(功率因数提高后电路的有功功率,电容器不消耗功率)}$$

即

$$I_1 = \frac{P}{U\cos\varphi_1}$$

$$I = \frac{P}{U\cos\varphi_2}$$

将 I_C、I_1 和 I 代入前式：

$$I_C = I_1\sin\varphi_1 - I\sin\varphi_2 = \frac{P\sin\varphi_1}{U\cos\varphi_1} - \frac{P\sin\varphi_2}{U\cos\varphi_2}$$

$$= \frac{P}{U}(\tan\varphi_1 - \tan\varphi_2)$$

$$\omega CU = \frac{P}{U}(\tan\varphi_1 - \tan\varphi_2)$$

即

$$C = \frac{P}{\omega U^2}(\tan\varphi_1 - \tan\varphi_2)$$

$$Q_C = I^2 X_C = \frac{U^2}{X_C} = \omega CU^2$$

因为

$$C = \frac{Q_C}{\omega U^2}$$

所以

$$Q_C = P(\tan\varphi_1 - \tan\varphi_2)$$

式中,P 为电源向负载提供的有功功率(W);U 为电源电压(V);φ_1 为并联电容前电路的功率因数角(°);φ_2 为并联电容后整个电路的功率因数角(°)。

例 5-10 一感性负载,其功率 $P=10$ kW,$\cos\varphi=0.6$,接在电压 $U=220$ V,$f=50$ Hz 的电源上。

(1) 如将功率因数提高到 $\cos\varphi=0.95$,需要并联多大的电容 C? 求并联 C 前后线路的电流。

(2) 如将 $\cos\varphi$ 从 0.95 提高到 1,试问还需并联多大的电容 C。

解 (1)
$$C = \frac{P}{\omega U^2}(\tan\varphi_1 - \tan\varphi)$$

$$\cos\varphi_1 = 0.6 \quad 即 \quad \varphi = 53°$$

$$\cos\varphi = 0.95 \quad 即 \quad \varphi = 18°$$

所以
$$C = \frac{10 \times 10^3}{314 \times 220^2}(\tan 53° - \tan 18°) \text{F} = 656 \ \mu\text{F}$$

并联 C 前：
$$I_1 = \frac{P}{U\cos\varphi_1} = \frac{10 \times 10^3}{220 \times 0.6} \text{A} = 75.6 \text{ A}$$

并联 C 后：
$$I=\frac{P}{U\cos\varphi}=\frac{10\times10^{3}}{220\times0.95}\text{ A}=47.8\text{ A}$$

(2) $\cos\varphi$ 从 0.95 提高到 1 时所需增加的电容值为
$$C=\frac{10\times10^{3}}{314\times220^{2}}(\tan18°-\tan0°)\text{ F}=213.6\ \mu\text{F}$$

可见,功率因数已经很大时再继续提高,则所需电容值很大(不经济),所以一般不必提高到 1。

九、RLC 串联谐振的条件与谐振频率

在含有 LC 储能元件的正弦交流电路中,把电流与电压同相位(电路呈纯电阻性质)的现象称为电路谐振。

图 5-22(a)所示的 RLC 串联电路中,当 $X_L=X_C$ 时,$Z=R+jX_L+(-jX_C)=R$,电路呈纯电阻性,此时,电流 i 与电压 u 同相,称电路发生了串联谐振。

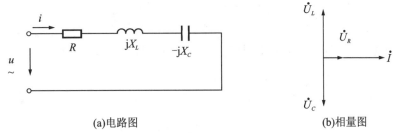

(a)电路图   (b)相量图

图 5-22 RLC 串联谐振电路与相量图

1. 谐振的条件

因为
$$X_L=X_C$$

故有
$$\omega_0 L=\frac{1}{\omega_0 C}$$

所以
$$\omega_0=\frac{1}{\sqrt{LC}}\quad\text{或}\quad f_0=\frac{1}{2\pi\sqrt{LC}}$$

2. 谐振的频率

RLC 串联谐振的频率为
$$f_0=\frac{1}{2\pi\sqrt{LC}}$$

3. RLC 串联谐振的特点

RLC 串联电路发生谐振时,具有下列三个基本特点。

(1)电路电压与电流同相,电路呈电阻性,如图 5-22(b)所示。

(2)电路的阻抗模最小,电流达到最大值。

因为
$$|Z|=\sqrt{R^{2}+(X_L-X_C)^{2}}=\sqrt{R^{2}+\left(2\pi fL-\frac{1}{2\pi fC}\right)^{2}},\quad I=\frac{U}{|Z|}$$

故$|Z|$、I随着f变化的曲线如图 5-23 和图 5-24 所示。当$f=f_0$时,$|Z|=R$最小,$I=I_0=U/|Z|=U/R$最大。

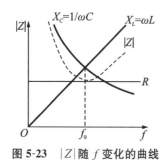

图 5-23　$|Z|$随f变化的曲线

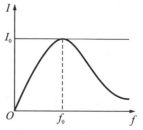

图 5-24　I随f变化的曲线

（3）$U_L=U_C$且$\dot{U}_L=-\dot{U}_C$,即电感、电容电压大小相等、方向相反,相互抵消,对整个电路不起作用。此时,$\dot{U}=\dot{I}_R R$,如图 5-22(b)所示。

若$X_L=X_C \gg R$,则$U_L=U_C \gg U$,即电感、电容元件两端的电压远远高于电路电压,有时甚至高出数百倍,因此串联谐振又称为电压谐振。电力系统中要避免出现串联谐振,而在电子技术的工程应用中,谐振现象应用很广泛,并把谐振时的U_L或U_C与总电压U之比称为电路的品质因数,用Q表示。

$$Q = \frac{U_L}{U} = \frac{U_C}{U} = \frac{\omega_0 L}{R} = \frac{1}{\omega_0 C R}$$

串联谐振往往用于无线电信号的接收、选频等电路中。

例 5-11　图 5-25 所示为一 RLC 串联电路,已知$R=10\ \Omega$,$L=500\ \mu H$,C为可变电容,变化范围为 12～290 pF。若外加信号源频率为 800 kHz,则电容应为何值才能使电路发生谐振。

解　$C = \dfrac{1}{\omega^2 L} = \dfrac{1}{(2\pi f)^2 L}$

$= \dfrac{1}{(2 \times \pi \times 800 \times 10^3)^2 \times 500 \times 10^{-6}}\ \text{F}$

$\approx 79.2\ \text{pF}$

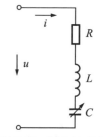

图 5-25　例 5-11 的图

◀ 任务 2　日光灯照明电路的安装与调试 ▶

照明电路是人们日常生活中接触最多的基本电路。那么,照明电路是由哪几部分组成的？如果给出图 5-26 所示器件,你能完成一个开关控制一盏灯,插座不受开关控制,双控灯及一个开关控制一盏日光灯的电路安装吗？我们可以把电路简化成一个个模块,按模块来完成,最后完成整个电路的连接与安装。

子任务 1　照明电路中使用器件的识别与检测

辨别教师所展示的照明电路中常用器件的类别,写出它们的名称及字母符号,并利用仪

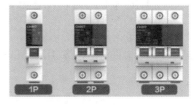

图 5-26　常见家用照明器件

器仪表检测和判断器件好坏。教师根据所在实验室具有的条件给学生提供照明电路的常用器件。

一、电光源

电光源的种类很多,下面介绍几种常见的电光源。

1. 白炽灯

白炽灯结构简单,价格低廉,便于安装和维修,是一种应用最为广泛的电光源。通电后灯丝发热至白炽化而发光,故称为白炽灯。白炽灯灯丝的主要成分是钨,高温时钨将升华,使白炽灯玻璃壳内产生沉积而发黑,透光性能降低,输入电能多数转变为热能,所以其发光效率较低,寿命较短。为防振动和断裂,将灯丝盘成弹簧状装在灯泡中间,灯泡内抽成真空后充入少量惰性气体,以抑制钨丝的升华而延长其使用寿命。白炽灯的灯头分为卡扣灯头和螺口灯头两种,如图 5-27 所示。

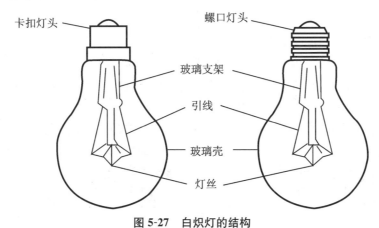

图 5-27　白炽灯的结构

2. 日光灯

日光灯也称荧光灯,其结构简单,发光效率高,是目前应用最广泛的气体放电光源。它主要由灯管、启辉器、镇流器、灯座及灯架组成。

3. 卤钨灯

在灯内充入微量卤族元素,使蒸发的钨与卤素起化学反应,弥补了普通白炽灯玻璃壳发黑的问题。卤钨灯有碘钨灯和溴钨灯两种,其属于热辐射电光源。

4. 其他电光源

其他常见电光源有高压汞灯、高压钠灯及霓虹灯。

二、家庭中的三种用电电路

家庭中常见的三种用电电路为：照明电路，用于家中的照明和装饰；空调电路，电流大，需要单独控制；插座电路，用于家电供电使用。家庭基本电路如图 5-28 所示。

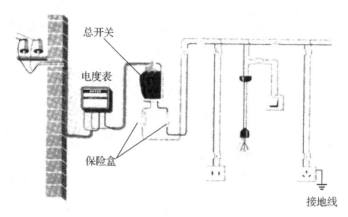

图 5-28　家庭基本电路

三、基本照明电路的组成

基本照明电路主要由电度表、断路器（漏电保护开关）、连接导线、开关、插座、电器控制器及照明灯具组成。

1. 电度表

电度表是用来记录用户消耗电能多少的仪表。电度表分为有功电度表和无功电度表两种。有功电度表又分为单相电度表、三相四线制电度表和三相三线制电度表。

（1）单相电度表。如图 5-29（a）所示，单相电度表主要用于家用配电线路中，当用电设备工作时，计数口即显示消耗电能的读数。

（2）三相电度表。如图 5-29（b）所示，三相电度表主要用于动力配电线路中，对容量较小的电路常直接连入电路，对容量较大的电路需要电流互感器配套使用。

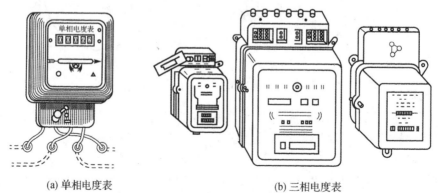

(a) 单相电度表　　　　　　(b) 三相电度表

图 5-29　电度表示意图

2. 断路器

断路器又称空气开关,也称空气断路器,它的作用是接通和断开电源,用于线路或设备的过载保护、短路保护、漏电保护,以及人身触电保护。断路器的选择要根据需要选定合适的型号,选得太小会经常跳闸使电路设备无法正常工作,选得太大,不能有效保护用电设备的安全。图 5-30 所示为断路器的基本结构。

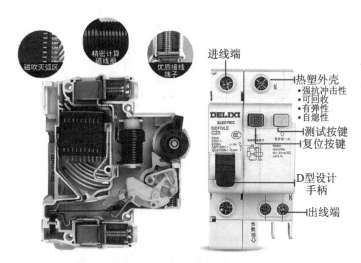

图 5-30 断路器的基本结构

两极空气开关和单极空气开关在电路中的符号如图 5-31 和图 5-32 所示。

图 5-31 两极空气开关在电路中的符号   图 5-32 单极空气开关在电路中的符号

电路保护器件小常识:家用电器保险盒中的保险丝是由电阻率较大而熔点较低的铅锑合金制成的。保险丝的外观如图 5-33 所示,其连接方式是串联在火线上。当有过大的电流通过时,保险丝产生较多的热量,其温度达到熔点时,保险丝先熔断,自动切断电路,起到保险作用。

图 5-33 保险丝的外观

注意:千万不要用铜丝或铁丝代替保险丝。

3. 开关

开关在电路中通常可分为单联开关和双联开关两种。单联开关也有一位、两位、三位等多位开关,集中在一个面板上,其外形如图 5-34 所示。

图 5-34 开关外形

(1)单联开关的内部结构和图形符号如图 5-35 所示。

(a)内部结构   (b)图形符号

图 5-35 单联开关的内部结构和图形符号

(2)双联开关的内部结构和图形符号如图 5-36 所示。

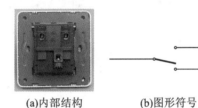

(a)内部结构   (b)图形符号

图 5-36 双联开关的内部结构和图形符号

📖 **活动:**单联开关在电路中的图形符号是_____,双联开关在电路中的图形符号是_____。

A图   B图

4. 电路中的灯

灯的实物及在电路中的符号如图 5-37 和图 5-38 所示。

图 5-37 灯的实物

图 5-38　灯在电路中的符号

5. 插座

对于单相插座来说,通常按"左零右火"的方法来接;三相插座按"上地、左零、右火"的方法来接。插座的外形和图形符号如图 5-39 所示。

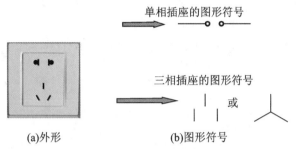

(a)外形　　　　　　　　(b)图形符号

图 5-39　插座的外形和图形符号

插座的接法如图 5-40 所示。插座与插座并联在火线与零线之间。

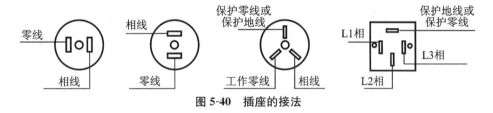

图 5-40　插座的接法

📖 **活动**:画出一个插座的连接电路图。

四、基本照明电路举例

一个开关控制一盏或多盏灯的电路是照明电路中最常见的线路,如图 5-41～图 5-43 所示。

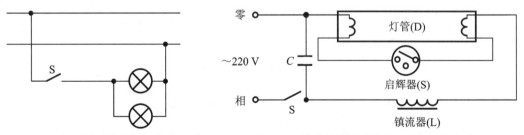

图 5-41　单处控制的白炽灯电路　　　　图 5-42　带单线圈镇流器的日光灯接线电路图

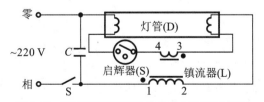

图 5-43　带双线圈镇流器的日光灯接线电路图

((•)) 任务实施

小组成员分工协作,对照明电路中使用的器件进行识别和检测,并完成工作计划单(见表5-2)的填写工作。

表5-2 工作计划单(一)

任 务 名 称	照明电路中使用器件的识别与检测		
资料收集	(1)电路的概念; (2)电光源的种类; (3)基本照明电路元件的结构、作用及符号; (4)安全用电常识; (5)基本电工工具的使用方法		
工具使用	万用表的使用	使用方法步骤	注意事项
	尖嘴钳的使用	使用方法步骤	注意事项
	剥线钳的使用	使用方法步骤	注意事项
器件识别	断路器识别	识别方法	
	电度表识别	识别方法	
	电阻、电容及电感器件识别	识别方法	
	不同电光源识别	识别方法	
存在的问题和解决办法			
学员签字		教师签字	

小组成员分工协作,根据完成的工作计划单进行任务实施,并完成任务实施单(见表5-3)的填写工作。

表 5-3　任务实施单(一)

步　　骤	实施项目	实施过程记录
1		
2		
3		
4		
5		
6		
7		
8		
结论		
学员签字		教师签字

评 价

根据任务完成情况填写考核评价表,见表 5-4。

表 5-4　照明电路中使用器件的识别与检测考核评价表　　　　　成绩:＿＿＿＿＿

考核内容	分值	评 分 标 准	自评 (10%)	互评 (10%)	教师评 (80%)	得分
识别器件	40	(1)识别不准,一个减 5 分; (2)字母符号表示不准确,一个减 5 分; (3)不能画出电路符号,一个减 5 分				
正确使用 工具及仪表	40	(1)使用工具方法不正确,一次减 5 分; (2)工具损坏,一次减 10 分; (3)器件损坏,一次减 10 分				
整理	20	(1)工具未整理,每处减 5 分; (2)器件不整理,每处减 5 分; (3)工作台不整洁,每处减 5 分				

子任务 2　日光灯原理图的绘制

根据教师的讲解,画出日光灯的原理图,并分析电路的工作原理。

一、日光灯电路图及组成

日光灯电路主要包括灯管、启辉器、镇流器及开关,如图 5-44 所示。

活动:画出日光灯电路图。

1.日光灯灯管

1)日光灯灯管的结构

日光灯灯管的结构如图 5-45 所示。

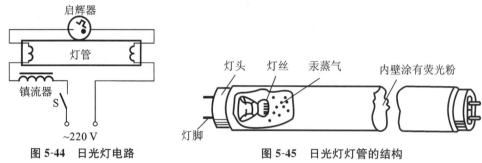

图 5-44　日光灯电路　　　　　　　　图 5-45　日光灯灯管的结构

2）日光灯灯管的工作条件

（1）启辉电压：300 V 以上。

（2）工作电压：额定功率为 40 W 的灯管，其工作电压约为 100 V。

3）日光灯灯管的发光原理

两端的灯丝给气体加热，并给气体加上高压，灯管内的汞蒸气在高压下弧光放电，辐射出紫外线，照射到灯管内壁荧光粉上，从而发出白光。

2. 镇流器

1）镇流器的结构

镇流器主要由自感线圈、引线、硅钢片、漆包线、底盖和外壳组成，自感线圈可以在开关打开的瞬间提供一个高压。镇流器的实物图及结构如图 5-46 所示。

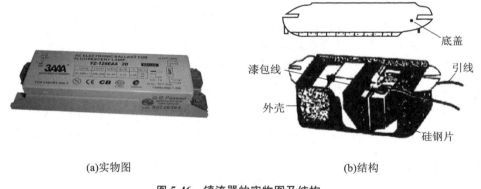

(a)实物图　　　　　　　　　　　(b)结构

图 5-46　镇流器的实物图及结构

2）镇流器的作用

（1）启动时提供瞬时高压。

（2）正常工作时分压限流。

3. 启辉器

启辉器是一个自动启动开关，它能够预热日光灯灯丝，提高日光灯两端的电压，便于点亮灯管，其外形如图 5-47(a)所示。

1）启辉器的组成

启辉器主要由动触片、静触片、电容器、插头、玻璃泡等组成，如图 5-47(b)所示。电容器起补偿功率因数的作用。启辉器并联的小电容器的作用为：与镇流器线圈形成 LC 振荡电路，延长灯丝的预热时间和维持脉冲高压；吸收干扰电视机、收音机、录像机、VCD 机等电子设备的杂波。

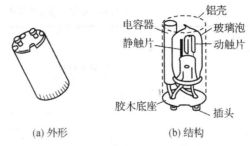

(a) 外形　　　　　(b) 结构

图 5-47　启辉器的外形和结构

2)启辉器的作用

启辉器可以起到一个开关的作用。

活动：讨论镇流器的作用：＿＿＿＿＿＿＿＿＿＿＿＿＿＿＿＿＿＿＿＿；

讨论启辉器的作用：＿＿＿＿＿＿＿＿＿＿＿＿＿＿＿＿＿＿＿＿＿＿。

> **器件小常识**：电容和电感是储能元件。电感一般就是指螺线圈,在通过变化的电流时,会产生与一般导线不同的电磁效应。电容是表征电容器容纳电荷本领的物理量。我们把电容器的两极板间的电势差增加 1 V 所需的电量称为电容器的电容。在很多电子产品中,电容器都是必不可少的电子元件,它在电子设备中充当滤波器,具有平滑波形的作用,还具有退耦、交流信号的旁路、交直流电路的交流耦合等作用。由于电容器的类型和结构种类比较多,因此,使用者不仅需要了解各类电容器的性能指标和一般特性,还必须了解在给定用途下各种元件的优缺点、机械或环境的限制条件等。

二、日光灯电路的工作原理

1. 启辉阶段

接通电源—启辉器辉光放电—动触片受热,电路接通—灯丝预热—辉光放电停止—双金属片冷却收缩—与静触片断开—镇流器产生较高的脉冲电压—灯管内汞蒸气弧光放电—辐射出紫外线,发出白光。

2. 工作阶段

灯管启辉后,镇流器由于具有高电抗,两端电压增大;启辉器两端电压减少,氖气不再辉光放电,电流由灯管内气体导电形成回路,灯管进入工作状态。

活动：小组讨论日光灯电路的工作原理。如果日光灯电路不能正常工作,可能的故障有哪些?

任务实施

小组成员分工协作,绘制日光灯原理图,并完成工作计划单(见表 5-5)的填写工作。

表 5-5　工作计划单(二)

任 务 名 称	日光灯原理图的绘制
资料收集	(1)日光灯电路的组成; (2)日光灯管的结构及工作原理; (3)镇流器的结构及工作原理; (4)启辉器的结构及工作原理

续表

任 务 名 称		日光灯原理图的绘制	
电路中的器件符号	日光灯管	符号表示	作用及工作条件
	镇流器	符号表示	作用及工作条件
	启辉器	符号表示	作用及工作条件
绘制电路图并分析	电路绘制	绘制原则	
	原理分析	分析步骤	
存在的问题和解决办法			
学员签字		教师签字	

小组成员分工协作,根据完成的工作计划单进行任务实施,并完成任务实施单(见表 5-6)的填写工作。

表 5-6　任务实施单(二)

步　骤	实施项目	实施过程记录
1		

续表

步 骤	实施项目	实施过程记录
2		
3		
4		
5		
结论		
学员签字		教师签字	

评价

根据任务完成情况填写考核评价表,见表5-7。

表 5-7 日光灯原理图的绘制考核评价表　　　　成绩:_____

考 核 内 容	分　值	评 分 标 准	自评(10%)	互评(10%)	教师评(80%)	得分
原理图中器件的绘制	30	(1)器件图形符号画错,一个减5分; (2)字母符号表示不准确,减5分; (3)漏画器件,一个减10分				
导线连接	30	(1)连接不正确,一处减5分; (2)连接有安全隐患,一次减10分				
器件作用、电路工作原理	30	(1)器件的作用不清楚,一个减5分; (2)电路工作原理不懂,减10分				
整理	10	工作台不整洁,每处减5分				

子任务 3 日光灯的安装

现在的日光灯多为成品,从商店买来就可直接安装。本任务的目的在于通过具体安装,进一步掌握日光灯的组成结构、工作原理、安装技巧及维修方法。

一、导线与导线的连接

单股铜芯导线的直线连接步骤如下。

(1) 将两导线芯线线头交叉,如图 5-48(a)所示。

(2) 将两导线芯线线头拧成 X 形相交,如图 5-48(b)所示。

(3) 互相绞合 2~3 圈后扳直两线头,如图 5-48(c)所示。

(4) 将每个线头在另一芯线上紧贴并绕约 6 圈,用钢丝钳切去余下的芯线,并钳平芯线末端,如图 5-48(d)所示。

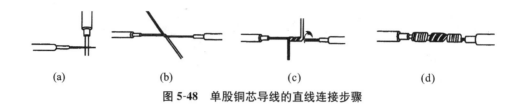

(a)   (b)   (c)   (d)

图 5-48　单股铜芯导线的直线连接步骤

二、线头与接线桩的连接

1. 单股芯线与针孔接线桩的连接

连接时,按要求的长度将线头折成双股并排插入针孔,如图 5-49(a)所示。使螺钉在双股芯线的中间顶紧,如图 5-49(b)所示。如果线头较粗,双股芯线插不进针孔,也可将单股芯线直接插入针孔,如图 5-49(c)所示,但芯线在插入针孔前,应朝着针孔上方稍微弯曲,以免压紧螺钉稍有松动线头就脱出。

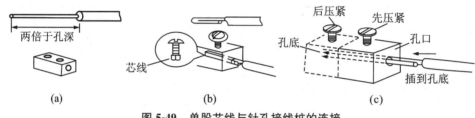

(a)   (b)   (c)

图 5-49　单股芯线与针孔接线桩的连接

2. 单股芯线与平压式接线桩的连接

先将线头弯成压接圈(俗称羊眼圈),再用螺钉压紧。弯制步骤如下。

(1) 在离绝缘层根部约 3 mm 处向外侧折角,如图 5-50(a)所示。

(2) 按略大于螺钉直径弯曲圆弧,如图 5-50(b)所示。

(3) 剪去芯线余端,如图 5-50(c)所示。

(4) 修正圆圈成圆形,如图 5-50(d)所示。

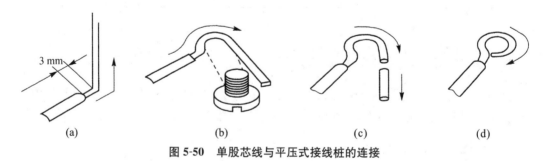

(a)   (b)   (c)   (d)

图 5-50　单股芯线与平压式接线桩的连接

3. 线头与瓦形接线桩的连接

(1) 将已去除氧化层和污物的线头弯成 U 形,如图 5-51(a)所示。

(2)将其卡入瓦形接线桩内进行压接。如果需要把两个线头接入一个瓦形接线桩内,则应使两个线头都弯成 U 形,并重合叠压,然后将其卡入瓦形垫圈下方进行压接,如图 5-51(b)所示。

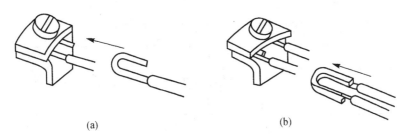

(a)   (b)

图 5-51　线头与瓦形接线桩的连接

📖 活动：

(1)导线与导线的连接,做 5 个。

(2)线头与接线桩的连接,做 5 个。

(3)线头与瓦形接线桩的连接,做 5 个。

三、日光灯安装图

日光灯安装图如图 5-52 所示。

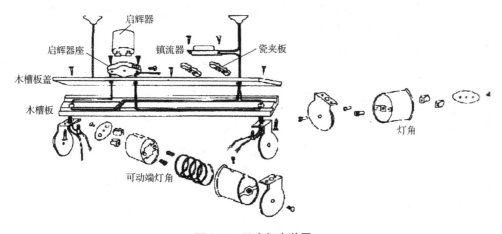

图 5-52　日光灯安装图

四、日光灯安装所需工具及器材

日光灯安装所需工具有电工皮五联及工具全套、小锤、试电笔、盒尺或直尺、铅笔、手电钻或台钻等。日光灯安装所需器材见表 5-8。

表 5-8　日光灯安装所需器材

序　　号	器 件 名 称	器件规格或数量
1	双线木槽板	一根,长度 0.7 m
2	瓷夹板(垫镇流器用)	两副
3	镇流器	一个,20 W
4	灯管	一条,20 W
5	管脚	一副

续表

序 号	器 件 名 称	器件规格或数量
6	启辉器及座	一套
7	塑铜软导线	$0.8\ mm^2$，2 m
8	双线插销头	一个
9	黑胶布	一卷
10	木螺钉、小铁钉	若干

五、日光灯的安装步骤

（1）电器定位画线（参照安装图上各元件的位置）。

（2）用手电钻打孔，在槽板上用电工刀开过线槽。

（3）敷设导线。导线按长度剪好（略长一些），每根在线槽内靠近电器处用黑胶布缠1～2圈，便于导线固定。

（4）固定电器（镇流器先不要固定）和接线。

（5）检查并确定无接线错误后，将灯管试装，若灯脚距离合适，灯管可以方便可靠地安装上，取下灯管，盖上盖板，并用小钉钉好。

（6）固定镇流器及吊线并安装好电源插头。

（7）用万用表电阻挡检查有无短路、断路。

（8）确认正常后通电试灯。

任务实施

小组成员分工协作，对日光灯进行安装，并完成工作计划单（见表5-9）的填写工作。

表 5-9   工作计划单（三）

任 务 名 称	日光灯安装		
资料收集	（1）日光灯接线原理图； （2）日光灯安装图； （3）日光灯安装所需工具及器材； （4）日光灯安装步骤		
电路安装	绘制并分析原理图、安装图，选择器材	所需器材	注意事项
	选择合适的工具	所需工具	注意事项
	安装步骤计划	详细步骤	注意事项

任 务 名 称	日光灯安装	
存在的问题和解决办法		
学员签字	教师签字	

小组成员分工协作,根据完成的工作计划单进行任务实施,并完成任务实施单(见表 5-10)的填写工作。

表 5-10 任务实施单(三)

步　　骤	实 施 项 目	实施过程记录
1		
2		
3		
4		
5		
6		
结论		
学员签字	教师签字	

>>➜| 评 价 ......

根据任务完成情况填写考核评价表,见表 5-11。

表 5-11 日光灯电路安装考核评价表　　　　　　　　　　　　成绩:_____

考核内容	分　　值	评 分 标 准	自评 (10%)	互评 (10%)	教师评 (80%)	得分
定位画线, 开过线槽	20	(1)定位不准,一处减5分; (2)画线不直,减5分; (3)打孔不直或未打好,一处减5分; (4)过线槽未开好(不够深,过宽,过窄,板开裂),每处减2分				
固定元件 和导线	40	(1)元件或导线固定不牢,减5分; (2)元件损坏,每处减10分; (3)导线损伤,每处减10分; (4)槽板损坏,每处减5分; (5)槽板盖不严,减10分				

考核内容	分　值	评分标准	自评(10%)	互评(10%)	教师评(80%)	得分
接线	30	(1)接线头未旋紧,每处减2分; (2)导线未做好绝缘,每处减5分; (3)导线固定处有毛刺,每处减5分; (4)接线错误,每处减10分				
整理	10	(1)安装完毕,不整理工具,一个减2分; (2)不收拾器件及其他用具,不保持工作台整洁,一处减2分				

子任务4　日光灯的调试和故障排除

在完成的日光灯安装电路中设置故障点,小组成员一起找出故障原因并排除故障点。

日光灯的常见故障现象有灯管不发光,灯丝两端发亮,启辉器不能启动,灯管闪烁中间不亮等,对应的故障原因及排除方法见表5-12。

表5-12　日光灯常见故障的原因及排除方法

故障现象	产生故障的可能原因	排除方法
灯光闪烁或管内有螺旋形滚动光带	(1)启辉器或镇流器连接不良; (2)镇流器不配套(工作电流过大); (3)灯管质量不佳; (4)新灯管暂时启动困难	(1)接好连接点; (2)换上配套的镇流器; (3)更换灯管; (4)使用一段时间后会自行消失
镇流器过热	(1)镇流器质量不佳; (2)镇流器不配套; (3)启辉情况不佳; (4)电源电压过高	(1)常温以不超过65℃为限,过热严重的应更换; (2)换上配套的镇流器; (3)排除启辉系统故障; (4)调整电压
镇流器异响	(1)铁芯叠片松动; (2)铁芯硅钢片质量不佳; (3)绕组内部短路; (4)电源电压过高	(1)紧固铁芯; (2)更换硅钢片(须校正工作电流,即调节铁芯间隙); (3)更换绕组或整个镇流器; (4)调整电压
灯管两端发黑	(1)灯管衰老; (2)启辉不佳; (3)镇流器不配套; (4)电压过高	(1)更换灯管; (2)排除启辉系统故障; (3)换上配套的镇流器; (4)调整电压
灯管光通量降低	(1)灯管衰老; (2)电压过低; (3)灯管处于冷风直吹环境	(1)更换灯管; (2)调整电压; (3)采取遮风措施
开灯后灯管立刻被烧毁	(1)电压过高; (2)镇流器短路	(1)检查电压过高的原因,排除后再使用; (2)更换镇流器

续表

故 障 现 象	产生故障的可能原因	排 除 方 法
灯管不发光	(1)电源没有供电； (2)灯座触点接触不良或电路线头松散； (3)启辉器损坏或与基座触点接触不良； (4)镇流器绕组或管内灯丝断裂、脱落	(1)验明是否停电或熔丝烧断； (2)重新安装灯管或重新连接已松散线头； (3)先旋动启辉器，看是否发光，再检查线头是否脱落，排除后仍不发光，应更换启辉器； (4)用万用表低电阻挡测试绕组和灯丝是否通路
灯丝两端发亮	启辉器接触不良或损坏,内部小电容击穿或基座线头脱落	先旋动启辉器，看是否发光，再检查线头是否脱落，排除后仍不发光，应更换启辉器；小电容击穿,可剪去
启辉困难	(1)启辉器配用不成套； (2)电源电压太低； (3)环境温度太低； (4)镇流器不配套,启辉器电流过小； (5)灯管衰老	(1)换上配套的启辉器； (2)调整电压或缩短电源线路,使电压保持在额定值； (3)可用热毛巾在灯管上来回烫(但应注意安全,灯架和灯座处不可触及和受潮)； (4)换上配套的镇流器； (5)更换灯管

任务实施

小组成员分工协作,对日光灯进行调试和故障排除,并完成工作计划单(见表 5-13)的填写工作。

表 5-13　工作计划单(四)

任 务 名 称	日光灯的调试和故障排除		
资料收集	(1)日光灯接线原理图； (2)日光灯常见的故障现象； (3)日光灯产生故障的可能原因； (4)日光灯常见故障的排除办法		
电路安装	故障现象	现象名称	可能原因
	排除方法	常用方法	注意事项

续表

任 务 名 称	日光灯的调试和故障排除	
存在的问题和解决办法		
学员签字	教师签字	

小组成员分工协作,根据完成的工作计划单进行任务实施,并完成任务实施单(见表 5-14)的填写工作。

表 5-14 任务实施单(四)

步 骤	实 施 项 目	实施过程记录
1		
2		
3		
4		
5		
6		
结论		
学员签字	教师签字	

>>> 评价 ......

根据任务完成情况填写考核评价表,见表 5-15。

表 5-15 日光灯的调试和故障排除考核评价表　　　　　　成绩:_____

考核内容	分 值	评 分 标 准	自评(10%)	互评(10%)	教师评(80%)	得分
排除故障的方法	20	(1)不能明确故障现象,一个减 5 分; (2)根据故障现象不能明确可能的故障点,一个减 5 分				
故障原因	40	(1)通过故障现象找不到故障原因,一个减 10 分; (2)不能完全找到故障原因,减 10 分				
排除故障	30	(1)没有完全排除故障,一个减 10 分; (2)没有排除故障,反而添加新故障,一个减 10 分				
整理	10	(1)安装完毕,不整理工具,一个减 2 分; (2)不收拾器件及其他用具,不保持工作台整洁,一处减 2 分				

任务 3   白炽灯照明电路的安装与调试

　　白炽灯是利用热辐射原理来发光的,物质因热产生辐射,当温度达到一定程度时会辐射可见光。最简单的白炽灯就是给灯丝通上足够的电流,灯丝发热至白炽状态,就会发出光亮。

　　家庭照明可以使用白炽灯、普通节能灯和 LED 节能灯。60 W 的白炽灯、12 W 的普通节能灯和 5 W 的 LED 节能灯三者的照明效果相当,使用寿命及消耗电能却有很大不同,相关参数见表 5-16。

表 5-16   白炽灯、普通节能灯和 LED 节能灯的相关参数

类　　别	相 关 参 数		
	额定电压/V	额定功率/W	使用寿命/h
白炽灯	220	60	2 000
普通节能灯	220	12	8 000
LED 节能灯	220	5	30 000

　　由 $W=Pt$ 可知,在相同的时间里,白炽灯消耗的电能最多,普通节能次之,而 LED 节能灯消耗的电能最少。LED 节能灯与白炽灯比较,具有明显的节电效果,即相同的照明效果,LED 节能灯消耗的电能远远低于白炽灯消耗的电能。在所有利用电能的照明灯具中,白炽灯的效率是最低的,它所消耗的电能只有很小的一部分(12％～18％)可转化为光能,而其余部分都以热能的形式散失了。

　　目前,白炽灯采用真空玻璃管(降低灯丝氧化程度)、灯脚(便于灯泡插在灯座上)、填充惰性气体(增加灯泡的亮度,延长使用寿命)等技术,其目的都在于延长白炽灯的使用寿命和使用方便。

子任务 1   白炽灯原理图的绘制

一、白炽灯的电路结构

白炽灯电路主要包括灯泡、开关及导线。

二、白炽灯常用电路图

1. 双控灯
双控灯的控制要求是两个开关控制一盏灯,其原理图如图 5-53 所示。

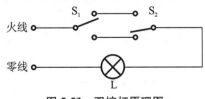

图 5-53   双控灯原理图

2. 一控一灯一插座

一控一灯一插座的控制要求是一个开关控制一盏灯,插座不受开关控制。这个电路是最典型的照明电路,其原理图如图 5-54 所示。

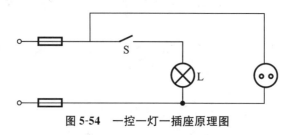

图 5-54 一控一灯一插座原理图

📖**活动**

(1)把带有开关的电灯、三孔插座正确连入图 5-55 中。

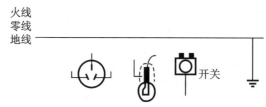

图 5-55 把带有开关的电灯、三孔插座正确连入

(2)绘制双控灯电路。

(3)绘制一控一灯一插座电路。

📶**任务实施**

小组成员分工协作,对白炽灯原理图进行绘制,并完成工作计划单(见表 5-17)的填写工作。

表 5-17 工作计划单(五)

任 务 名 称	白炽灯原理图的绘制		
资料收集	(1)白炽灯电路的组成; (2)白炽灯的结构; (3)白炽灯的工作原理; (4)插座的正确接线方法		
电路中的器件符号		符号表示	作用及工作条件
	双控灯电路		
		符号表示	作用及工作条件
	一控一灯一插座电路		

任 务 名 称	白炽灯原理图的绘制	
绘制电路图并分析	电路图绘制	绘制原则
	原理分析	分析步骤
存在的问题和解决办法		
学员签字		教师签字

小组成员分工协作,根据完成的工作计划单进行任务实施,并完成任务实施单(见表 5-18)的填写工作。

表 5-18 任务实施单(五)

步　　骤	实 施 项 目	实 施 过 程 记 录
1		
2		
3		
4		
5		
结论		
学员签字		教师签字

》》》❘ 评 价 ......

根据任务完成情况填写考核评价表,见表 5-19。

表 5-19　白炽灯原理图的绘制考核评价表　　　　　　　　　　　成绩：_____

考 核 内 容	分值	评 分 标 准	自评（10%）	互评（10%）	教师评（80%）	得分
原理图中器件的绘制	30	(1)器件图形符号画错，一个减5分； (2)字母符号表示不准确，一个减5分； (3)漏画器件，一个减10分				
导线连接	30	(1)导线连接不正确，一处减5分； (2)连接有安全隐患，一次减10分				
器件的作用和电路工作原理	30	(1)不清楚器件的作用，每个减5分； (2)不懂电路工作原理，减10分				
整理	10	工作台不整洁，每处减5分				

子任务 2　白炽灯电路中使用器件的识别和测量

白炽灯电路的常用器件是白炽灯和开关，是一种最简单的照明电路。最典型的照明电路是一个开关控制一盏灯，插座不受开关控制。

通过下面的活动认识、辨别白炽灯、开关及插座。

活动：连接单联、双联开关，如图 5-56 所示。

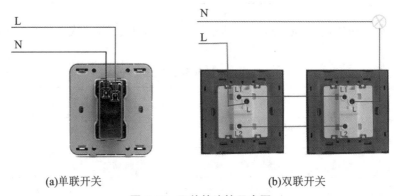

(a)单联开关　　　　　　　　　　　(b)双联开关

图 5-56　开关的连接示意图

活动：连接螺口和卡扣白炽灯。火线进开关，零线进灯头，白炽灯要装在开关与火线之间，在使用中要将火线接入开关中，以达到控制负载通断的目的。螺口白炽灯和螺旋套要与零线相连；卡扣灯泡没有这个注意事项。灯泡中元件和线路的连接示意图如图 5-57 所示。

活动：连接两孔和三孔插座，如图 5-58 所示。

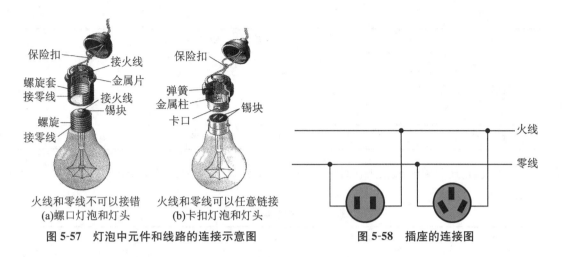

图 5-57 灯泡中元件和线路的连接示意图   图 5-58 插座的连接图

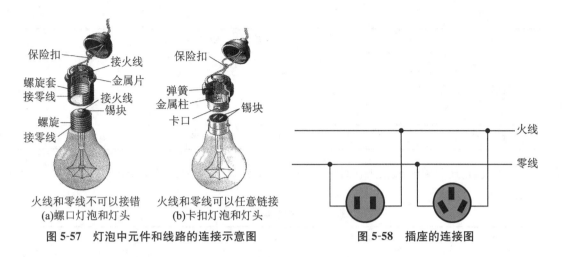

（左图标注）
保险扣　接火线
螺旋套　金属片
接零线　接火线
　　　　锡块
螺旋
接零线

火线和零线不可以接错
(a)螺口灯泡和灯头

（中图标注）
保险扣
弹簧
金属柱　锡块
卡口

火线和零线可以任意链接
(b)卡扣灯泡和灯头

（右图标注）
火线
零线

((•)) 任务实施

小组成员分工协作,对白炽灯电路中使用的器件进行识别和测量,并完成工作计划单（见表 5-20）的填写工作。

表 5-20　工作计划单（六）

任 务 名 称	白炽灯电路中使用器件的识别和测量		
资料收集	(1)白炽灯电路中的常用器件； (2)白炽灯电路中常用器件的好坏识别		
需要工具			
识别器件	白炽灯识别	不同类型白炽灯的识别方法	
	插座识别	不同类型插座的识别方法	
	开关	不同开关的识别方法	

续表

任 务 名 称	白炽灯电路中使用器件的识别和测量	
存在的问题和解决办法		
学员签字		教师签字	

小组成员分工协作，根据工作计划单进行任务实施，并完成任务实施单(见表5-21)的填写工作。

表5-21　任务实施单(六)

步　骤	实 施 项 目	实 施 过 程 记 录
1		
2		
3		
4		
5		
6		
7		
8		
结论		
学员签字		教师签字	

评 价

根据任务完成情况填写考核评价表，见表5-22。

表5-22　白炽灯电路中使用器件的识别与测量考核评价表　　　成绩：_____

考 核 内 容	分值	评 分 标 准	自评(10%)	互评(10%)	教师评(80%)	得分
识别器件	40	(1)器件识别不准确，一个减5分； (2)字母符号表示不准确，一个减5分； (3)不能画出电路符号，一个减5分				
正确使用工具、仪表及连接	40	(1)使用工具方法不正确，一次减5分； (2)工具损坏，一次减10分； (3)器件损坏，一个减10分； (4)连接不正确，一处减5分				
整理	20	(1)工具未整理，每处减5分； (2)器件不整理，每处减5分； (3)工作台不整洁，每处减5分				

子任务 3 白炽灯的安装

一个开关控制一盏灯,并带一个插座的电路是最典型的照明电路,从事电气工作的人员必须掌握。

一、白炽灯的安装图

白炽灯的安装图如图 5-59 所示。

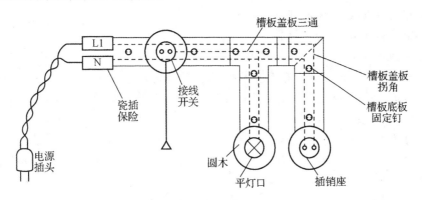

图 5-59 白炽灯的安装图

二、安装白炽灯所需工具

安装白炽灯所需工具包括电工皮五联及皮带、十字形螺丝刀、一字形螺丝刀、电工刀、尖嘴钳、挑口钳、克丝钳、试电笔、小锤、钢卷尺、直尺、钢笔等。

三、安装白炽灯所需器材

安装白炽灯所需器材见表 5-23。

表 5-23 安装白炽灯所需器材

序 号	器 材 名 称	器材规格和数量
1	木制配电盘	一块,800 mm×600 mm×25 mm
2	瓷插式熔断器	两套,RCIA,5 A
3	螺口平灯口	一个
4	圆木	三个
5	塑料槽板	两条,二线或三线
6	三通	一个
7	转角	一个,规格同塑料槽板
8	插座	一个,单相双眼
9	开关	一个,单联拉线

序　号	器 材 名 称	器材规格和数量
10	塑料绝缘线	$2\ m \times 2\ m$，规格 BV(1.5 mm^2)或其他
11	单相插头	一个，带软导线
12	木螺钉、小铁钉、绝缘胶布	若干

四、安装步骤与要求

（1）电器定位画线，定位画线要合理。

（2）固定槽板底板，固定牢靠。

（3）固定圆木及电器，所有元件固定牢靠。

（4）在槽板底板上敷设导线并连接电器，电源相线进开关，相线接灯口顶心，零线接灯口外皮；绝缘恢复要可靠，导线连接要可靠；导线头顺时针弯成羊眼圈并固定在电器上；插销左孔接零线，右孔接相线。

（5）安装槽板、盖板。

（6）检查线路无误后，接通电源。通电时，要通过改变电源插头位置来保证相线进入 L1 端，零线进入 N 端。

任务实施

小组成员分工协作，对白炽灯进行安装，并完成工作计划单（见表 5-24）的填写工作。

表 5-24　工作计划单（七）

任 务 名 称	白炽灯的安装		
资料收集	(1)白炽灯接线原理图； (2)白炽灯安装图； (3)白炽灯安装所需工具及器材； (4)白炽灯安装步骤		
电路安装	绘制分析原理图、安装图，选择器材	所需器材	注意事项
	选择合适工具	所需工具	注意事项
	安装步骤计划	详细步骤	注意事项

任 务 名 称	白炽灯的安装	
存在的问题和解决办法		
学员签字		教师签字	

小组成员分工协作，根据工作计划单进行任务实施，并完成任务实施单(见表 5-25)的填写工作。

表 5-25　任务实施单(七)

步　　骤	实 施 项 目	实 施 过 程 记 录
1		
2		
3		
4		
5		
6		
结论		
学员签字		教师签字

▸ 评 价

根据任务完成情况填写考核评价表，见表 5-26。

表 5-26　白炽灯的安装考核评价表　　　　　　　　　　成绩：_____

考 核 内 容	分值	评 分 标 准	自评 (10%)	互评 (10%)	教师评 (80%)	得分
安装灯具、插座及接线	75	(1)定位不准确，一处减 5 分； (2)器件位置不正，固定不牢，一个减 5 分； (3)灯头及插座处导线未按顺时针弯折，一处减 5 分； (4)相线未进开关，每处减 10 分； (5)安装造成断路、短路，一次减 20 分； (6)器件损坏，每处减 20 分				
安装槽板	15	(1)固定不牢，减 5 分； (2)接口不严密，减 5 分； (3)盖板不严，减 5 分； (4)导线裸露过长，绝缘没做好，一处减 10 分； (5)进插座的零线、火线连接错误，减 10 分				

续表

考 核 内 容	分值	评 分 标 准	自评 (10%)	互评 (10%)	教师评 (80%)	得分
整理	10	(1)安装完毕,不整理工具,一个减2分; (2)不收拾器件及其他用具,不保持工作台整洁,一处减2分				

子任务4 白炽灯的调试及故障排除

安装完毕,打开开关,看白炽灯是否正常照明。正常,则安装完毕,否则要排除故障。白炽灯的常见故障及排除方法见表5-27。

表5-27 白炽灯的常见故障及排除方法

故 障 现 象	产生故障的可能原因	排 除 方 法
灯泡不亮	(1)开关或电路接触不良; (2)灯泡损坏; (3)熔丝烧毁; (4)电路开路; (5)停电	(1)把接触不良的触点修复,无法修复时,更换新的器件; (2)更换灯泡; (3)修复熔丝; (4)修复电路; (5)打开其他电器开关,查看是否停电
灯泡发光强烈	灯丝局部短路(搭丝)	更换灯泡
灯光忽亮忽暗	(1)灯座或开关触点松动; (2)电源电压波动; (3)熔丝接触不良; (4)导线连接不良	(1)修复松动的触头或接线; (2)采用稳压器; (3)重新安装; (4)重新连接导线
烧断熔丝	(1)灯座或挂线盒连接处两线头互碰; (2)负载过大	(1)重新连接线头; (2)减轻负载或扩大线路的导线容量

📶 任务实施

小组成员分工协作,对白炽灯进行调试及故障排除,并完成工作计划单(见表5-28)的填写工作。

表5-28 工作计划单(八)

任 务 名 称	白炽灯的调试及故障排除
资 料 收 集	(1)白炽灯的接线原理图; (2)白炽灯的常见故障现象; (3)白炽灯产生故障的可能原因; (4)白炽灯常见故障的排除方法

续表

任 务 名 称	白炽灯的调试及故障排除		
电路安装	故障现象	现象名称	可能原因
	排除方法	常用方法	注意事项
存在的问题和解决办法			
学员签字		教师签字	

小组成员分工协作，根据工作计划单进行任务实施，并完成任务实施单(见表 5-29)的填写工作。

表 5-29　任务实施单(八)

步　骤	实 施 项 目	实 施 过 程 记 录
1		
2		
3		
4		
5		
6		
7		
8		
结论		
学员签字		教师签字

评价

根据任务完成情况填写考核评价表，见表 5-30。

表 5-30 白炽灯的调试及故障排除考核评价表　　　　成绩:_____

考核内容	分值	评 分 标 准	自评(10%)	互评(10%)	教师评(80%)	得分
排故方法	20	(1)不能明确故障现象,一个减5分; (2)根据故障现象不能判断可能的故障点,一个减5分				
故障原因	40	(1)通过故障现象找不到故障原因,一个减10分; (2)不能完全找到故障原因,减10分				
排除故障	30	(1)没有完全排除故障,一个减10分; (2)没有排除故障,反而添加新故障,一个减10分				
整理	10	(1)安装完毕,不整理工具,一个减2分; (2)不收拾器件及其他用具,不保持工作台整洁,一处减2分				

项目 6

三相交流电路的连接

◀ 任务 1　三相交流电路 ▶

由于三相交流电在生产、输送和运用等方面的突出优点,交流电力系统都采用三相三线制输电、三相四线制配电。由于工作现场既有动力负载(如搅拌机、吊车等),又有照明负载,因此一般都采用三相四线制供电。所谓三相四线制就是三条相线(火线)、一条零线的供电体制。三条相线具有频率相同、幅值相等、相位互差 120°的正弦交流电压,称为三相对称电压。前述单相交流电路,就是三相交流电路中的一相,因此三相交流电路可视为三个特殊单相电路的组合。在三相电路对称或不对称有中性线时,三相交流电路可化简为单相电路的计算。故前述单相交流电路的分析计算方法,完全适用于三相交流电路。

一、三相对称电动势的产生

三相对称电动势是由三相交流发电机产生的。三相交流发电机与单相交流发电机的工作原理是相同的,不同的是三相交流发电机有 3 个完全相同的定子绕组,3 个绕组的首端 A、B、C(末端 X、Y、Z)在空间互差 120°,如图 6-1 所示,其中每一绕组 AX、BY、CZ 称为发电机的一相。转子一般由直流电磁铁构成。转子绕组中通入直流电而产生固定磁极,极面做成适当形状,以便定子与转子的空气隙的磁感应强度按正弦规律分布。

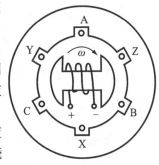

图 6-1　三相交流发电机原理图

当转子由原动机拖动按顺时针方向以转速 ω 旋转时,3 个定子绕组被磁力线切割而产生正弦电动势:e_A、e_B、e_C。由于 3 个绕组的结构完全一样、被切割的速度一致、彼此在空间互差 120°,所以产生的 3 个电动势是幅值相等、频率相同、相位互差 120°的三相对称电动势。

规定电动势的参考方向从每相绕组的末端指向首端,如以 A 相电动势为参考相量,则三相电动势的瞬时值表达式为

$$\begin{cases} e_A = E_m \sin\omega t \\ e_B = E_m \sin(\omega t - 120°) \\ e_C = E_m \sin(\omega t + 120°) \end{cases}$$

对称三相电动势的瞬时值之和为 0,即

$$e_A + e_B + e_C = 0$$

或

$$\dot{E}_A + \dot{E}_B + \dot{E}_C = 0$$

3 个电动势有效值相量的表达式为

$$\dot{E}_A = E\,\underline{/0^\circ} = E$$

$$\dot{E}_B = E\,\underline{/-120^\circ} = E\left(-\frac{1}{2} - j\frac{\sqrt{3}}{2}\right)$$

$$\dot{E}_C = E\,\underline{/120^\circ} = E\left(-\frac{1}{2} + j\frac{\sqrt{3}}{2}\right)$$

它们的波形图和相量图如图 6-2 和图 6-3 所示。

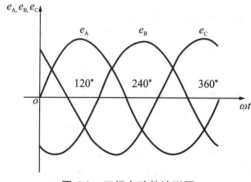

图 6-2 三相电动势波形图

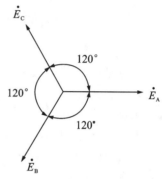

图 6-3 三相电动势相量图

三相交流电按其到达正的(或负的)最大值的先后顺序称为相序。在图 6-1 中,如果转子以顺时针方向旋转,首先是 A 相电动势先达到正幅值,继而是 B 相,最后是 C 相,这种从 A−B−C 的相序称为顺序(或正序);如果转子转向不变,把 B 相绕组与 C 相绕组对调,则相序变成 A−C−B,称为逆序(或反序)。

二、三相交流电源的连接

三相发电机的每一相绕组都可以看作一个独立的单相电源分别向负载供电。但是,这种供电方式需用 6 根输电线,既不经济,也体现不出三相交流电的优点。因此,发电机的三相定子绕组都是在内部采用星形(Y 形)或三角形(△形)两种连接方式向外输电。

1. 三相电源的星形(Y 形)连接

如图 6-4 所示,将发电机绕组的末端 X、Y、Z 连接在一起,这个连接点 N 称为中性点,自该点引出的导线称为中性线,中性线通常与大地相连,此时又称之为零线或地线。从三相绕组的首端 A、B、C 分别引出 3 根导线统称为端线或相线(俗称火线),常用 A、B、C 表示,也有用 L_1(U)、L_2(V)、L_3(W) 表示的。这种具有中性线的三相供电方式称为三相四线制。无中性线引出而只有 3 根相线的供电方式称为三相三线制。

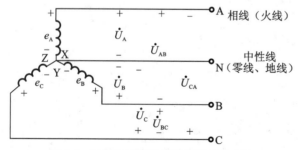

图 6-4 三相电源绕组的星形(Y 形)连接

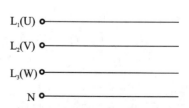

图 6-5 三相四线制的表示方法

实际应用中,常以导线的颜色来区分不同的相线和中性线,以黄、绿、红、淡蓝颜色分别表示 A(L_1)、B(L_2)、C(L_3)和 N,若是三相五线制配电,则 PE(接地保护)线用黄绿相间色表示。走线采用的导线颜色必须符合国家标准。有时为了简便,常不画发电机的线圈连接方式,只画四根输电线,以表相序,如图 6-5 所示。习惯上的相序为第一相超前第二相 120°、第二相超前第三相 120°、第三相超前第一相 120°,即 L_1—L_2—L_3—L_1,此为正序。若是任意改变两相的位置,则构成反序。

三相四线制供电的特点是可以提供负载两种电压:一种称为相电压,即相(火)线与零线之间的电压,相电压用符号 u_A、u_B、u_C 表示,用相量表示为 $\dot{U}_A$、$\dot{U}_B$、$\dot{U}_C$,参考方向规定由相线指向零线;另一种称为线电压,即相线与相线间的电压,用 u_{AB}、u_{BC}、u_{CA} 表示,用相量表示为 $\dot{U}_{AB}$、$\dot{U}_{BC}$、$\dot{U}_{CA}$,参考方向规定由第一位字母指向第二位字母,即线电压的方向是由 A 线指向 B 线,B 线指向 C 线,C 线指向 A 线。

对称三相电源的三个相电压瞬时值之和为零,即

$$u_A + u_B + u_C = 0 \quad 或 \quad \dot{U}_A + \dot{U}_B + \dot{U}_C = 0$$

下面分析星形连接时对称三相电源线电压与相电压的关系。因为三相绕组的电动势是对称的,所以三相绕组的相电压也是对称的,三相电源的线电压也是对称的。由基尔霍夫定律可得

$$u_{AB} = u_A - u_B \quad u_{BC} = u_B - u_C \quad u_{CA} = u_C - u_A$$

用相量形式表示为

$$\dot{U}_{AB} = \dot{U}_A - \dot{U}_B \quad \dot{U}_{BC} = \dot{U}_B - \dot{U}_C \quad \dot{U}_{CA} = \dot{U}_C - \dot{U}_A$$

假设

$$\dot{U}_A = U\underline{/0°}, \quad \dot{U}_B = U\underline{/-120°}, \quad \dot{U}_C = U\underline{/120°}$$

则

$$\dot{U}_{AB} = \dot{U}_A - \dot{U}_B = \sqrt{3}U\underline{/30°} = \sqrt{3}\dot{U}_A\underline{/30°}$$

由上式可得,三相线电压对称,线电压的有效值(U_l)是相电压有效值(U_p)的 $\sqrt{3}$ 倍,即

$$U_l = \sqrt{3}U_p$$

且各线电压超前相应的相电压 30°。线电压和相电压的相量图如图 6-6 所示。

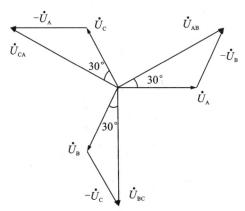

图 6-6 线电压和相电压的相量图

一般在低压配电系统中,三相四线制电源的相电压为 220 V,线电压则为 380 V。星形连接的三相电源,也可以不引出中性线,这种电源称为三相三线电源,它只能提供一种电压,即线电压。实际应用中,可根据额定电压决定负载的接法:若负载额定电压是 380 V,就接在两条相线之间;若负载额定电压是 220 V,就接在相线和中性线之间。必须注意,不加说明的三相电源和三相负载的额定电压都是指线电压。

2. 三相电源的三角形(△形)连接

将对称三相电源中的三个绕组按相序依次连接,如图 6-7 所示,由三个连接点引出三条端线,这样的连接方式称为三角形(△形)连接。

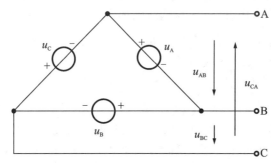

图 6-7　三相电源的三角形连接

三相电源作三角形连接时,线电压就是相应的相电压,即

$$\begin{cases} u_{AB} = u_A \\ u_{BC} = u_B \\ u_{CA} = u_C \end{cases} \quad 或 \quad \begin{cases} \dot{U}_{AB} = \dot{U}_A \\ \dot{U}_{BC} = \dot{U}_B \\ \dot{U}_{CA} = \dot{U}_C \end{cases}$$

例 6-1　已知对称三相电源的相序为正序,$u_B = 110 \underline{/30^\circ}$ V,试确定 u_A、u_C 的相量。

解　因为三相电源相序为正序,且 $u_B = 110 \underline{/30^\circ}$ V,所以有

$$u_A = 110 \underline{/(30^\circ + 120^\circ)} \text{ V} = 110 \underline{/150^\circ} \text{ V}$$

$$u_C = 110 \underline{/(30^\circ - 120^\circ)} \text{ V} = 110 \underline{/-90^\circ} \text{ V}$$

📶 任务实施

一、材料清单

本任务的材料清单见表 6-1。

表 6-1　材料清单

任 务 器 材	计算机	Multisim 10 仿真软件
数　　量	1 台	1 套

二、内容与步骤

1. 三相交流电波形观察

(1)按图 6-8 所示仿真电路图接线。

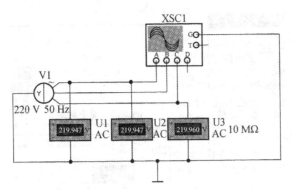

图 6-8 三相交流电波形观察仿真电路

(2)设置电路中的三相电源。仿真软件默认三相电源如图 6-9(a)所示,其有效值为 120 V,频率为 60 Hz,将其有效值设置为 220 V,频率设置为 50 Hz,这是我国交流电的工频标准,如图 6-9(b)所示。

(3)打开仿真开关,并对示波器进行调试,将三相交流电的波形清晰地显示在示波器屏幕上,如图 6-10 所示。

(4)观察示波器波形,判断三相电压幅值是否相同。拖动示波器上红色指针到 A 相峰值处,观察并记录 A 相交流电的幅值。其他两相的幅值,操作与此相同。

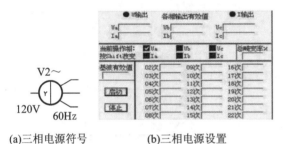

(a)三相电源符号   (b)三相电源设置

图 6-9 三相电源的设置

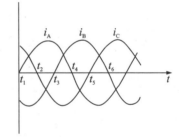

图 6-10 三相交流电的波形

2. 测量三相交流电的相电压、线电压

(1)打开 Multisim 10 仿真软件,建立图 6-8 所示的实验电路。

(2)连接好电压表,并对电压表参数进行设置,如图 6-11 所示,将其调为交流测量模式。

(3)用电压表分别测量相电压 U_A、U_B、U_C,将结果填入表 6-2 中。

(4)将电压表依次接在不同的相线间,可以测量线电压 U_{AB}、U_{BC}、U_{CA},如图 6-12 所示。

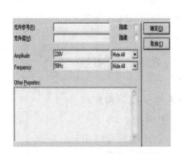

图 6-11 电压表参数的设置

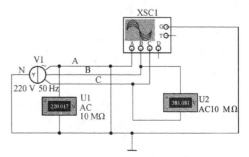

图 6-12 三相交流电的相电压、线电压的测量

表 6-2 测量记录

三相交流电波形观察			三相交流电测量					
三相交流电对称与否判断			相电压/V			线电压/V		
三相交流电相序判断			U_A	U_B	U_C	U_{AB}	U_{BC}	U_{CA}
A 相幅值	B 相幅值	C 相幅值						

三、注意事项

（1）仿真中电路需要有接地，这是软件本身的设置要求，实际工作中，交流系统接地与否，看实际工作的需要。

（2）示波器波形观察时，学会使用示波器屏幕上的读数指针，拖动示波器上的指针，即可观察记录不同时刻交流电变化的参数。

（3）本次任务使用的三相电源为星形接法，若三相电源为三角形接法时，自己设计实训任务并试着完成。

》→ 评 价 ......

任务完成后，填写评价表，如表 6-3 所示。

表 6-3 评价表 1

班 级		姓 名		组 号		扣分记录	得 分
项 目	配 分	考核要求		评分细则			
正确连接电路	20 分	能使用仿真软件，并能正确连接电路		（1）不会使用仿真软件，扣 10 分； （2）未能正确连接电路，扣 5 分			
三相交流电波形观察	30 分	能正确进行仿真，完成三相交流电波形观察		（1）设置不正确，每处扣 5 分； （2）不能正确使用示波器，扣 15 分； （3）读数不准确，每次扣 5 分			
测量三相交流电的相电压、线电压	30 分	能正确进行仿真，并准确读出实验数据		（1）设置不正确，每处扣 5 分； （2）不能正确测量相电压，每次扣 5 分； （3）不能正确测量线电压，每次扣 5 分			

班　级		姓　名		组　号		扣分记录	得　分
项　目	配　分	考核要求		评分细则			
能正确记录实训数据	10分	能正确记录相关数据并分析		(1)不能进行相关数据的分析,扣5分; (2)不能正确记录相关数据,每次扣5分			
安全文明操作	10分	(1)安全用电,无人为损坏仪器、元件和设备的现象; (2)保持环境整洁、秩序井然,操作习惯良好; (3)小组成员协作和谐,态度正确; (4)不迟到、不早退、不旷课		(1)违反操作规程,每次扣5分; (2)工作场地不整洁,扣5分			
总分							

◀ 任务 2　三相照明电路 ▶

实际工作生活中,使用最为广泛的交流电供电方式为三相四线制供电,这就存在着作为用电的负载,如何与三相四线制供电系统正确连接的问题,若连接不合适则可能造成设备的损坏或是不能正常工作;同时,负载连接到三相四线制供电系统后,还有电路参数的测量问题,通过这些电路参数,才能判断负载工作的正常与否,以及功率消耗等问题。

一、三相负载的连接

三相电路的负载是由三部分组成的,其中每一部分称为一相负载。如果阻抗相等且阻抗角相同,则三相负载就是对称的,称为对称三相负载。例如,生产上广泛使用的三相异步电动机就是三相对称负载。

三相负载有星形和三角形两种接法,这两种接法应用都很普遍。

1. 三相负载的星形连接

图 6-13 所示为三相负载的星形连接,点 N′称为负载的中点,因有中性线 NN′,所以是三相四线制电路。图中通过端线的电流称为线电流,通过每相负载的电流称为相电流。显然,在星形连接时,某相负载的相电流就是对应的线电流,即相电流等于线电流。

因为有中性线,对称的电源电压 u_A、u_B 和 u_C 直接加在三相负载 Z_A、Z_B 和 Z_C 上,所以三相负载的相电压也是对称的。各相负载的电流为

$$I_A = \frac{U_A}{|Z_A|}, \quad I_B = \frac{U_B}{|Z_B|}, \quad I_C = \frac{U_C}{|Z_C|}$$

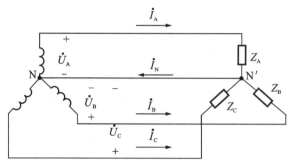

图 6-13 三相负载的星形连接

各相负载的相电压与相电流的相位差为

$$\varphi_A = \arctan \frac{X_A}{R_A}, \quad \varphi_B = \arctan \frac{X_B}{R_B}, \quad \varphi_C = \arctan \frac{X_C}{R_C}$$

式中，R_A、R_B 和 R_C 为各相负载的等效电阻；X_A、X_B 和 X_C 为各相负载的等效电抗（等效感抗与等效容抗之和）。

中性线的电流，按图 6-13 所选定的参考方向，可写出

$$i_N = i_A + i_B + i_C$$

如果用相量表示，则

$$\dot{I}_N = \dot{I}_A + \dot{I}_B + \dot{I}_C$$

1）三相对称负载

前已述及，生产上广泛使用的三相负载大都是对称负载，所以在此主要讨论对称负载的情况。所谓对称负载，就是指复阻抗相等，即

$$R_A = R_B = R_C = R, \quad X_A = X_B = X_C = X$$

由前面分析可见，因为对称负载相电压是对称的，所以对称负载的相电流也是对称的，即

$$I_A = I_B = I_C = I_p = \frac{U_p}{|Z|}$$

$$|Z| = \sqrt{R^2 + X^2}$$

$$\varphi_A = \varphi_B = \varphi_C = \varphi = \arctan \frac{X}{R}$$

由相量图 6-14(a)可知，这时中性线电流等于零，即

$$i_N = i_A + i_B + i_C = 0 \quad 或 \quad \dot{I}_N = \dot{I}_A + \dot{I}_B + \dot{I}_C = 0$$

中性线既然没有电流通过，就不需设置中性线了，因而生产上广泛使用的是三相三线制。

计算负载对称的三相电路，只需计算一相即可，因为对称负载的电压和电流都是对称的，它们的大小相等，相位差为 120°。

计算对称负载星形连接的电路时，常用到以下关系式，即

$$\begin{cases} I_l = I_p \\ U_l = \sqrt{3} U_p \end{cases}$$

2）三相不对称负载

负载不对称时，各相需单独计算。设电源相电压 $\dot{U}_A$ 为参考正弦量，则

$$\dot{U}_A = U_A \underline{/0°}$$

$$\dot{U}_\mathrm{B}=U_\mathrm{B}\underline{/-120°}$$

$$\dot{U}_\mathrm{C}=U_\mathrm{C}\underline{/120°}$$

每相负载电流可分别求出。

中性线电流不等于零,即

$$\dot{I}_\mathrm{N}=\dot{I}_1+\dot{I}_2+\dot{I}_3\neq0$$

各相电流的相量关系如图 6-14(b)所示。

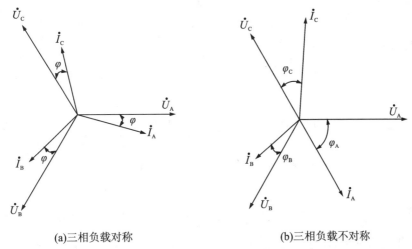

(a)三相负载对称   (b)三相负载不对称

图 6-14 负载星形连接时的相量图

如果三相负载不对称,中性线中就会有电流通过,此时中性线不能除去,否则会造成负载上三相电压严重不对称,使用电设备不能正常工作。

三相照明负载不能没有中性线,必须采用三相四线制电源。中性线的作用是:将负载的中点与电源的中点相连,保证照明负载的三相电压对称。为了可靠,中性线(干线)必须牢固,不允许装开关,不允许接熔断器。

例 6-2 一星形连接的三相电路如图 6-15 所示,电源电压对称。设电源线电压为 $u_\mathrm{AB}=380\sqrt{2}\sin(314t+30°)\mathrm{V}$。负载为电灯组,若 $R_\mathrm{A}=R_\mathrm{B}=R_\mathrm{C}=5\ \Omega$,求线电流及中性线电流 I_N。若 $R_\mathrm{A}=5\ \Omega, R_\mathrm{B}=10\ \Omega, R_\mathrm{C}=20\ \Omega$,求线电流及中性线电流 I_N。

解 已知

$$\dot{U}_\mathrm{AB}=380\ \underline{/30°}\ \mathrm{V}\quad \dot{U}_\mathrm{A}=220\ \underline{/0°}\ \mathrm{V}$$

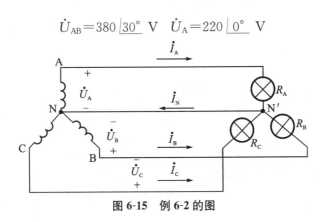

图 6-15 例 6-2 的图

（1）线电流

$$\dot{I}_A = \frac{\dot{U}_A}{R_A} = \frac{220\underline{/0°}}{5}\,\text{A} = 44\,\underline{/0°}\,\text{A}$$

三相对称，则

$$\dot{I}_B = 44\,\underline{/-120°}\,\text{A} \quad \dot{I}_C = 44\,\underline{/120°}\,\text{A}$$

中性线电流

$$\dot{I}_N = \dot{I}_A + \dot{I}_B + \dot{I}_C = 0$$

（2）三相负载不对称（$R_A = 5\ \Omega, R_B = 10\ \Omega, R_C = 20\ \Omega$）

分别计算各线电流：

$$\dot{I}_A = \frac{\dot{U}_A}{R_A} = \frac{220\,\underline{/0°}}{5}\,\text{A} = 44\,\underline{/0°}\,\text{A}$$

$$\dot{I}_B = \frac{\dot{U}_B}{R_B} = \frac{220\,\underline{/-120°}}{10}\,\text{A} = 22\,\underline{/-120°}\,\text{A}$$

$$\dot{I}_C = \frac{\dot{U}_C}{R_C} = \frac{220\,\underline{/120°}}{20}\,\text{A} = 11\,\underline{/120°}\,\text{A}$$

中性线电流

$$\dot{I}_N = \dot{I}_A + \dot{I}_B + \dot{I}_C = (44\,\underline{/0°} + 22\,\underline{/-120°} + 11\,\underline{/120°})\,\text{A}$$

2. 三相负载的三角形连接

图 6-16 所示为三相负载的三角形连接，每一相负载都直接接在相应的两根火线之间，这时负载的相电压就等于电源的线电压。不论负载是否对称，它们的相电压总是对称的，即

$$U_{AB} = U_{BC} = U_{CA} = U_l = U_p$$

负载三角形连接时，相电流和线电流是不一样的。各相负载的相电流为

$$I_{AB} = \frac{U_{AB}}{|Z_{AB}|}, \quad I_{BC} = \frac{U_{BC}}{|Z_{BC}|}, \quad I_{CA} = \frac{U_{CA}}{|Z_{CA}|}$$

各相负载的相电压与相电流之间的相位差为

$$\varphi_{AB} = \arctan\frac{X_{AB}}{R_{AB}}, \quad \varphi_{BC} = \arctan\frac{X_{BC}}{R_{BC}}, \quad \varphi_{CA} = \arctan\frac{X_{CA}}{R_{CA}}$$

负载的线电流，可以写为

$$\dot{I}_A = \dot{I}_{AB} - \dot{I}_{CA}$$

$$\dot{I}_B = \dot{I}_{BC} - \dot{I}_{AB}$$

$$\dot{I}_C = \dot{I}_{CA} - \dot{I}_{BC}$$

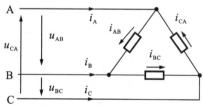

图 6-16 三相负载的三角形连接

如果负载对称,即
$$R_{AB}=R_{BC}=R_{CA}=R,\quad X_{AB}=X_{BC}=X_{CA}=X$$
则通过分析可知,各相负载的相电流就是对称的,即
$$I_{AB}=I_{BC}=I_{CA}=I_p=\frac{U_p}{|Z|}$$
式中
$$|Z|=\sqrt{R^2+X^2}$$
$$\varphi_{AB}=\varphi_{BC}=\varphi_{CA}=\varphi=\arctan\frac{X}{R}$$

此时的线电流可作出相量图,如图 6-17 所示,可以看出三个线电流也是对称的,它们与相电流的相互关系是
$$\frac{1}{2}I_A=I_p\cos30°=\frac{\sqrt{3}}{2}I_{AB}$$
$$I_A=\sqrt{3}I_p$$
即
$$I_l=\sqrt{3}I_p$$

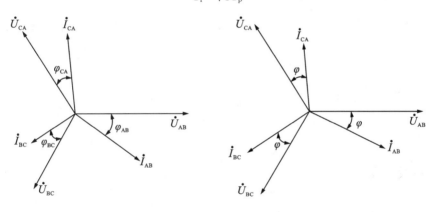

(a)三相负载不对称   (b)三相负载对称

图 6-17 负载三角形连接时的相量图

三相负载接成星形,还是接成三角形,取决于以下两个方面。
(1) 电源电压。
(2) 负载的额定相电压。

例如,电源的线电压为 380 V,而某三角形接法异步电动机的额定相电压也为 380 V,电动机的三相绕组就应接成三角形,此时每相绕组上的电压就是 380 V,如果这台电动机的额定相电压为 220 V,电动机的三相绕组接成星形了,此时每相绕组上的电压就是 220 V;否则,若误接成三角形,每相绕组上的电压为 380 V,是额定值的$\sqrt{3}$倍,电动机将被烧毁。

二、三相功率

一个负载两端加上正弦交流电压 u,通过电流 i,则该负载的有功功率和无功功率分别为
$$P=UI\cos\varphi,\quad Q=UI\sin\varphi$$

式中，U 和 I 分别为电压和电流的有效值；φ 为电压和电流之间的相位差。

在三相电路里，负载的有功功率和无功功率分别为

$$P = U_A I_A \cos\varphi_A + U_B I_B \cos\varphi_B + U_C I_C \cos\varphi_C$$

$$Q = U_A I_A \sin\varphi_A + U_B I_B \sin\varphi_B + U_C I_C \sin\varphi_C$$

式中，U_A、U_B、U_C 和 I_A、I_B、I_C 分别为三负载的相电压和相电流；φ_A、φ_B、φ_C 分别为各相负载的相电压和相电流之间的相位差。

如果三相负载对称，即

$$U_A = U_B = U_C = U_p, \quad I_A = I_B = I_C = I_p$$

$$\varphi_A = \varphi_B = \varphi_C$$

则三相负载的有功功率和无功功率分别为

$$P = 3U_p I_p \cos\varphi$$

$$Q = 3U_p I_p \sin\varphi$$

工程上，测量三相负载的相电压 U_p 和相电流 I_p 常感不便，而测量它的线电压 U_l 和线电流 I_l 却比较容易，因而，通常采用下面的公式。

当对称负载是星形接法时：

$$U_p = \frac{U_l}{\sqrt{3}}$$

$$I_p = I_l$$

当对称负载是三角形接法时：

$$U_l = U_p$$

$$I_p = \frac{I_l}{\sqrt{3}}$$

代入 P 与 Q 关系式，便可得到

$$P = \sqrt{3} U_l I_l \cos\varphi$$

$$Q = \sqrt{3} U_l I_l \sin\varphi$$

上式适用于星形或三角形连接的三相对称负载。但应当注意，这里的 φ 仍然是相电压和相电流之间的相位差。

经分析可知，三相对称负载的视在功率为

$$S = \sqrt{P^2 + Q^2} = \sqrt{3} U_l I_l = 3 U_p I_p$$

例 6-3 线电压 U_l 为 380 V 的三相电源上，接有两组对称三相电源，一组是三角形连接的电感性负载，每相阻抗 $Z_\triangle = 36.3 \ \underline{/37°} \ \Omega$；另一组是星形连接的电阻性负载，每相电阻 $R = 10 \ \Omega$，如图 6-18 所示。试求：(1)各组负载的相电流；(2)电路线电流；(3)三相有功功率。

解 设 $\dot{U}_{AB} = 380 \ \underline{/0°} \ V$，则 $\dot{U}_A = 220 \ \underline{/-30°} \ V$。

(1) 各电阻负载的相电流。

由于三相负载对称，所以只需计算一相，其他两相可依据对称性写出。

负载三角形连接时，其相电流为

$$\dot{I}_{AB\triangle} = \frac{\dot{U}_{AB}}{Z_\triangle} = \frac{380 \ \underline{/0°}}{36.3 \ \underline{/37°}} \ A = 10.47 \ \underline{/-37°} \ A$$

负载星形连接时,其线电流为

$$\dot{I}_{AY}=\frac{\dot{U}_A}{R_Y}=22\underline{/-30°}\ A$$

(2)电路线电流。

$$\dot{I}_{A\triangle}=10.47\sqrt{3}\underline{/-37°-30°}\ A=18.13\underline{/-67°}\ A$$

$$\dot{I}_A=\dot{I}_{A\triangle}+\dot{I}_{AY}=(18.13\underline{/-67°}+22\underline{/-30°})A$$

$$=38\underline{/-46.7°}\ A$$

一相电压与电流的相量图如图 6-19 所示。

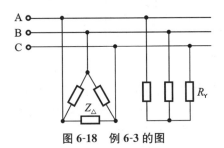

图 6-18　例 6-3 的图

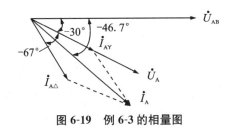

图 6-19　例 6-3 的相量图

(3)三相电路的有功功率。

$$P=P_Y+P_\triangle=\sqrt{3}U_1I_1\cos\varphi_\triangle+\sqrt{3}U_1I_1\cos\varphi_Y$$

$$=\sqrt{3}\times380\times18.13\times0.8\ W+\sqrt{3}\times380\times22\ W$$

$$=9\ 546\ W+14\ 480\ W$$

$$\approx24\ kW$$

任务实施

一、材料清单

本任务的材料清单见表 6-4。

表 6-4　材料清单

任务器材	交流电压表	交流电流表	灯泡 60 W/220 V	三相交流电源	单相功率表	开关	实验导线
数量	1个	4个	9个	1套	1个	1个	若干

二、内容与步骤

1.原理说明

(1)本任务以灯泡为负载,可以看作电阻负载。

(2)三相负载对称,是指各相负载的电阻相等,而且各相负载的电抗也相等。对于本任务来讲,即为各相负载的电阻是相等的。

(3)若负载不对称,有中性线时,中性线电流不为 0,无中性线时才有中性线电压。

2. 步骤

（1）实验电路如图 6-20 所示，将白炽灯按图所示连接成星形接法。

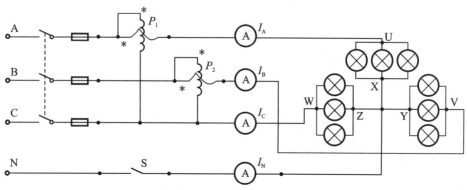

图 6-20　三相照明电路

（2）用三相调压器输出作为三相交流电源，具体操作如下：先将三相调压器的旋钮置于三相电压输出为 0 V 的位置（逆时针旋到底的位置），然后旋转旋钮，使调压器输出三相线电压为 380 V。测量线电压和相电压，并记录数据，将数据填入表 6-5 中。

（3）用二功率表法测定三相负载的总功率。

在三相三线制电路中，无论负载连接成星形或三角形，也无论负载对称与否，都可用两功率表法来测量三相功率，如图 6-21 所示。

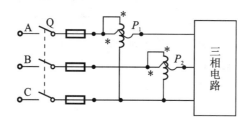

图 6-21　用二功率表法测量三相负载的总功率

（4）测出三相负载对称时有无中性线的电流、电压及功率，将数据填入表 6-5 中，并记录各灯的亮度。

（5）测出三相负载不对称时有无中性线的电流、电压及功率，将数据填入表 6-5 中，并记录各灯的亮度。

表 6-5　测量记录

中性线连接		负载线电压/V			负载相电压/V			中性线电压	线电流/A			中性线电流	功率/W			灯光亮度变化		
		U_{AB}	U_{BC}	U_{CA}	U_A	U_B	U_C		I_A	I_B	I_C		P_1	P_2	P_{12}	A	B	C
对称负载	有中性线																	
	无中性线																	

续表

中性线连接		负载线电压/V			负载相电压/V			中性线电压	线电流/A			中性线电流	功率/W			灯光亮度变化		
		U_{AB}	U_{BC}	U_{CA}	U_A	U_B	U_C		I_A	I_B	I_C		P_1	P_2	P_{12}	A	B	C
不对称负载	有中性线																	
	无中性线																	

注:$P_{12}=P_1+P_2$。

三、注意事项

(1)本实验将三相电源线电压设定为 380 V,电压较高,须注意人身安全。

(2)每次接线完毕,由指导教师检查后,方可接通电源,必须严格遵守"先接线,后通电;先断电,后拆线"的实验操作原则。

(3)负载是否对称用电灯的开关控制,有无中性线由中性线开关控制。

(4)测量、记录各电压、电流时,注意分清它们是哪一相、哪一线,防止记错。负载电压要在负载侧测量。

(5)三相不对称负载,设 A 相 1 盏灯、B 相 2 盏灯、C 相 3 盏灯。

(6)每次实验完毕,均需将三相调压器旋柄调回零位。每次改变接线,均需断开三相电源,以确保人身安全。

»→ 评价

任务完成后,填写评价表,如表 6-6 所示。

表 6-6 评价表 2

班 级		姓 名		组 号		扣分记录	得 分
项 目	配 分	考核要求		评分细则			
正确连接电路	20 分	能正确连接电路		(1)看不懂电路图,扣10分; (2)未能正确连接电路,每处扣 5 分			
三相负载电压、电流的测量	30 分	能正确进行三相负载电压、电流的测量		(1)不会设置三相负载对称与否,每处扣 5 分; (2)不能正确测量线电压,每处扣 5 分; (3)不能正确测量相电压,每处扣 5 分; (4)不能正确测量电流值,每处扣 5 分; (5)不能正确测量中性线电压,扣 5 分			

班　级			姓　　名		组　　号		扣　分记　录	得　　分
项　目	配　　分		考核要求		评分细则			
三相负载功率的测量	30分		能正确进行三相负载功率的测量		（1）功率表连接不正确，每处扣5分；（2）不能正确对功率表读数，每次扣5分			
记录实训数据	10分		能正确记录相关数据并分析		（1）不能进行相关数据的分析，扣5分；（2）不能正确记录相关数据，每次扣5分			
安全文明操作	10分		（1）安全用电，无人为损坏仪器、元件和设备的现象；（2）保持环境整洁、秩序井然，操作习惯良好；（3）小组成员协作和谐，态度端正；（4）不迟到、不早退、不旷课		（1）违反操作规程，每次扣5分；（2）工作场地不整洁，扣5分			
总　分								

◀ 任务3　小型配电箱的安装 ▶

低压配电箱简称配电箱，是用来配电和控制、监视动力、照明电路及设备的装置，是配电系统中最末一级的电器控制设备，分布在各种用电场所，是保障电力系统安全正常运行的最基础环节。

一、配电箱的作用与分类

低压配电箱有标准配电箱和非标准配电箱两类。按配电用途的不同，配电箱又分为照明配电箱和动力配电箱两类，按配电箱的安装方式又分为嵌入式配电箱和悬挂式配电箱两种。

（一）常用配电箱
1. XM 系列照明配电箱

XM 系列照明配电箱主要用于交流 500 V 以下的三相四线制照明系统中，做非频繁操作控制照明线路用，它对所控制的线路能分别起到过载与短路保护的作用。XM 系列照明配电箱如图 6-22（a）所示。

2. XL 系列动力配电箱

XL 系列动力配电箱主要用于工矿企业交流 500 V 以下的三相四线制动力配电线路。

配电箱中一般安装刀开关、空气开关、熔断器、交流接触器、热继电器等,对所控制的线路与设备有过载、短路、失压等保护作用。XL 系列动力配电箱如图 6-22(b)所示。

(a)XM系列照明配电箱　　　　(b)XL系列动力配电箱

图 6-22 XM 系列照明配电箱和 XL 系列动力配电箱

3. X(R)J 系列照明配电箱

X(R)J 系列照明配电箱又称照明计测箱,适用于民用住宅建筑,用以计测 50 Hz、单相三线或二线 220 V 照明线路的有功电能,内部装有电度表、断路器、漏电保护器、熔断器等电器元件,对照明线路具有过载及短路保护作用。X(R)J 系列照明配电箱如图 6-23(a)所示。

4. PZ-30 型配电箱

PZ-30 型配电箱是目前较为流行的动力照明综合式配电箱,它的最大特点是采用了 C45、NC100 系列的小型断路器,配电箱的体积仅为旧型号配电箱的几分之一到几十分之一。C45 系列的小型断路器可以自由组合,能够满足对出线回路数目的各种要求。PZ-30 型配电箱如图 6-23(b)所示。

(a)X(R)J系列照明配电箱　　　　(b)PZ-30型配电箱

图 6-23 X(R)J 系列照明配电箱和 PZ-30 型配电箱

(二)非标准配电箱

工作中根据需要在工作现场制作的配电箱,称为现制配电箱(在施工图中一般称为非标准配电箱)。现制配电箱包括盘面板和箱体两部分(有时还包括控制面板)。其材料有木质、铁质和塑料等。为节约材料,不要箱体只要盘面板(盘面板留有一定的空间)的配电装置,称为配电板或配电盘。在制作配电箱之前,应根据实际需要设计配电箱电路图。比较简单的配电盘画出电气系统图即可,比较复杂的配电箱应画出电气安装图,标注所用电器元件及导线的规格型号。电路图是制作配电箱的依据。非标准配电箱的制作与组装如下。

1. 盘面板的组装

盘面板一般固定在配电箱的箱体内,用于安装电器元件。

1) 盘面板的制作

一般应该按照设计要求制作盘面板。盘面板四周与箱体边之间应有适当的缝隙,以便在配电箱内安装固定。为了节约木材,盘面板的材质已广泛采用塑料代替。

2) 电器排列

将盘面板放平,把全部仪表、电器、装置等置于上面,先进行实物排列,一般将仪表放在上方,各电路的开关以及熔断器要互相对应,放置的位置要便于操作和维护,并使盘面板的外形整齐美观。非标准配电箱盘面板的组装示例如图 6-24 所示。

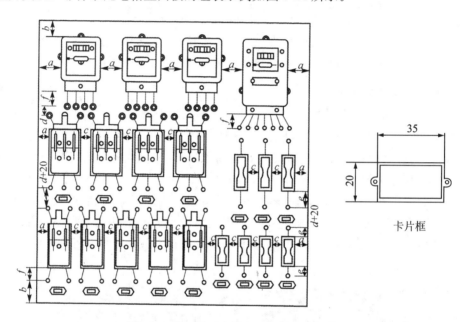

卡片框

图 6-24　非标准配电箱盘面板的组装示例

3) 电器排列间距

各电器排列的最小间距应符合图 6-24 和表 6-7 的有关规定,除此以外,其他各种器件、出线口、瓷管头等,距盘面边缘的距离均不得小于 30 mm。

表 6-7　配电箱盘面板各电器间的最小间距

间　　距	电器规格/A	导线截面积/mm²	最小尺寸/mm
a			60
b	—	—	50
c			30
d			20
e	10~15		20
	20~30	—	30
	60		50

续表

间 距	电器规格/A	导线截面积/mm²	最小尺寸/mm
f	—	<10	80
		16~25	100

4）盘面板的加工

按照各电器排列的实际位置,标出每个电器的安装孔和出线孔(间距要均匀)的位置,然后进行盘面板的钻孔和盘面板的刷漆。如采用铁质盘面板,一般使用厚度不小于 2 mm 的铁板制作,做好后应做防腐处理,先除锈再刷防锈漆。

5）电器的固定

盘面板加工好后,在出线孔套上瓷管头(适用于木质和塑料盘面)或橡皮护套(适用于铁质盘面)以保护导线,如图 6-25 所示。然后将全部电器摆正定位,用木螺丝将各个电器固定牢靠。

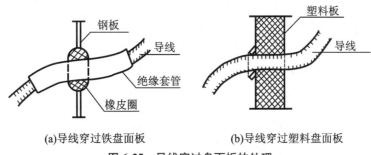

(a)导线穿过铁盘面板　　　　(b)导线穿过塑料盘面板

图 6-25　导线穿过盘面板的处理

2. 盘面板的布线

1）导线的选择

根据仪表和电器的规格、容量以及安装位置,按设计要求选取导线截面积(一般铜芯绝缘导线应不小于 1.5 mm²,铝芯绝缘导线应不小于 2.5 mm²)和长度。如果配电盘面上有计量仪表互感器,二次侧导线截面应采用 2.5 mm² 的铜芯绝缘导线。

2）导线的敷设

盘面导线布置必须排列整齐、绑扎成束,如图 6-26 所示,一般用卡钉固定在盘面板的背面,不能使导线在盘面上摇摆,如图 6-26 所示。盘后引入和引出的导线应留出适当余量,以用于检修。

(a)大线捆扎做法　　　　(b)盘板上卡大线做法　　　　(c)盘板上卡小线做法

图 6-26　导线的敷设及固定

3）导线的连接

导线敷设好之后，即可将导线按设计要求依次正确地与电器元件进行连接。导线出线端的弯圈、封端等工作可参照导线接线的安装要求进行。

3. 配电盘面板的安装

1）电源连接

垂直装设的开关或者熔断器等设备的上端接电源，下端接负载；横装设备的左侧（面对盘面板）接电源，右侧接负载；螺旋式熔断器的中间端子接电源，螺旋端子接负载。盘面导线背面固定示例如图 6-27 所示。

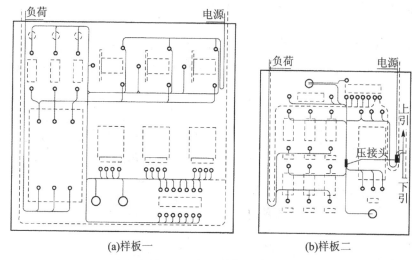

(a)样板一　　　　　　　　　　(b)样板二

图 6-27　盘面导线背面固定示例

2）接零母线

接零系统中的零母线，一般由零线端子板分路引至各支路或设备，如图 6-28（a）所示，零线端子板上分支路的排列位置，应与分支路熔断器的位置相对应。接地或接零保护线，应先通过地线端子，如图 6-28（b）所示，再用保护接零或接地端子板分路。

3）相序分色

按标准给各相线涂上颜色，以黄、绿、红、淡蓝颜色分别表示火线 $A(L_1)$、$B(L_2)$、$C(L_3)$ 和零线 N，若是三相五线制配电，则 PE（接地保护）线用黄绿相间色表示。

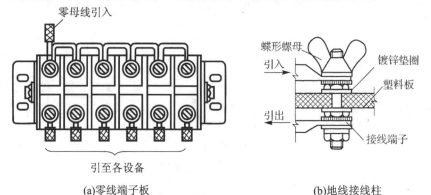

(a)零线端子板　　　　　　　　　(b)地线接线柱

图 6-28　配电箱上零线及地线的连接方式

4）卡片框

配电盘面板所有电器的下方，均应安装"卡片框"（其具体尺寸见图 6-24），用以标明电气回路的名称等技术参数，并可在适当部位粘贴电气接线系统图。

5）加包铁皮

木质配电盘面板应根据下列电流值和使用状况加包铁皮，以增加配电盘的强度。三相四线制供电电流超过 30 A，单相 220 V 供电电流超过 100 A，两相 380 V 供电电流超过 50 A。

二、常用低压配电电器

电器是指用于接通和断开电路或对电路和电气设备进行保护、控制和调节的电工器件。在电力输配电系统和电力拖动自动控制系统中，电器的应用极为广泛。

低压电器是指用于交流电压 1 200 V、直流电压 1 500 V 以下电路的电器。

低压电器种类繁多，分类方法有很多种，其常见分类见表 6-8。

表 6-8 低压电器的常见分类

分类形式	名称	说明
按用途	低压控制电器	主要起控制、检测和保护等作用，如接触器和继电器等
	低压配电电器	主要起输送、分配和保护等作用，如刀开关、组合开关等
按操作方式	手动控制电器	依靠人工操作来切换电流的电器，如刀开关、按钮等
	自动控制电器	依靠自身参数变化或外来信号控制而自动动作的电器，如接触器和继电器等
按触点类型	有触点电器	具有动触点和静触点，利用触点的接触和分离来实现电路的通断
	无触点电器	没有可分离的触点，主要利用半导体的开关效应来实现电路的通断

低压配电电器是指用于低压配电系统中，对电器及用电设备进行保护和通断、转换电源或负载的电器，技术要求是分断能力强、限流效果好和操作电压低等。常见的低压配电电器及用途见表 6-9。

表 6-9 常见的低压配电电器及用途

电器名称	主要用途
熔断器	用于线路或电气设备的短路和过载保护
刀开关	用于电路隔离，也能接通和分断额定电流
转换开关	用于两种以上电源或负载的转换和通断电路
低压断路器	用于线路过载、短路或欠压保护，或不频繁通断电路

1. 熔断器

熔断器是一种常用在低压电路和电动机控制电路中用作短路保护和过载保护的电器，熔断器由熔体、绝缘熔管和底座等组成。

熔体是熔断器的核心部分,当电路发生短路或过载时电流过大,熔体因过热而熔化,从而切断电路。熔体常做成丝状或片状,在小电流电路中,常用铅锡合金和锌等低熔点金属做成熔丝;在大电流电路中则用银、铜等较高熔点的金属做成薄片。绝缘熔管可以安全有效地熄灭熔体产生的电弧。底座用于固定熔管和外接引线。

1) 熔断器的分类

(1) 瓷插式熔断器。瓷插式熔断器常用于380 V及以下电压等级的线路末端(如照明线路),作为配电支线或电气设备的短路保护用。瓷插式熔断器的外形、结构和在电路图中的符号如图6-29所示。

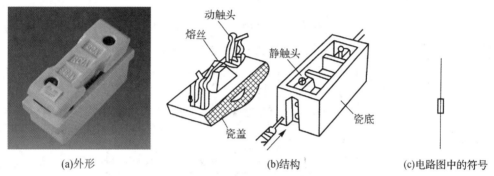

(a)外形　　　　　　　(b)结构　　　　　　　(c)电路图中的符号

图 6-29　瓷插式熔断器的外形、结构及符号

(2) 螺旋式熔断器。螺旋式熔断器主要用于短路电流大的分支电路或有易燃气体的场所,其外形和结构如图6-30所示。熔管内装有石英砂,熔体埋于其中,熔体熔断时,电弧喷向石英砂及其缝隙,可使其迅速降温而熄灭。为了便于监视,熔断器一端装有色点,不同的颜色表示不同的熔体电流,熔体熔断时,色点跳出,表示熔体已熔断。

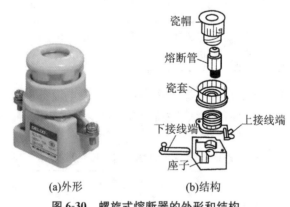

(a)外形　　　　　(b)结构

图 6-30　螺旋式熔断器的外形和结构

(3) 有填料封闭管式熔断器。有填料封闭管式熔断器主要用于短路电流大的电路或有易燃气体的场所,其外形和结构如图6-31所示。

(4) 无填料封闭管式熔断器。无填料封闭管式熔断器具有结构简单、保护性能好和使用方便等特点,一般均与刀开关组成熔断器刀开关组合使用,其外形和结构如图6-32所示。

2) 熔断器的型号含义

常见熔断器的型号含义如图6-33所示。

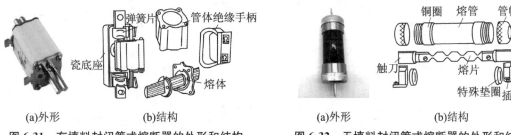

| (a)外形 | (b)结构 | (a)外形 | (b)结构 |

图 6-31　有填料封闭管式熔断器的外形和结构　　图 6-32　无填料封闭管式熔断器的外形和结构

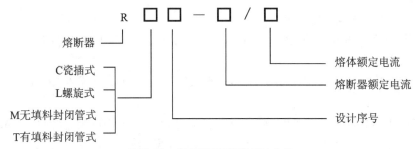

图 6-33　常见熔断器的型号含义

3）熔断器参数

熔断器参数包括额定电压、额定电流和熔体电流三个参数。

（1）额定电压。额定电压是指能保证熔断器长期正常工作的电压,若熔断器的实际工作电压大于其额定电压,熔体熔断时可能会发生电弧不能熄灭的危险,所以选用熔断器的额定电压值应大于线路的工作电压。

（2）额定电流。额定电流是指保证熔断器能长期正常工作的电流,是由熔断器各部分长期工作时的允许温升决定的。熔断器的额定电流应不小于所装熔体的额定电流。

（3）熔体电流。熔体电流是指在规定的工作条件下,长时间通过熔体而熔体不熔断的最大电流值。通常,一个额定电流等级的熔断器可以配用若干个额定电流等级的熔体。

例如,型号 RL1-15 的熔断器,其熔管额定电流为 15 A,熔体额定电流有 4 A、6 A、10 A、15 A 四个等级。

4）熔断器的选择与使用

应根据使用场合选择熔断器的类型:电网配电一般用管式熔断器,电动机保护一般用螺旋式熔断器,照明电路一般用瓷插式熔断器。熔断器规格的选择如下。

（1）照明电路:熔体额定电流≥被保护电路上所有照明电器工作电流之和。

（2）单台直接启动电动机:熔体额定电流=（1.5～2.5）×电动机额定电流。

（3）多台直接启动电动机:总保护熔体额定电流=（1.5～2.5）×各台电动机电流之和。

（4）降压启动电动机:熔体额定电流=（1.5～2）×电动机额定电流。

（5）绕线式电动机:熔体额定电流=（1.2～1.5）×电动机额定电流。

（6）配电变压器低压侧:熔体额定电流=（1.0～1.5）×变压器低压侧额定电流。

5）熔断器的常见故障及修理方法

熔断器的常见故障及修理方法见表 6-10。

表 6-10　熔断器的常见故障及修理方法

故 障 现 象	产 生 原 因	修 理 方 法
电动机启动瞬间熔体即熔断	(1)熔体规格选择太小； (2)负载侧短路或接地； (3)熔体安装时损伤	(1)调换适当的熔体； (2)检查短路或接地故障； (3)调换熔体
熔丝未断但电路不通	(1)熔体两端或接线端接触不良； (2)熔断器的螺帽盖未拧紧	(1)清扫并旋紧接线端； (2)旋紧螺帽盖

6) 熔断器使用注意事项

(1) 对不同性质的负载，如照明电路、电动机电路的主电路和控制电路等，应分别保护，并装设单独的熔断器。

(2) 安装螺旋式熔断器时，必须注意将电源线接到瓷底座的下接线端，即遵循低进高出的原则，以保证安全。

(3) 瓷插式熔断器安装熔丝时，熔丝应顺着螺钉旋紧方向绕过去，同时应注意不要划伤熔丝，也不要把熔丝绷紧，以免减小熔丝截面尺寸或插断熔丝。

(4) 更换熔体时应切断电源，并应换上相同额定电流的熔体。

2. 刀开关

刀开关又称闸刀开关、负荷开关，是一种应用广泛的手动控制电器。它结构简单，是由刀片(动触点)和刀座(静触点)等部分组成的。刀开关在低压电路中，作为不频繁接通和分断电路用或用来将电路与电源隔离。刀开关按触刀片数多少可分为单极、双极和三极等几种。常用的负荷开关有开启式(俗称胶盖瓷底刀开关)和封闭式(俗称铁壳开关)两种，外形如图 6-34 所示。刀开关的结构、符号如图 6-35 所示。

(a)开启式刀开关　　　　　　(b)封闭式刀开关

图 6-34　刀开关外形

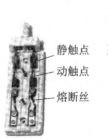
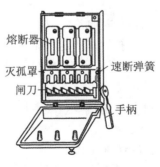

(a)开启式刀开关的结构　　(b)封闭式刀开关的结构　　(c)电路图中的符号

图 6-35　刀开关的结构、符号

1) 刀开关的型号含义

刀开关的型号含义如图 6-36 所示。

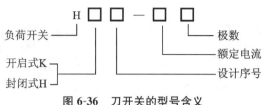

图 6-36　刀开关的型号含义

2) 刀开关的选择与使用

(1) 用于照明或电热负载时,负荷开关的额定电流等于或大于被控制电路中各负载额定电流之和,刀开关的额定电压应不小于电路实际工作的最高电压。

(2) 用于电动机负载时,开启式负荷开关的额定电流一般为电动机额定电流的 3 倍,封闭式负荷开关的额定电流一般为电动机额定电流的 1.5 倍。

3) 刀开关的常见故障及修理方法

刀开关的常见故障及修理方法见表 6-11。

表 6-11　刀开关的常见故障及修理方法

故 障 现 象	产 生 原 因	修 理 方 法
合闸后一相或两相没电	(1)夹座弹性消失或开口过大; (2)熔丝熔断或接触不良; (3)夹座、动触头氧化或有污垢; (4)电源进线或出线头氧化	(1)更换夹座; (2)更换熔丝; (3)清洁夹座或动触头; (4)清洁电源进线或出线头
动触头或夹座过热或烧坏	(1)开关容量太小; (2)分、合闸时动作太慢造成电弧过大,烧坏触头; (3)动触头与夹座压力不足; (4)夹座表面烧毛; (5)负载过大	(1)更换较大容量的开关; (2)改进操作方法; (3)调整夹座压力; (4)用细锉刀修整; (5)减轻负载或调换较大容量的开关
封闭式负荷开关的操作手柄带电	(1)外壳接地线接触不良; (2)电源线绝缘损坏碰壳	(1)检查接地线; (2)更换导线

4) 刀开关使用时的注意事项

(1) 刀开关应垂直安装在控制屏或开关板上使用,静触点应在上方。

(2) 安装刀开关时,要把电源进线接在静触点上,负载接在可动的触刀一侧,这样当断开电源时触刀就不会带电;负载则接在下接线端,便于更换熔丝。

(3) 大电流的刀开关应设有灭弧罩;封闭式刀开关的外壳应可靠接地,防止意外漏电使操作者发生触电事故。

(4) 更换熔丝应在开关断开的情况下进行,且应更换与原规格相同的熔丝。

3. 转换开关

转换开关又称组合开关,其体积小,灭弧性能比刀开关好,接线方式有多种,常用于交流 380 V 以下、直流 220 V 以下的电气线路中,在机床设备中使用十分广泛,供手动不频繁地接通或分断电路,也可控制小容量交、直流电动机的正反转、星形-三角形启动和变速换向等。它的种类很多,有单极、双极、三极和四极等。常用的是双极、三极的转换开关,其外形如图6-37所示。

转换开关的结构和在电路图中的符号如图6-38所示,图中转换开关的结构有三对静触片。每个触片的一端固定在绝缘垫板上,另一端伸出盒外,连在接线柱上。三个动触片套在装有手柄的绝缘转动轴上,转动转轴就可以将三个触点(彼此相差一定角度)同时接通或断开。根据实际需要,转换开关的动、静触片的个数可以随意组合。

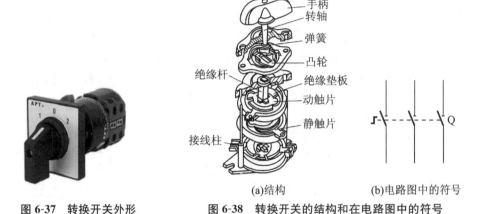

图6-37 转换开关外形　　　　　(a)结构　　　　　(b)电路图中的符号

图6-38 转换开关的结构和在电路图中的符号

1)转换开关的型号含义

转换开关的型号含义如图6-39所示。

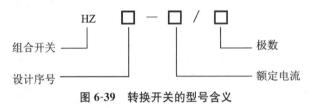

图6-39 转换开关的型号含义

2)转换开关的选择与使用

(1)根据电源的种类、电压的等级、极数及负载的容量进行选择。

(2)用于照明或电热电路时,转换开关的额定电流应等于或大于被控制电路中各负载电流的总和。

(3)用于电动机电路时,转换开关的额定电流一般取电动机额定电流的1.5～2.5倍。

3)转换开关的常见故障及修理方法

转换开关的常见故障及修理方法见表6-12。

表6-12 转换开关的常见故障及修理方法

故障现象	产生原因	修理方法
手柄转动后,内部触头未动作	(1)手柄的转动连接部件磨损变形; (2)操作机构损坏; (3)绝缘杆变形,由方变磨为圆形; (4)转轴与绝缘杆装配松动	(1)更换手柄; (2)修理操作机构; (3)更换绝缘杆; (4)紧固转轴与绝缘杆

续表

故 障 现 象	产 生 原 因	修 理 方 法
手柄转动后,三副触头不能同时接通或断开	(1)转换开关型号不正确; (2)修理开关时触头装配得不正确; (3)触头失去弹性或接触不良	(1)更换开关; (2)重新装配; (3)更换触头或清除氧化层
接线柱相间短路	(1)因铁屑或油污附在接线柱间形成短路; (2)电流将胶木烧焦或绝缘破坏形成短路	清扫开关或调换开关

4)转换开关的使用注意事项

(1)转换开关的通断能力较低,用于控制电动机做可逆运转时,必须在电动机完全停止转动后,才能反向接通。每小时的接通不能超过 20 次。

(2)当操作频率过高或负载的功率因数较低时,转换开关要降低容量使用,否则会影响开关寿命。转换开关接线时,切忌接错。

4. 低压断路器

低压断路器也称自动空气开关,可用来接通和分断负载电路,也可用来控制不频繁启动的电动机。它的功能相当于刀开关、过电流继电器、失压继电器、热继电器及漏电保护器等电器部分或全部的功能总和,是低压配电网中一种重要的保护电器。

1)低压断路器的分类

低压断路器根据结构形式可以分为万能式断路器和塑壳式断路器两类,它的外形如图6-40 所示。

(a)万能式断路器   (b)塑壳式断路器

图 6-40   低压断路器的外形

(1)万能式断路器。万能式断路器也称框架式断路器,一般有一个钢制的框架。所有的零部件均安装在框架内。主要零部件都是裸露的,没有外壳。其容量较大,并可装设多种功能的脱扣器和较多的辅助触头,由不同的脱扣器组合可以产生不同的保护特性,可以作为配电用断路器和电动机保护用断路器。

(2)塑壳式断路器。塑壳式断路器也称装置式断路器,所有零部件均装于一个塑料的外壳中。主要零部件一般均不裸露,结构较为简单,使用安全。这种类型的断路器容量较小,常用于配电支路末端,用作电动机保护断路器或其他负载保护断路器。

2)低压断路器的结构及符号

低压断路器由操作机构、触点、保护装置(各种脱扣器)、灭弧系统等组成,其结构和符号如图 6-41 所示。低压断路器的主触点通常由手动的操作机构来闭合,闭合后主触点被锁钩锁住。如果电路中发生故障,脱扣机构就在有关脱扣器的作用下将锁钩脱开,于是主触点在释放弹簧的作用下迅速分断。

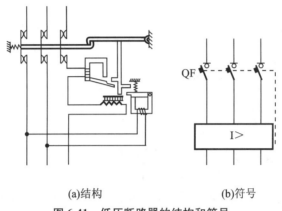

(a)结构　　　　　　(b)符号

图 6-41　低压断路器的结构和符号

3)低压断路器的型号含义

低压断路器的型号含义如图 6-42 所示。

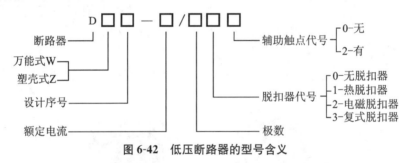

图 6-42　低压断路器的型号含义

4)低压断路器的参数

(1)额定工作电压。低压断路器的额定工作电压是指与通断能力及使用类别相关的电压值。对多相电路是指相间的电压值。

(2)额定绝缘电压。低压断路器的额定绝缘电压是指设计断路器的电压值,电气间隙和爬电距离应参照这些值而定。除非型号产品技术文件另有规定,额定绝缘电压是断路器的最大额定工作电压。在任何情况下,最大额定工作电压不能超过绝缘电压。

(3)额定电流。低压断路器额定电流就是额定持续电流,也就是脱扣器能长期通过的电流。对带可调式脱扣器的断路器是可长期通过的最大电流。

(4)断路器壳架等级额定电流。断路器壳架等级额定电流用尺寸和结构相同的框架或塑料外壳中能装入的最大脱扣器额定电流表示。断路器壳架等级额定电流是标明断路器的框架通流能力的参数,主要由主触头的通流能力决定,它也决定了所能安装的脱扣器的最大额定电流值。

5)低压断路器的选择和使用

选用低压断路器时,一般要考虑的参数有额定电压、额定电流和壳架等级额定电流 3 个参数,其他参数只有在特殊要求时才考虑。

(1) 低压断路器的额定电压应不小于被保护电路的额定电压。

(2) 低压断路器的壳架等级额定电流应不小于被保护电路的计算负载电流。

(3) 低压断路器的额定电流应不小于被保护电路的计算负载电流,用于保护电动机时,低压断路器的长延时电流整定值等于电动机额定电流;用于保护三相笼型异步电动机时,其瞬时整定电流等于电动机额定电流的8~15倍,倍数与电动机的型号、容量和启动方法有关;用于保护三相绕线式异步电动机时,其瞬间整定电流等于电动机额定电流的3~6倍;用于保护和控制不频繁启动电动机时,还应考虑断路器的操作条件和使用寿命。

6) 低压断路器的常见故障及修理方法

低压断路器的常见故障及修理方法见表6-13。

表 6-13　低压断路器的常见故障及修理方法

故 障 现 象	产 生 原 因	修 理 方 法
手动操作断路器不能闭合	(1)电源电压太低; (2)热脱扣的双金属片尚未冷却复原; (3)欠电压脱扣器无电压或线圈损坏; (4)储能弹簧变形,导致闭合力减弱; (5)反作用弹簧力过大	(1)检查线路并调高电源电压; (2)等双金属片冷却后再合闸; (3)检查线路,施加电压或调换线圈; (4)调换储能弹簧; (5)重新调整反作用弹簧力
电动操作断路器不能闭合	(1)电源电压不符; (2)电源容量不够; (3)电磁铁拉杆行程不够; (4)电动机操作定位开关变位	(1)调换电源; (2)增大操作电源容量; (3)调整或更换拉杆; (4)调整定位开关
电动机启动时断路器立即分断	(1)过电流脱扣器瞬时整定值太小; (2)脱扣器某些零件损坏; (3)脱扣器反力弹簧断裂或落下	(1)调整脱扣器瞬时整定值大小; (2)调换脱扣器或某些零部件; (3)调换弹簧或重新装好弹簧
分励脱扣器不能使断路器分断	(1)线圈短路; (2)电源电压太低	(1)调换线圈; (2)检查线路并调高电源电压
欠电压脱扣器噪声大	(1)反作用弹簧力过大; (2)铁芯工作面有油污; (3)短路环断裂	(1)调整反作用弹簧力; (2)清除铁芯油污; (3)调换铁芯
欠电压脱扣器不能使断路器分断	(1)反作用弹簧力变小; (2)储能弹簧断裂或弹簧力变小; (3)机构生锈卡死	(1)调整反作用弹簧; (2)调换或调整储能弹簧; (3)清除油污

7) 低压断路器使用时的注意事项

(1) 当断路器与熔断器配合使用时,熔断器应装于断路器之前,以保证使用安全。

(2) 电磁脱扣器的整定值不允许随意变动,使用一段时间后应检查其动作的准确性。

(3) 断路器在分断短路电流后,应在切除前级电源的情况下及时检查触头。如有严重的电灼痕迹,可用干布擦去;若发现触头烧毛,可用砂纸或细锉小心修整。

5. 漏电保护器

电器绝缘损坏或其他原因造成导电部分碰到电器外壳时(简称碰壳),如果电器金属外壳是接地的,那么电就由电器的金属外壳经大地构成通路,从而形成电流,即漏电电流。

漏电保护器又称漏电保护开关,它是一种在规定条件下,电路中漏电流(毫安级)值达到或超过其规定值时能自动断开电路或发出报警的装置。当漏电电流超过允许值时,漏电保护器能够自动切断电源或报警,以保证人身安全,其外形如图 6-43 所示。

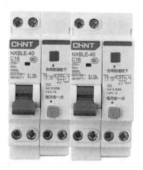

图 6-43　漏电保护器外形

1) 漏电保护器的工作原理

漏电保护器主要由检测元件、中间放大环节、操作执行机构三部分组成。检测元件由零序互感器组成,检测漏电电流,并发出信号。放大环节将微弱的漏电信号放大,根据装置的不同可以分为电磁式保护器和电子式保护器。执行机构收到信号后,主开关由闭合状态转换到断开状态,从而切断电源,执行机构是被保护电路脱离电网的跳闸部件。如图 6-44 所示,TA 为零序电流互感器,A 为放大环节,QF 为主开关。

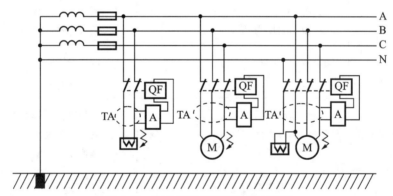

图 6-44　漏电保护器工作原理示意图

在低压电路中,漏电保护器的一次线圈与电网的线路相连接,二次线圈与漏电保护器中的脱扣器连接。当用电设备正常运行时,线路中电流呈平衡状态,互感器中电流之和为零。由于一次线圈中没有剩余电流,所以不会感应二次线圈,漏电保护器的开关装置处于闭合状态。当设备外壳发生漏电并有人触及时,则在故障点产生分流,此漏电电流经人体、大地、工作接地,返回变压器中性点(并未经电流互感器),致使互感器中流入、流出的电流出现了不平衡,即电流矢量之和不为零,一次线圈中产生剩余电流。因此,便会感应二次线圈,当这个电流值达到该漏电保护器限定的动作电流值时,自动开关脱扣,切断电源。

2）漏电保护器的主要参数

（1）额定漏电动作电流。额定漏电动作电流是指在规定的条件下，使漏电保护器动作的电流值。例如，30 mA 的保护器，当通入电流值达到 30 mA 时，保护器即动作断开电源。

（2）额定漏电动作时间。额定漏电动作时间是指从突然施加额定漏电动作电流起，到保护电路被切断为止的时间。例如，30 mA×0.1 s 的保护器，从电流值达到 30 mA 起，到主触头分离止的时间不超过 0.1 s。

（3）额定漏电不动作电流。在规定的条件下，漏电保护器不动作的电流值，一般应选漏电动作电流值的 1/2。例如，漏电动作电流 30 mA 的漏电保护器，在电流值达到 15 mA 以下时，保护器不应动作，否则因灵敏度太高容易误动作，影响用电设备的正常运行。

（4）其他参数。如电源频率、额定电压、额定电流等，在选用漏电保护器时，应与所使用的线路和用电设备相适应。

3）漏电保护器的选用与使用

（1）单台电气设备可选用额定漏电动作电流为 30～50 mA 的快速型漏电保护器，大型或多台电气设备可选用额定漏电动作电流为 50～100 mA 的快速型漏电保护器。合格的漏电保护器动作时间不应大于 0.1 s，否则对人身安全仍有威胁。

（2）单相 220 V 电源供电的电气设备，如家庭电动工具应选用二极二线式漏电保护器；三相三线制 380 V 电源供电的电气设备，如三相电动机应选用三极式漏电保护器；三相四线制 380V 电源供电的电气设备，或者单相设备与三相设备共用电路，应选用四极四线式漏电保护器。

4）漏电保护器使用时的注意事项

（1）漏电保护器适用于电源中性点直接接地或经过电阻、电抗接地的低压配电系统。对于电源中性点不接地的系统，则不宜采用漏电保护器。

（2）漏电保护器保护线路的中性线 N 要通过零序电流互感器。否则，在接通后，就会有一个不平衡电流使漏电保护器产生误动作。

（3）接零保护线（PE）不准通过零序电流互感器。

任务实施

一、材料清单

本任务的材料清单见表 6-14。

表 6-14　材料清单

任务器材	电工工具	三相闸刀	卡片框	瓷插式熔断器	木制配电板	零线端子板	导线
数量	1 套	1 个	6 个	6 个	1 块	1 个	若干

二、内容与步骤

1. 小型配电箱的安装

（1）安装图如图 6-45 所示。

（2）按照配电箱的安装要求确定各个电气器件的位置。

（3）将各个电气器件用螺母固定。

（4）为导线的安装钻出合适的孔洞。

（5）完成导线与各个电气器件的紧密连接，同时给三相闸刀和瓷插式熔断器装入熔体。

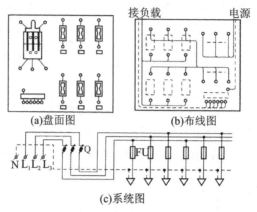

(a)盘面图　　　　　　(b)布线图

(c)系统图

图 6-45　小型配电箱的安装图

2. 小型配电箱的检测调试

小型配电箱安装完成以后，按电路图或接线图从电源端开始，逐段核对接线有无漏接、错接之处，检查导线接点是否符合要求，压接是否牢固，以免带负载运行时产生闪弧现象。

用万用表电阻挡检查电路接线情况，检查时断开总开关，选用倍率适当的电阻挡，并欧姆调零。

（1）导线连接检查。将表笔分别搭在同一根导线两端，万用表读数应为"0"。

（2）电源电路检查。将表笔分别搭在两线端上，读数应为"∞"。接通负载开关时，万用表应有读数；断开负载开关时，万用表读数应为"∞"。

（3）用兆欧表检查两导线间的绝缘电阻（需断开负载开关）和导线对地间的绝缘电阻。

（4）用测电笔检查。接通电路，用测电笔检查相线（火线）是否有电。

（5）用交流电压表检查。可用万用表交流电压挡检查电源电压是否为 220 V 或 380 V。

三、注意事项

（1）本任务完成后，若通电检查，须注意电压较高，注意人身安全。

（2）接线完毕，同组同学应自查一遍，然后由指导教师检查后，方可接通电源，必须严格遵守"先接线，后通电；先断电，后拆线"的实验操作原则。

（3）导线的剥削及连接要求，可参照本书前面相关内容。

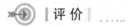 评 价

任务完成后，填写评价表，如表 6-15 所示。

表 6-15　评价表 3

班　级		姓　名		组　号		扣分记录	得 分
项　目	配　分	考 核 要 求		评 分 细 则			
正确识图	20 分	能正确看懂电路图		（1）看不懂电路图，扣 10 分；（2）未能正确识别电气器件，每处扣 5 分			

续表

班　级		姓　名		组　号		扣分记录	得分
项　目	配　分	考核要求		评分细则			
小型配电箱的安装	40分	能正确进行小型配电箱的安装		(1)电气器件布置不合理,每处扣5分; (2)钻空位置不合适,每处扣5分; (3)不能正确进行电气连接,每处扣5分; (4)不能正确安装三相闸刀和瓷插式熔断器的熔体,每处扣5分			
小型配电箱的检测调试	30分	能正确进行小型配电箱的检测调试		(1)不会用万用表进行导线连接检查,每处扣5分; (2)不会用兆欧表进行检查,每次扣5分; (3)不会用测电笔检查,每次扣5分; (4)不会用交流电压表检查,每次扣5分			
安全文明操作	10分	(1)安全用电,无人为损坏仪器、元件和设备的现象; (2)保持环境整洁、秩序井然,操作习惯良好; (3)小组成员协作和谐,态度正确; (4)不迟到、不早退、不旷课		(1)违反操作规程,每次扣5分; (2)工作场地不整洁,扣5分			
总分							

任务4　电度表的安装

电能的计量是用电的重要环节,准确的计量用电不仅可以掌握电能的使用情况,也是节约能源、合理使用电能的前提。电度表是计量用电消耗的主要仪表,在工业和居民生活中都有广泛的应用。

一、电度表

用来测量电能的仪表称为电度表,又称千瓦时表。目前对交流电能的测量都采用感应式电度表,其外形如图 6-46 所示。

图 6-46 中电度表铭牌上参数的意义如下。

(1) 220 V/50 Hz 表示电度表应该在 220 V、50 Hz 的电路中使用。

(2)5(20)A 表示电度表持续工作时的最大电流为 5 A,括号里的数字表示允许在短时间内通过电度表的最大电流为 20 A。

(3)720 r/(kW·h)表示用电器消耗 1 kW·h 的电能,电度表转盘转动 720 转。

图 6-46 感应式电度表的外形

此外还标有产品采用的标准代号、制造厂、商标和出厂编号等。

二、电度表的结构

感应式电度表的型号很多,但其基本结构是相似的,如图 6-47 所示。

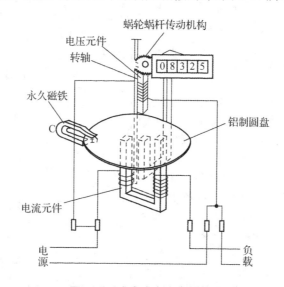

图 6-47 感应式电度表的结构

设电路的功率 P 保持不变,则在时间 t 内,电路消耗的电能为

$$W = Pt = \frac{n}{K}t = K'N$$

式中,N 为铝盘在时间 t 内的总转数;$K' = \frac{1}{K}$ 称为电度表的常数,它与电度表的结构有关。

上式说明,电路消耗的电能与电度表铝盘的转数成正比。把铝盘的转数利用计数机构记录下来,并用字码显示出来,这样就可以从电度表上的字码得出电路所消耗的电能的度数(千瓦时)。

三、电度表的分类

电度表按其使用的电路可分为直流电度表和交流电度表,如家庭用的电源是交流电,因此使用的是交流电度表。

交流电度表按其电路进表相线又可分为单相电度表、三相三线电度表和三相四线电度表,一般家庭使用的是单相电度表,大用电住户也有使用三相四线电度表的,工业用户使用三相三线或三相四线电度表。

单相电度表的额定电压一般为 220 V,用于 220 V 的单相供电线路。三相电度表的额定电压有 380 V、380 V/220 V 及 100 V 等规格,分别用于三相三线制、三相四线制及与电压互感器配套用于高压供电线路。

电度表的额定电流有 1 A、2 A、3 A、5 A、10 A、25 A 等规格。我国供电电源频率为 50 Hz,所以我国电度表的工作频率为 50 Hz。

电度表按其用途可分为有功电度表、无功电度表、最大需量表、标准电度表、复费率分时电度表、预付费电度表、多功能电度表。

电度表按其工作原理可分为电气机械式电度表和电子式电度表。

四、电度表使用注意事项

1. 电度表的合理选择

(1)根据任务选择单相或三相电度表。对于三相电度表,应根据被测线路是三相三线制还是三相四线制来选择。

(2)根据用电负荷,合理选择电度表,不能让电度表超负荷运行。

2. 电度表的安装

(1)电度表通常与配电装置安装在一起,而电度表应该安装在配电装置的下方,其中心距地面 1.5~1.8 m 处;并列安装多只电度表时,两表间距不得小于 20 cm。不同电价的用电线路应该分别装表,同一电价的用电线路应该合并装表。

(2)安装时一定要保持电度表与地面垂直,严禁倾斜安装,否则会影响其准确度;电度表固定必须牢固,且保持干燥,避免潮湿。

(3)正确接线。要根据说明书的要求和接线图把进线和出线依次对号接在电度表的出线头上;接线时注意电源的相序关系,特别是无功电度表更要注意相序;接线完毕后,要反复检查无误后才能合闸使用。

五、单相电度表的安装

单相有功电度表分为直入式电度表(全部负荷电流过电度表的电流线圈)和经互感器接线的电度表两类。

直入式电度表又可分为跳入式和顺入式两种,如图 6-48 所示。图 6-48(a)中的 1、3 为进线,2、4 为出线,接负载,接线端 1 要接相线(火线),这种电度表目前最常见,应用最广泛。

1. 单相电度表的实际接线

图 6-49 所示为单相电度表的实物接线示意图,连接时要注意相线、零线不可接错,零线

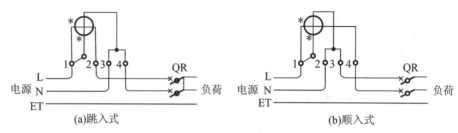

(a)跳入式   (b)顺入式

图 6-48　直入式电度表接线

接线桩　　进行接线
头盖子

图 6-49　单相电度表的实际接线示意图

必须进表,零火不得接反,电源的相线要接电流线圈,否则会造成漏电且不安全;表外线不得有接头,电压联片必须连接牢固;开关熔断器接负载侧。

2. 单相电度表与闸刀开关的组合使用

实际应用中,单相电度表往往要与低压配电电器组合使用。常见的单相电度表与闸刀开关组合使用,单相电度表板面的安装及板前的布线如图 6-50 所示。电度表布线可用明线或暗线,瓷插式熔断器也可装在电度表前线路中,电度表可以用闸刀上的保险丝来保护负载侧短路。

3. 单相电度表与漏电保护开关的组合使用

单相电度表与漏电保护开关一起安装的示意图如图 6-51 所示。

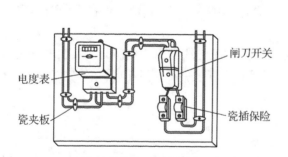

图 6-50　单相电度表板面的安装及板前的布线

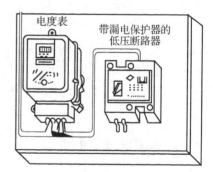

图 6-51　单相电度表与漏电保护开关
一起安装的示意图

4. 电流互感器的使用

电流互感器可以把大电流按一定比例变为小电流,提供各种仪表使用和继电保护用的电流,并将二次系统与高电压隔离。它不仅保证了人身和设备的安全,也使仪表和继电器的制造简单化、标准化,提高了经济效益。电流互感器的外形和在电路图中的符号如图 6-52

所示。

经互感器接线的有功电度表如图 6-53 所示。具体步骤如下。

(1) 电源相线的进线接在电流互感器一次侧绕组接线端子 L_1 上,电源相线的出线从互感器一次侧绕组接线端子 L_2 引出。

(2) 把互感器二次侧绕组接线端子 K_1 与电度表 1 接线端子相连。

(3) 互感器二次绕组接线端子 K_2 与电度表 2 接线端子相连,K_2 要接地(或接零)。

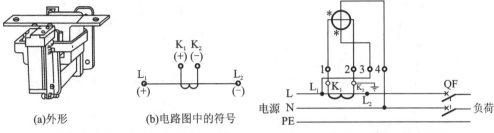

图 6-52 电流互感器的外形和电路图中的符号   图 6-53 经互感器接线的有功电度表

六、三相电度表的安装

1. 直接式三相四线电度表的接线

直接式三相四线交流电度表共有 11 个接线端子,其中 1、4、7 端子分别接电源相线;3、6、9 是相线出线端子,10、11 分别是中性线(零线)进、出线接线端子;而 2、5、8 为电度表 3 个电压线圈连接接线端子。电度表接上电源后,通过连接片分别接入电度表 3 个电压线圈,电度表才能正常工作,如图 6-54 所示。

2. 直接式三相三线电度表的接线

直接式三相三线电度表的接线如图 6-55 所示。

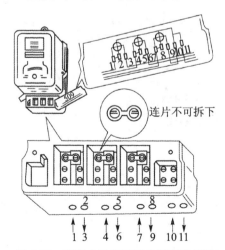

图 6-54 直接式三相四线电度表的接线

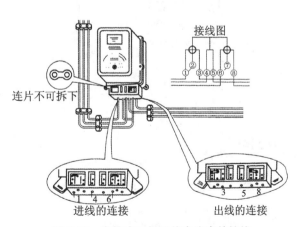

图 6-55 直接式三相三线电度表的接线

3. 间接式三相四线电度表的接线

间接式三相四线电度表的接线如图 6-56 所示。

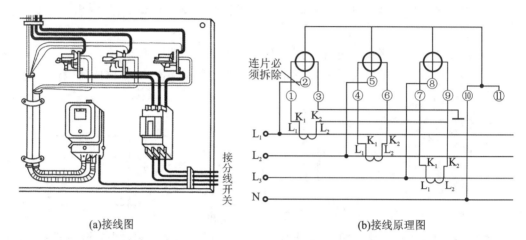

(a)接线图　　　　　　　　(b)接线原理图

图 6-56　间接式三相四线电度表的接线

4. 间接式三相三线电度表的接线

间接式三相三线电度表的接线如图 6-57 所示。

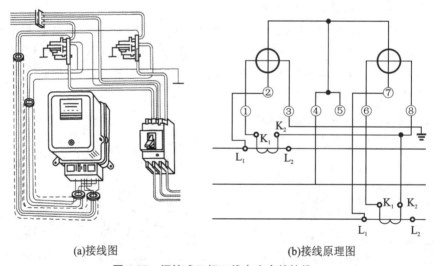

(a)接线图　　　　　　　　(b)接线原理图

图 6-57　间接式三相三线电度表的接线

任务实施

一、材料清单

本任务的材料清单见表 6-16。

表 6-16　材料清单

任务器材	电工工具	单相闸刀	单相电度表	瓷插式熔断器	木制配电板	三相电度表	低压断路器
数量	1套	1个	6个	2个	1块	1个	1个

另配 BLV 导线若干、线卡、螺丝若干。

二、内容与步骤

电度表的安装电路图如图 6-58 所示。

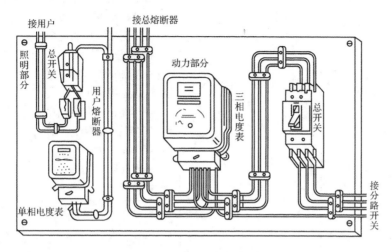

图 6-58 电度表的安装电路图

(1)按照配电箱的安装要求确定各个电气器件的位置。

(2) 将各个电气器件用螺丝固定。

(3) 导线的安装为明敷,参看导线明敷的技术要求。

(4) 完成导线与各个电气器件的紧密连接,同时给单相闸刀和瓷插式熔断器装入熔体。

(5) 电度表安装后的检测调试,可参照小型配电箱安装完成后检测调试的方法进行。

三、注意事项

(1) 通电检查时,因电压较高,须注意人身安全。

(2) 接线完毕,同组同学应自查一遍,然后由指导教师检查后,方可接通电源,必须严格遵守"先接线,后通电;先断电,后拆线"的实验操作原则。

(3) 电度表的生产厂家都会随电度表配有说明书,所以电度表安装前,一定要先看明白该电度表的安装说明。

>>➡ 评 价 ......

任务完成后,填写评价表,如表 6-17 所示。

表 6-17 评价表 4

班 级		姓 名		组 号		扣分记录	得 分
项 目	配 分	考核要求		评分细则			
正确识图	20 分	能正确看懂安装电路图		(1)看不懂电路图,扣10分; (2)未能正确识别电气器件,每处扣 5 分			

班　级		姓　　名		组　号		扣分记录	得　分
项　目	配　分	考核要求		评分细则			
电度表的安装	50分	能正确进行电度表的安装		(1)电气器件布置不合理,每处扣5分; (2)不会安装单相电度表,扣15分; (3)不能正确进行电气连接,每处扣5分; (4)不能正确安装三相闸刀和瓷插式熔断器的熔体,每处扣5分; (5)不会安装三相电度表,扣15分			
电度表安装后的检测调试	20分	能正确进行电度表安装后的检测调试		(1)不会用万用表进行导线连接检查,每处扣5分; (2)不会用兆欧表进行检查,每次扣5分; (3)不会用测电笔检查,每次扣5分; (4)不会用交流电压表检查,每次扣5分			
安全文明操作	10分	(1)安全用电,无人为损坏仪器、元件和设备的现象; (2)保持环境整洁、秩序井然,操作习惯良好; (3)小组成员协作和谐,态度正确; (4)不迟到、不早退、不旷课		(1)违反操作规程,每次扣5分; (2)工作场地不整洁,扣5分			
总　分							

项目 7

直流稳压电源的制作

在工业或民用电子产品中,其控制电路通常采用直流电源供电。对于直流电源的获取,除了直接采用蓄电池、干电池或直流发电机外,还可以将电网的 380 V/220 V 交流电通过电路转换的方式转换成直流电来获取。

简易直流稳压电源电路如图 7-1 所示,试分析其工作原理并制作该电路。

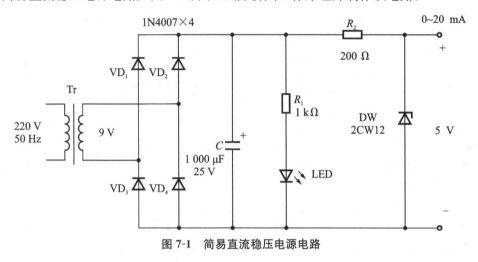

图 7-1　简易直流稳压电源电路

图 7-1 所示的直流稳压电源可用图 7-2 所示的方框图来表示。

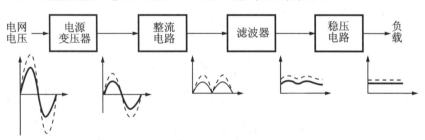

图 7-2　直流稳压电源的方框图

◀ 任务 1　认识半导体及二极管 ▶

半导体元件是电子线路的核心元件,本任务在介绍半导体的基本知识后,重点介绍半导体二极管的结构、特性和主要参数,为以后的学习奠定基础。

一、半导体基础知识

物质按导电性能可分为导体、绝缘体和半导体。容易传导电流的物质为导体。导体具有良好的导电特性,常温下其内部存在着大量的自由电子,它们在外电场的作用下做定向运动,形成较大的电流,因而导体的电阻率很小,只有 $10^{-6} \sim 10^{-4}$ $\Omega \cdot m$。金属一般为导体,如铜、铝、银等。能够可靠地隔绝电流的物质为绝缘体,绝缘体几乎不导电,如橡胶、陶瓷、塑料等。在这类材料中,几乎没有自由电子,即使受外电场作用也不会形成电流,所以,绝缘体的电阻率很大,一般在 10^{8} $\Omega \cdot m$ 以上。半导体的导电能力介于导体和绝缘体之间,而且其导电能力在外界其他因素的作用下会发生显著的变化。例如,在纯净的半导体(通常称为本征半导体)中掺入极其微量的杂质元素,则它的导电能力将大大增强,利用掺杂半导体可以制造出二极管、三极管、场效应管、晶闸管等半导体器件;温度的变化也会使半导体的导电率发生变化,利用这种热敏效应可以制作出热敏元件,但热敏效应也会使半导体器件的热稳定性下降;光照也可以改变半导体的导电率,利用这种光电效应可以制作出光电二极管、光电三极管、光电耦合器和光电池等。综上所述,半导体具有掺杂性、热敏性和光敏性三个特性。

1. 本征半导体

纯净的、不含其他杂质的半导体称为本征半导体。用于制造半导体器件的纯硅和纯锗都是晶体,其原子最外层轨道上有 4 个电子,这些电子称为价电子,它们同属于 4 价元素。在单晶体结构中,原子在空间形成排列整齐的点阵(称为晶格),价电子为相邻的原子所共有,形成图 7-3 所示的共价键结构,图中+4代表4价元素原子核和内层电子所具有的净电荷。共价键中的价电子将受共价键的束缚。在室温或光照下,少数价电子可以获得足够的能量,摆脱共价键的束缚成为自由电子,同时在共价键中留下一个空位,如图 7-3 所示。这种现象称为本征激发,这个空位称为空穴,可见本征激发产生的自由电子和空穴是成对的。原子失去价电子后带正电,可等效地看成因为有了带正电的空穴。空穴很容易吸引邻近共价键中的价电子去填补,使空位发生转移,这种价电子填补空位的运动可以看成空穴在运动,但其运动方向与价电子运动方向相反。自由电子和空穴在运动中相遇时会重新结合而成对消失,这种现象称为复合。温度一定时,自由电子和空穴的产生与复合将达到动态平衡,这时自由电子和空穴的浓度一定。

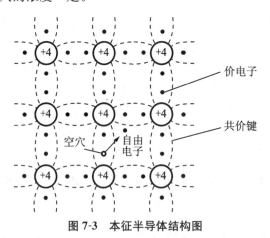

图 7-3　本征半导体结构图

在电场作用下,自由电子和空穴将做定向运动,这种运动称为漂移,所形成的电流称为漂移电流。自由电子又称电子载流子,空穴又称空穴载流子。因此,半导体中有自由电子和空穴两种载流子参与导电,分别形成电子电流和空穴电流。在常温下本征半导体载流子浓度很低,因此导电能力很弱。

2. 杂质半导体

掺入杂质的半导体称为杂质半导体,根据掺入杂质性质的不同,可以分为 N 型半导体和 P 型半导体。载流子以电子为主的半导体称为电子型半导体或 N 型半导体;载流子以空穴为主的半导体称为空穴型半导体或 P 型半导体。

1) N 型半导体

在本征半导体(4 价硅或锗的晶体)中掺入微量 5 价元素,如磷、锑、砷等,则原来晶格中的某些硅(锗)原子将被杂质原子代替,如图 7-4(a)所示,N 型半导体示意图如图 7-4(b)所示。由于杂质原子的最外层有 5 个价电子,因此它与周围 4 个硅(锗)原子组成共价键时,还多余 1 个电子。该电子不受共价键的束缚,而只受自身原子核的束缚,因此,只要得到较少的能量就能成为自由电子,并留下带正电的杂质离子(不能参与导电)。由于杂质原子可以提供自由电子,故称为"施主原子"或"施主离子"。掺入多少杂质原子就能电离产生多少个自由电子,因此自由电子的浓度将大大增加。这时由本征激发产生的空穴被复合的机会增多,使空穴浓度反而减少。这种以电子导电为主的半导体称为 N 型(或电子型)半导体,其中自由电子为多数载流子(多子),空穴为少数载流子(少子)。

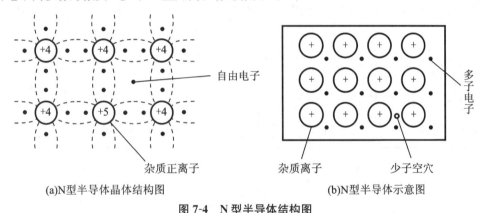

(a)N型半导体晶体结构图　　　　　　　　(b)N型半导体示意图

图 7-4　N 型半导体结构图

2) P 型半导体

在本征半导体中掺入少量的 3 价杂质元素,如硼、镓和铟等,就形成 P 型半导体,如图 7-5(a)所示,P 型半导体示意图如图 7-5(b)所示。杂质原子的 3 个价电子与周围的硅原子形成共价键时,出现一个空位,在室温下这些空位能吸引邻近的价电子来填充,使杂质原子变成带负电的离子。这种杂质因能够吸收电子被称为"受主原子",这种掺杂使空穴的浓度大大增加。这种以空穴导电为主的半导体称为 P 型(或空穴型)半导体,其中空穴是多数载流子(多子),自由电子是少数载流子(少子)。

3. PN 结

单纯的一块 P 型半导体或 N 型半导体,只能作为一个电阻元件。PN 结是构成二极管、三极管、晶闸管、集成电路等众多半导体器件的基础。

1) PN 结的形成

在一块完整的本征硅片上,用不同的掺杂工艺使其一边形成 N 型半导体,另一边形成 P 型半导体,在这两种杂质半导体的交界面附近就会形成一个具有特殊性质的薄层(正离子或负离子的区域),这个特殊的薄层就是 PN 结。

由于 P 型半导体和 N 型半导体交界面两侧的两种载流子浓度有很大差异,因此会产生

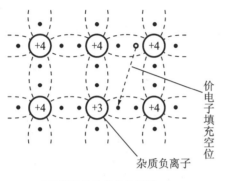

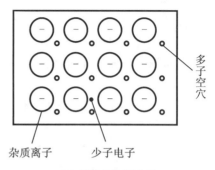

(a)P型半导体晶体结构图　　　　　　　　(b)P型半导体示意图

图7-5　P型半导体结构图

载流子从高浓度区向低浓度区的运动,这种运动称为扩散,如图7-6(a)所示。P区中的多子空穴扩散到N区,与N区中的自由电子复合而消失;N区中的多子电子向P区扩散并与P区中的空穴复合而消失。结果使交界面附近载流子浓度骤减,形成了由不能移动的杂质离子构成的空间电荷区,同时建立了内电场,内电场方向由N区指向P区,如图7-6(b)所示。

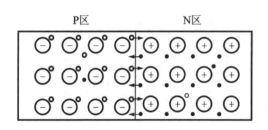

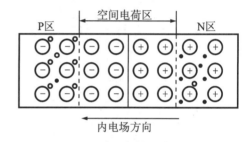

(a)载流子的扩散运动　　　　　　　　(b)动态平衡的PN结

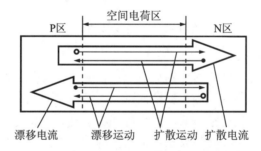

(c)动态平衡时PN结中的载流子运动及电流

图7-6　PN结的形成

　　内电场有两个作用:一方面阻碍多子的扩散运动,另一方面促使两个区靠近交界面处的少子产生漂移运动。起始时内电场较小,扩散运动较强,漂移运动较弱。随着扩散运动的进行,空间电荷区增宽,内电场增大,扩散运动逐渐困难,漂移运动逐渐加强。外部条件一定时,扩散运动和漂移运动最终达到动态平衡,即扩散过去多少载流子必然漂移过来同样多的同类载流子,因此扩散电流等于漂移电流,如图7-6(c)所示。这时空间电荷区的宽度一定,内电场一定,形成了所谓的PN结。PN结内电场的电位称为内建电位差,又称为接触电位,其电压一般为零点几伏,室温下硅材料PN结的内建电位差为0.5~0.7 V,锗材料PN结的内建电位差为 0.2～0.3 V。

由于空间电荷区中载流子极少，几乎都被消耗殆尽了，所以空间电荷区又称为耗尽区。另外，从 PN 结内电场阻止多子继续扩散这个角度来说，空间电荷区也可称为阻挡层或势垒区。

综上所述，PN 结中进行着两种载流子的运动，即多数载流子的扩散运动和少数载流子的漂移运动。

2）PN 结的单向导电性

在 PN 结外加不同方向的电压，就可以破坏原来的平衡，从而呈现出单向导电特性，加在 PN 结上的电压称为偏置电压。

（1）PN 结正偏。

假设在 PN 结上加一个正向电压，即电源的正极接 P 区，负极接 N 区，PN 结的这种接法称为正向接法或正向偏置（简称正偏），如图 7-7(a)所示。

采用正向接法时，外电场的方向与 PN 结中内电场的方向相反，因而削弱了内电场。此时，在外电场的作用下，P 区中的空穴向右移动，与空间电荷区内的一部分负离子中和；N 区中的电子向左移动，与空间电荷区内的一部分正离子中和。由于多子移向耗尽层，使空间电荷区的宽度变窄，于是电位势垒也随之降低，这有利于多数载流子进行扩散运动，而不利于少数载流子进行漂移运动。因此，回路中的扩散电流将大大超过漂移电流，最后形成一个较大的正向电流，其方向在 PN 结中是从 P 区流向 N 区。

正向偏置时，只要在 PN 结两端加上一定的正向电压（大于电位势垒），就可得到较大的正向电流。为了防止回路中电流过大，一般可接入一个电阻。

（2）PN 结反偏。

假设在 PN 结上加一个反向电压，即电源的正极接 N 区，而电源的负极接 P 区，这种接法称为反向接法或反向偏置（简称反偏），如图 7-7(b)所示。

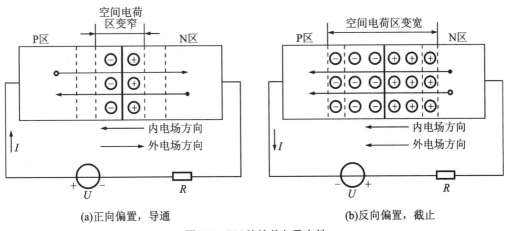

(a)正向偏置，导通　　　　　　　　　(b)反向偏置，截止

图 7-7　PN 结的单向导电性

采用反向接法时，外电场的方向与 PN 结中内电场的方向一致，因而增强了内电场的作用。此时，外电场使 P 区中的空穴和 N 区中的电子各自向着远离耗尽的方向移动，从而使空间电荷区变宽，同时电位势垒也随之增高，这不利于多数载流子进行扩散运动，而有利于

少数载流子进行漂移运动。因此,漂移电流将超过扩散电流,于是在回路中形成一个基本上由少数载流子运动产生的反向电流,在 PN 结中从 N 区流向 P 区。因为少数载流子的浓度很低,所以反向电流的数值非常小。在一定温度下,当外加反向电压超过某个值后,反向电流将不再随着外加反向电压的增加而增大,这时称其为反向饱和电流,通常用符号 I_s 表示。正因为反向饱和电流是由少数载流子产生的,所以其对温度十分敏感。随着温度的升高,I_s 将急剧增大。此时,PN 结呈现很大的电阻,称为截止。

综上所述,PN 结正偏时导通,呈现很小的电阻,形成较大的正向电流;反偏时截止,呈现很大的电阻,反向电流近似为零。因此,PN 结具有单向导电特性。

3) PN 结的击穿特性

当加于 PN 结两端的反向电压增大到一定值时,PN 结的反向电流将随反向电压的增加而急剧增大,这种现象称为反向击穿。反向击穿后,只要反向电流和反向电压的乘积不超过 PN 结容许的耗散功率,PN 结一般不会损坏。若反向电压下降到击穿电压以下后,其性能可恢复到原有情况,则这种击穿是可逆的,称为电击穿;若反向击穿电流过大,则会导致 PN 结结温过高而烧坏,这种击穿是不可逆的,称为热击穿。PN 结的反向击穿有雪崩击穿和齐纳击穿两种机理。

二、半导体二极管

半导体二极管简称二极管,是电子线路中最常用的半导体器件,是一种非线性半导体器件。由于它具有单向导电特性,故广泛应用于整流、检波、限幅、开关、稳压等场合。

1. 二极管的结构

二极管是由一个 PN 结加上管壳封装而成的,从 P 端引出的一个电极称为阳极,从 N 端引出的另一个电极称为阴极。二极管的实物图、外形及符号如图 7-8 所示。电路符号中的箭头方向表示正向电流的流通方向。

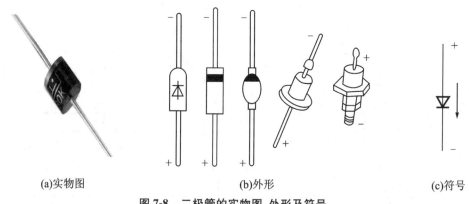

(a)实物图　　　　　　　　(b)外形　　　　　　　　(c)符号

图 7-8　二极管的实物图、外形及符号

2. 二极管的类型

二极管的种类有很多,若按结构的不同来分,可分为点接触型二极管和面接触型二极管;若按应用场合的不同来分,可分为整流二极管、稳压二极管、检波二极管、限幅二极管、开关二极管和发光二极管等;若按功率的不同来分,可分为小功率二极管、中功率二极管和大功率二极管;若按制作材料的不同来分,可分为锗二极管和硅二极管等。

点接触型二极管是由一根很细的金属触丝(如 3 价元素铝)和一块 N 型半导体(如锗)的

表面接触,然后在正方向通过很大的瞬时电流,使触丝和半导体牢固地熔接在一起,3价金属与锗结合构成 PN 结,如图 7-9(a)所示。由于点接触型二极管金属丝很细,形成的 PN 结面积很小,所以它不能承受大的电流和高的反向电压,同时由于极间电容很小,所以这类管子适用于高频电路。例如,2AP1 是点接触型锗二极管,其最大整流电流为 16 mA,最高工作频率为 150 MHz,但最高反向工作电压只有 20 V。

面接触型(面结型)二极管的 PN 结是用合金法或扩散法制成的,其结构如图 7-9(b)所示。这种二极管的 PN 结面积大,可承受较大的电流,但极间电容较大,适用于低频电路,主要用于整流电路。例如,2CZ53C 为面接触型硅二极管,其最大整流电流为 300 mA,最高反向工作电压为 100 V,而最高工作频率只有 3 kHz。

图 7-9(c)所示为硅工艺平面型二极管的结构图,它是集成电路中常见的一种形式。当用于高频电路时,要求其 PN 结面积小;当用于大电流电路时,则要求其 PN 结面积大。

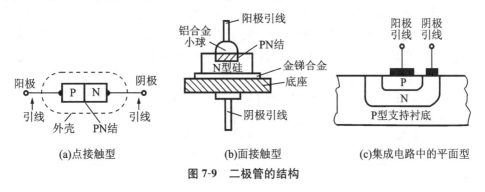

(a)点接触型   (b)面接触型   (c)集成电路中的平面型

图 7-9 二极管的结构

3. 二极管的导电特性

二极管由一个 PN 结构成,因此,它同样具有单向导电特性。二极管的导电特性可用其伏安特性来说明,伏安特性是指流过二极管的电流与其两端电压之间的关系曲线。图 7-10 所示为伏安特性的实验电路,图 7-11 所示为二极管的伏安特性曲线。

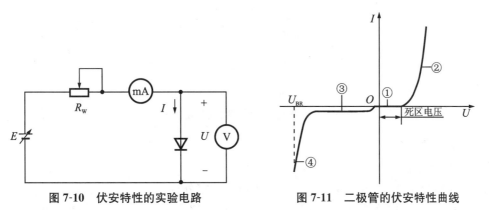

图 7-10 伏安特性的实验电路   **图 7-11 二极管的伏安特性曲线**

1) 正向特性

正向特性是指二极管阳极接高电位、阴极接低电位时的伏安特性,这时二极管所加的电压称为正向电压。由图 7-11 看出,当二极管所加的正向电压较小时,流过二极管的电流几乎为零,这时二极管的工作状为称为截止状态。当正向电压超过某数值后,才有电流流过二极管,这一电压值称为死区电压。硅管的死区电压一般为 0.5 V,锗管则约为 0.1 V。图

7-11中的①为死区。

当二极管的正向电压大于死区电压时,才有较大的电流流过二极管,这时的电流称为正向电流,二极管的工作状态称为导通状态(如图7-11中的②所示)。二极管导通时的正向压降,硅管为 0.6~0.8 V,锗管为 0.2~0.3 V。

2) 反向特性

反向特性是指二极管阴极接高电位、阳极接低电位时的伏安特性,这时二极管所加的电压称为反向电压。由图7-11看出,当二极管加反向电压时,流过二极管的电流(反向电流)很小,几乎为零,因此二极管工作于截止状态(如图7-11中的③所示)。当反向电压达到一定数值时,反向电流突然增大,这时二极管处于反向击穿状态,对应的临界电压称为反向击穿电压 U_{BR}(如图7-11中的④所示),这时若没有采取适当的限流措施,则较大的反向电流会使管子过热而损坏,因此,通常不允许二极管工作在该状态。

通过以上分析不难得出结论:当二极管加正向电压(大于死区电压)时,二极管导通,有较大的正向电流流过二极管;当二极管加反向电压(小于反向击穿电压)时,二极管截止,流过二极管的反向电流基本为零。因此,二极管具有单向导电的特性。

3) 温度特性

温度对二极管的特性有显著影响,如图7-12所示。温度升高,正向特性曲线向左移,反向特性曲线向下移。其规律是:在接近室温,同一电流下,温度每升高 1 ℃,正向电压减小 2~2.5 mV;温度每升高 10 ℃,反向电流增大约 1 倍。

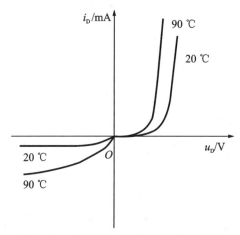

图 7-12　温度对二极管特性曲线的影响

4. 二极管的主要参数

1) 二极管的型号命名法

国家标准规定,国产半导体器件的型号由以下 5 部分组成。

第 1 部分:用阿拉伯数字表示器件的电极数目。"2"代表二极管,"3"代表三极管。

第 2 部分:用汉语拼音字母表示管子的材料。"A"为 N 型锗管,"B"为 P 型锗管,"C"为 N 型硅管,"D"为 P 型硅管。

第 3 部分:用汉语拼音字母表示管子的类型。"P"为普通管,"Z"为整流管,"K"为开关管,"W"为稳压管。

第 4 部分:用阿拉伯数字表示序号。序号不同的二极管其特性不同。

第 5 部分:用汉语拼音字母表示规格号。序号相同、规格号不同的二极管特性差别不大,只是某个或某几个参数有所不同。

例如,2AP1 是 N 型锗材料制成的普通二极管,2CZ11D 是 N 型硅材料制成的整流管。

目前,市面上更常见的是使用国外晶体管型号命名方法的二极管,如 IN4001、IN4004、IN4148 等,这类二极管采用的是美国电子工业协会对半导体器件的命名法,凡型号以"IN"开头的二极管都是美国制造或以美国专利在其他国家制造的产品,IN 后面的数字表示该器件在美国电子工业协会登记的顺序号。

而从日本进口的彩色电视机中,二极管的型号则以"1S"开头,如 1S1885,其中"1"表示二极管,"S"表示日本电子工业协会注册产品,最后的数字表示在日本电子工业协会登记的顺序号。登记顺序号的数字越大,表示产品越新。

2)二极管的主要参数

描述器件的物理量称为器件的参数。它是器件特性的定量描述,也是选择器件的依据。各种器件的参数可由手册查得。为了正确合理地使用二极管,必须了解二极管的指标参数。在实际应用中最主要的参数如下。

(1)最大整流电流 I_F。

最大整流电流通常称为额定工作电流,是指二极管在长期运行时,允许通过的最大正向平均电流。不同型号的二极管的最大整流电流差异很大,如果电路中实际工作电流超过了 I_F,那么二极管过分发热就有可能烧坏 PN 结,使二极管永久损坏。此值取决于 PN 结的面积、材料和散热情况等。

(2)最大反向工作电压 U_{RM}。

最大反向工作电压通常称为额定工作电压,它是为了保证二极管不至于反向击穿而规定的最高反向电压。工作时加在二极管两端的反向电压不得超过此值,否则二极管可能被击穿。为了确保二极管安全工作,一般手册中规定最大反向电压为反向击穿电压的 1/3~1/2。

(3)反向饱和电流 I_S。

反向饱和电流又称反向漏电流,它是指二极管未进入击穿区的反向电流,其值越小,则二极管的单向导电性越好。此外,由于反向电流是由少数载流子形成的,因此 I_S 值受温度的影响很大。温度增加,反向电流就会急剧增大。通常锗管 PN 结温度达到 90 ℃ 以上,硅管 PN 结温度达到 150 ℃ 以上时,就会因反向电流急剧增加而造成热击穿,所以使用二极管时要注意温度的影响。

(4)最高工作频率 f_M。

二极管的 PN 结具有结电容,随着工作频率的升高,结电容充放电将加剧,影响 PN 结的单向导电性,所以 f_M 是保证管子正常工作的最高频率。一般小电流二极管的 f_M 高达几百兆赫,而大电流的整流管仅几千赫。

(5)直流电阻 R_D。

①正向直流电阻。加到二极管两端的直流电压 U_D 与流过二极管的直流电流 I_D 之比称为二极管的直流电阻,用 R_D 表示,即

$$R_D = \frac{U_D}{I_D} \tag{7-1}$$

②反向直流电阻。二极管处于反向工作状态时,由于反向电流很小且几乎不变,所以反向直流电阻很大。加反向电压时,R_D 为几百千欧至几兆欧。

（6）交流电阻 r_D。

①正向交流电阻。二极管在工作点 Q 附近电压的微小变化量 Δu_D 与相应的电流微小变化量 Δi_D 之比称为二极管的交流电阻，用 r_D 表示，即

$$r_D = \frac{\Delta u_D}{\Delta i_D} \tag{7-2}$$

由于交流电阻反映了二极管在工作点 Q 附近电压、电流做微小变化时的等效电阻，因此又称为动态电阻或微变等效电阻。

$$r_D \approx \frac{U_T}{I_D} \approx \frac{26\text{ mV}}{I_D(\text{mA})} \tag{7-3}$$

U_T 称为温度电压当量。式(7-3)说明，在温度一定时，r_D 的数值与直流工作点电流 I_D 有关，并且 I_D 越大，r_D 越小。正向交流电阻 r_D 为几欧至几十欧。例如，在室温下，$U_T \approx 26$ mV，若 $I_D = 5$ mA，则 $r_D = 5.2$ Ω，可见二极管的动态电阻是很小的。

②反向交流电阻。二极管处于反向工作状态时，由于反向电流很小且几乎不变，因此反向交流电阻很大。反向交流电阻 r_D 一般大于几十千欧。

为了计算在 Q 点附近电流或电压的变化量 Δi_D 或 Δu_D，可根据交流电阻的概念画出二极管的小信号模型（也称微变等效电路），如图 7-13 所示。它表明，在 Q 点，动态时的二极管可用一交流电阻 r_D 来等效。

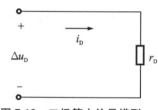

图 7-13　二极管小信号模型

三、特殊二极管

除了普通二极管外，还有一些二极管由于使用的材料和工艺特殊，从而具有特殊的功能和用途，这种二极管属于特殊二极管，如稳压二极管、发光二极管、光电二极管、光电耦合器、变容二极管等。

1. 稳压二极管

稳压二极管是一种特殊的面接触型硅二极管，由于它在电路中能起稳定电压的作用，故称为稳压二极管，简称稳压管。

1）稳压二极管的特性及主要参数

（1）伏安特性曲线。

稳压二极管的符号及通过实验测得的伏安特性曲线分别如图 7-14(a)、(b)所示。

从伏安特性曲线看，稳压二极管的正向特性曲线和普通二极管相似；反向偏压时，开始一段和二极管一样，当反向电压增大到一定数值时，反向电流突然上升，这一特性称为反向击穿特性，曲线比普通二极管陡直。

值得注意的是，当反向电压增加到一定数值时，如增加到图 7-14(b)中所示的电压值 U_Z，反向电流急剧上升。此后反向电压只要稍有增加，如增加一个 ΔU_Z，反向电流就会增加很多，这种现象就是电击穿，电压 U_Z 称为击穿电压。由此可见，通过稳压二极管的电流在很大范围内变化时，如图 7-14(b)中从 I_{Zmin} 变化到 I_{Zmax}，稳压二极管两端电压变化很小，仅为 ΔU_Z。据此可以认为，二极管两端的电压基本保持不变。稳压二极管能稳定电压正是利用其反向击穿后电流剧变，而二极管两端的电压几乎不变的特性来实现的。

此外，由击穿转化为稳压，还有一个值得注意的条件，就是要适当限制通过稳压二极管

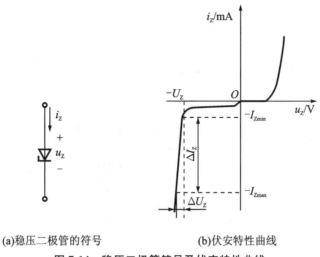

(a)稳压二极管的符号   (b)伏安特性曲线

图 7-14　稳压二极管符号及伏安特性曲线

的反向电流。否则过大的反向电流,如超过 I_{Zmax},将造成稳压二极管击穿后的永久性损坏(热击穿)。因此,在电路中应给稳压二极管串联适当阻值的限流电阻。

通过以上分析可知,稳压二极管若要实现稳压功能,则必须具备以下两个基本条件。

①稳压二极管两端需加上一个大于其击穿电压的反向电压。

②采取适当措施限制击穿后的反向电流值。例如,将稳压二极管与一个适当的电阻串联后,再反向接入电路中,使反向电流和功率损耗均不超过其允许值。

(2) 稳压管的主要参数。

①稳定电压 U_Z。U_Z 是指稳压管在正常工作状态下其两端的电压值。由于制造上的原因,即使同种型号的稳压管,这个电压值也稍有差异,使用时要注意选择。例如,型号为 2CW11 的稳压管的稳定电压为 $3.2 \sim 4.5$ V,但就某一只稳压管而言,U_Z 应为确定值。

②稳定电流 I_Z。I_Z 指稳压管在稳定电压下的工作电流。稳压管的稳定电流有一定的允许变化范围。当工作电流低于 I_Z 时,稳压效果变差,甚至不能稳压,故常将 I_Z 记作 I_{Zmin}。只要不超过稳压管的额定功率,电流越大,稳压效果越好,但要多消耗电能。

③最大耗散功率 P_{ZM}。稳压管的稳定电压 U_Z 与最大稳定电流 I_{Zmax} 的乘积,称为稳压管的耗散功率。在使用中若超过这个数值,稳压管将被烧毁。

④动态电阻 r_Z。r_Z 指稳压管两端电压变化量和电流变化量之比,即

$$r_Z = \frac{\Delta U_Z}{\Delta I_Z}$$

它是衡量稳压性能好坏的指标,击穿区的特性越陡,则 r_Z 越小,稳压性能越好,一般 r_Z 值很小,为几欧到几十欧。

⑤温度系数。通常稳压值大于 6 V 的稳压管具有正温度系数,即温度升高时,其稳压值略有上升。稳压值低于 6 V 的稳压管具有负温度系数,即温度升高时,其稳压值略有下降。稳压值为 6 V 的稳压管,其温度系数趋近于零。

由于硅管的热稳定性比锗管好,故一般采用硅材料制作稳压二极管。其型号有 2CW 和 2DW 两大类。

2) 二极管稳压电路

(1) 电路结构。

利用稳压二极管组成的稳压电路如图 7-15 所示，其中，U_I 为未经稳定的直流输入电压，R 为限流电阻，R_L 为负载电阻，U_o 为稳压电路的输出电压。

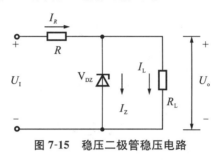

图 7-15　稳压二极管稳压电路

(2) 稳压原理。

当稳压二极管正常工作时，有下述关系式成立。

$$U_o = U_I - I_R R = U_Z$$
$$I_R = I_Z + I_L$$

当电路的输入电压或负载的大小发生变化时，负载两端的电压因稳压管的存在而基本不变。

① 负载不变，输入电压变化。若输入电压 U_I 升高，则必将引起输出电压 U_o 升高，而对于并联在负载两端的稳压管来说，其电压 U_Z 稍一增加，就会使流过稳压管的电流急剧增加，这将导致限流电阻 R 上的压降增加，从而使负载两端的输出电压下降。可见稳压管是利用其电流的剧烈变化，通过限流电阻将其转化为压降的变化来吸收输入电压 U_I 的变化，从而维持了输出电压 U_o 的稳定。相关分析如下。

$$U_I \uparrow \to U_Z \uparrow \to I_Z \uparrow \to I_R \uparrow \to I_R R \uparrow \to U_o \text{不变}$$

② 输入电压不变，负载变化。若负载电阻 R_L 减小，则会造成输出电流 I_o 和 I_R 的增大，引起输出电压 U_o 减小。此时将导致稳压管中电流 I_Z 急剧减小，限流电阻 R 上的压降也将减小，从而使输出电压 U_o 升高，维持了输出电压 U_o 的稳定。

$$R_L \downarrow \to U_Z \downarrow \to I_Z \downarrow \to I_R \downarrow \to I_R R \downarrow \to U_o \text{不变}$$

以上讨论表明，限流电阻不仅可以保护稳压管，还起着调整电压的作用。正是稳压管和限流电阻的相互配合，才完成了稳压的过程。

例 7-1　稳压电路如图 7-15 所示，已知稳压二极管的稳定电压 $U_Z = 8$ V，$I_Z = 5$ mA，$I_{ZM} = 30$ mA，限流电阻 $R = 390$ Ω，负载电阻 $R_L = 510$ Ω，试求输入电压 $U_I = 17$ V 时，输出电压 U_o 及电流 I_L、I_R、I_Z 的大小。

解　令稳压二极管开路，求得 R_L 上的压降 U_o' 为

$$U_o' = \frac{U_I R_L}{R + R_L} = \frac{17 \times 510}{390 + 510} \text{ V} \approx 9.6 \text{ V}$$

因 $U_o' > U_Z$，稳压二极管接入电路后即可工作在反向击穿区，略去动态电阻 r_Z 的影响，稳压电路的输出电压 U_o 就等于稳压二极管的稳压电压 U_Z，即

$$U_o = U_Z = 8 \text{ V}$$

由此不难求出各电流的大小分别为

$$I_{L} = \frac{U_{o}}{R_{L}} = \frac{8}{510} \text{ A} \approx 0.015\ 7 \text{ A} = 15.7 \text{ mA}$$

$$I_{R} = \frac{U_{I} - U_{o}}{R} = \frac{17 - 8}{390} \text{ A} \approx 0.023\ 1 \text{ A} = 23.1 \text{ mA}$$

$$I_{Z} = I_{R} - I_{L} = (23.1 - 15.7) \text{ mA} = 7.4 \text{ mA}$$

可见，$I_{Zmin} < I_{Z} < I_{Zmax}$，稳压二极管处于正常稳压工作状态，上述计算结果是正确的。

3）稳压管和限流电阻的选择

（1）稳压管的选择。

选择稳压管主要从电路的输出电压值和负载电流的大小两方面进行考虑：稳压管稳定电压 U_{Z} 等于电路的输出电压 U_{o}；稳压管稳压电流 I_{Z} 应大于电路负载电流 I_{o} 的 5 倍左右。满足这两个条件，再根据电路要求的稳压精度来选择稳压管。

（2）限流电阻的选择。

限流电阻 R 在电路中起保护稳压管和调整电压的作用，要从两方面来考虑：一是阻值，二是额定功率。

由于稳压管的反向电流小于 I_{Zmin} 时不稳压，大于 I_{Zmax} 时会因超过额定功率而损坏，因此在稳压管电路中必须串联一个电阻来限制电流，从而保证稳压管正常工作，故称这个电阻为限流电阻。只有在 R 取值合适时，稳压管才能安全地工作在稳定状态。

2. 发光二极管

发光二极管（light emitting diode，LED）是一种把电能转变成光能的半导体器件。发光二极管的实物图和符号如图 7-16 所示。它是由镓（Ga）、砷（As）、磷（P）等半导体材料制成的。由这些材料构成的 PN 结在外加正向电压时就会发光，光的颜色主要取决于制造所用的材料，如砷化镓发红光，磷化镓发绿光等。目前，市场上发光二极管的颜色主要有红、黄、绿、蓝、白 5 种，按外形可分为圆形、长方形等数种。

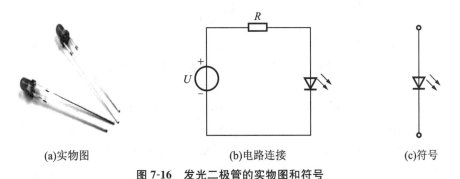

(a)实物图 (b)电路连接 (c)符号

图 7-16 发光二极管的实物图和符号

发光二极管的导通电压比普通二极管大，一般为 1.2～2.5 V，而反向击穿电压一般比普通二极管低，在 5 V 左右。LED 是目前使用比较普遍的一种显示器件，就是由于它具有亮度高、电压低、体积小、可靠性高、寿命长、响应速度快、颜色鲜艳等一系列优点。

发光二极管主要用作显示器件，可单个使用，也可制成七段数字显示器以及矩阵式器件。近年来在数字仪器仪表、计算机显示、电子钟表上的应用越来越广，并且在高档家电、音响装置、大屏幕汉字、图形显示中发挥作用，其应用范围还在不断扩展，LED 各种驱动器集成电路芯片也在不断推出。发光二极管的另一个重要用途是将电信号变为光信号，通过光缆传输,然后用光电二极管接收并再现电信号,从而组成光电传输系统,应用于光纤通信和自动控制系统中。此外,发光二极管还可以与光电二极管一起构成光电耦合器件。

3. 光电二极管

光电二极管又称光敏二极管或远红外线接收管,是一种将光能与电能进行转换的器件,是将光信号转换为电信号的特殊二极管,其实物图、结构及符号如图 7-17 所示。光电二极管的结构与普通二极管一样,其基本结构也是一个 PN 结,但是它的 PN 结面积较大,同时管壳上开有一个嵌着玻璃的窗口,以便于光线射入。它是利用 PN 结在施加反向电压时,在光线照射下反向电阻由大变小的原理来工作的。也就是说,当没有光照射时反向电阻很大,反向电流很小(约 $0.1\ \mu A$)。当有光照射时,反向电阻减小,反向电流增大,通过接在回路中的电阻 R_L 就可获得电压信号,从而实现了光电转换。硅光电二极管对红外光最为敏感,锗光电二极管对远红外光最为敏感,常用于光的测量和光电自动控制系统,如光纤通信中的光接收机、电视机和家庭音响的遥控接收装置等。大面积的光电二极管可用来作为能源,即光电池;线性光电器件通常称为光电耦,可以实现光与电的线性转换,在信号传送和图形图像处理领域有广泛的应用。

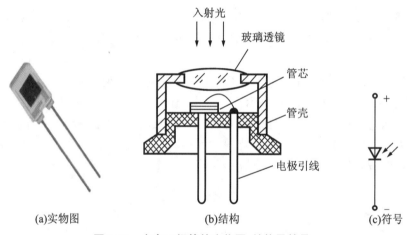

(a)实物图   (b)结构   (c)符号

图 7-17 光电二极管的实物图、结构及符号

利用光电二极管制成光电传感器,可以把非电信号转变为电信号,以便控制其他电子器件。

4. 光电耦合器

将发光二极管和光电二极管组合起来即可构成光电耦合器,如图 7-18 所示。将输入的电信号加到发光二极管 V_1 的两端,使之发光,照射到光电二极管 V_2 上,这样就在器件的输出端产生与输入信号变化规律相同的电信号,从而实现了信号的光电耦合。将电信号从输入端传送到输出端时,由于两个二极管之间是电隔离的,因此光电耦合器是用光传输信号的电隔离器件,常在计算机控制系统中用作接口电路。

5. 变容二极管

PN 结具有电容效应,当 PN 结反向偏置时它的反向电阻很大,近似开路,PN 结可构成理想的电容器件,且其容量随加于 PN 结两端反向电压的增加而减小。利用这种特性制成的二极管称为变容二极管,其电路符号及电容-电压特性曲线如图 7-19 所示。变容二极管广泛用于高频电子电路中,如用于谐振回路的电调谐、调频信号的产生等。

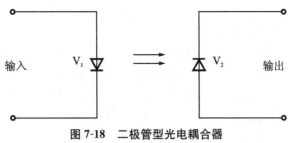

图 7-18 二极管型光电耦合器

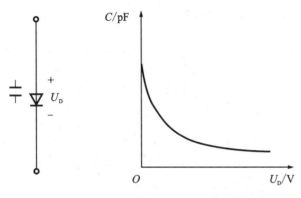

(a)电路符号 　　　　　(b)电容-电压特性曲线

图 7-19 变容二极管的电路符号及电容-电压特性曲线

◀ 任务 2 　二极管基本电路 ▶

在电子技术中,二极管电路得到广泛的应用,本任务重点介绍几种基本的二极管电路,包括二极管整流电路、二极管滤波电路和二极管稳压电路。

一、二极管整流电路

由于电网系统供给的电能都是交流电,而电子设备需要稳定的直流电源供电才能正常工作,因此必须将交流电变换成直流电,这一过程称为整流。本任务主要介绍单相半波整流电路和单相桥式整流电路。

1. 单相半波整流电路

由于在一个周期内,二极管导电半个周期,负载只获得半个周期的电压,故称为半波整流。经半波整流后获得的是波动较大的脉动直流电。

1)电路结构

单相半波整流电路由整流二极管、电源变压器和用电负载构成,如图 7-20(a)所示。T 为电源变压器,VD 为整流二极管,R_L 为负载电阻。

2)工作原理

设变压器二次电压为

$$u_2 = \sqrt{2}U_2\sin\omega t \tag{7-4}$$

式中，U_2 为变压器二次电压有效值。

当 u_2 为正半周期（$0 \leqslant \omega t \leqslant \pi$）时，假设变压器二次绕组的极性是上"+"下"−"，则二极管 VD 承受正向电压导通，流过二极管的电流同时流过负载电阻，如果忽略 VD 的管压降，负载电阻上的电压 $u_o \approx u_2$。当 u_2 为负半周期（$\pi \leqslant \omega t \leqslant 2\pi$）时，变压器二次绕组的极性变为上"−"下"+"，二极管承受反向电压截止，$i_o \approx 0$，因此输出电压 $u_o \approx 0$，此时 u_2 全部加在二极管两端，即二极管承受反向电压 $u_D \approx u_2$。第二个周期开始又重复上述过程。电路中电压和电流的波形如图 7-20(b) 所示，由图可见，负载上得到单方向的脉动电压。由于该电路只在 u_2 的正半周期有输出，所以称为半波整流电路。

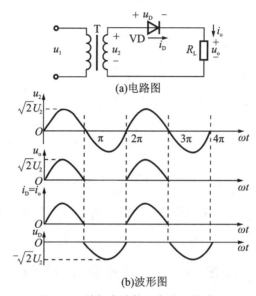

(a)电路图

(b)波形图

图 7-20　单相半波整流电路及其波形

可见，变压器副边的正弦交流电压变换成了负载两端的单向脉动直流电压，达到了整流的目的。

3）参数计算

负载上获得的是脉动直流电压，其大小用平均值 U_o 来衡量，即

$$U_o = \frac{1}{2\pi}\int_0^\pi \sqrt{2}U_2\sin\omega t \, \mathrm{d}(\omega t) = \frac{\sqrt{2}}{\pi}U_2 \approx 0.45U_2 \tag{7-5}$$

负载电流的平均值为

$$I_o = \frac{0.45}{R_L}U_2 \tag{7-6}$$

流过二极管的平均电流与负载电流相等，故

$$I_{VD} = I_o = \frac{0.45}{R_L}U_2 \tag{7-7}$$

二极管反向截止时承受的最高反向电压等于变压器副边电压的最大值，即

$$U_{RM} = \sqrt{2}U_2 \tag{7-8}$$

4）特点

单相半波整流电路结构简单、元件少，但输出电流脉动很大，变压器利用率低。因此半

波整流仅适用于要求不高的场合。

2. 单相桥式整流电路

为了克服半波整流的缺点,常采用桥式整流电路,如图 7-21(a)所示,图中 $VD_1 \sim VD_4$ 这 4 只整流二极管接成电桥形式,故称为桥式整流,其简化电路如图 7-21(b)所示。

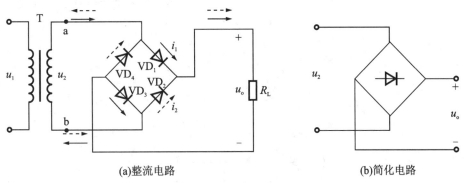

(a)整流电路   (b)简化电路

图 7-21 桥式整流电路

1)电路结构

单相桥式整流电路如图 7-21(a)所示。

2)工作原理

设变压器二次电压 $u_2 = \sqrt{2}U_2 \sin\omega t$,波形如图 7-22(a)所示。当 u_2 为正半周期,即 a 点为正,b 点为负时,VD_1、VD_3 承受正向电压而导通,此时有电流流过 R_L,电流路径为 a—VD_1—R_L—VD_3—b,此时 VD_2、VD_4 因反偏而截止,负载 R_L 上得到一个半波电压,如图 7-22(b)所示。若略去二极管的正向压降,则 $u_o \approx u_2$。

当 u_2 为负半周期,即 a 点为负,b 点为正时,VD_1、VD_3 因反偏而截止,VD_2、VD_4 因正偏而导通,此时有电流流过 R_L,电流路径为 b—VD_2—R_L—VD_4—a。这时 R_L 上得到的半波电压如图 7-22(b)所示,若略去二极管的正向压降,$u_o \approx -u_2$,由此可得输出电压波形,它是单方向的脉动电压,上述电路称为桥式整流电路。

3)参数计算

负载的平均电压为

$$U_o = \frac{1}{2\pi}\int_0^{2\pi}\sqrt{2}U_2\sin\omega t = \frac{1}{2\pi}\int_0^{\pi}2\sqrt{2}U_2\sin\omega t \, d(\omega t) \approx 0.9U_2 \qquad (7-9)$$

负载的平均电流为

$$I_o = \frac{U_o}{R_L} = 0.9\frac{U_2}{R_L} \qquad (7-10)$$

在每个周期内,两组二极管轮流导通,各导电半个周期,二极管电流如图 7-22(c)所示,所以每只二极管的平均电流应为负载电流的一半,即

$$I_{VD} = \frac{1}{2}I_o = \frac{1}{2}\frac{U_o}{R_L} = 0.45\frac{U_2}{R_L} \qquad (7-11)$$

在 u_2 的正半周期,VD_1、VD_3 导通时,可将它们看成短路,这样 VD_2、VD_4 就并联在 u_2 上,其承受的反向峰值电压为

$$U_{RM} = \sqrt{2}U_2 \qquad (7-12)$$

二极管承受电压的波形如图 7-22(d)所示。

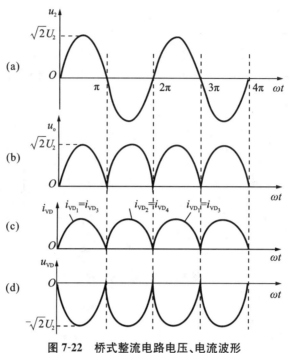

图 7-22　桥式整流电路电压、电流波形

4）特点

桥式整流电路比半波整流电路复杂,但输出电压脉动比半波整流小一半,变压器的利用率也较高,因此桥式整流电路得到了广泛应用。

将桥式整流电路的 4 只二极管制作在一起,封装成为一个器件就称为整流桥,其实物及外形分别如图 7-23(a)、(b)所示。a、b 端接交流输入电压,c、d 端为直流输出端,c 端为正极性端,d 端为负极性端。

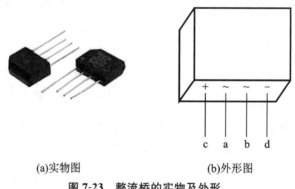

　　　(a)实物图　　　　　　　　(b)外形图

图 7-23　整流桥的实物及外形

二、二极管滤波电路

整流电路将交流电变为脉动直流电,但其中含有大量的交流成分(称为纹波电压)。为了获得平滑的直流电压,必须利用滤波器将交流成分滤掉。常用的滤波电路有电容滤波电路、电感滤波电路和复合滤波电路等。

1. 电容滤波电路

下面以单相桥式整流电容滤波电路来说明电容滤波的原理。

1）电路组成

电路由单相桥式整流电路、大容量电容 C 和负载 R_L 组成，电路及其电压、电流波形如图 7-24 所示。

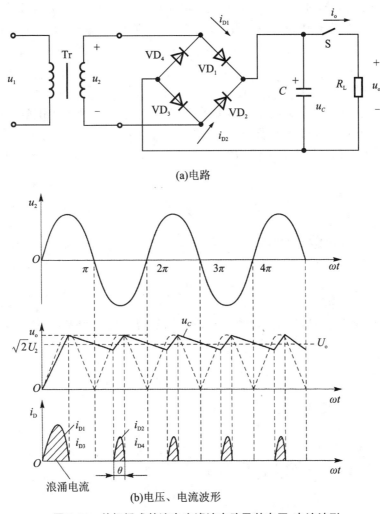

(a)电路

(b)电压、电流波形

图 7-24 单相桥式整流电容滤波电路及其电压、电流波形

2）工作原理及特点

（1）不接负载 R_L 的情况。

图 7-24(a)所示的桥式整流电容滤波电路中，将开关 S 打开。

设电容上已充有一定电压 u_C，当 u_2 为正半周期时，二极管 VD_1 和 VD_3 仅在 $u_2 > u_C$ 时才导通；同样，在 u_2 为负半周时，仅当 $|u_2| > u_C$ 时，二极管 VD_2 和 VD_4 才导通。二极管在导通期间，u_2 对电容充电。

无论 u_2 在正半周期还是负半周期，当 $|u_2| < u_C$ 时，由于 4 只二极管均受反向电压而处于截止状态，所以电容 C 没有放电回路，故 C 很快地充到 u_2 的峰值，即 $u_o = u_C = \sqrt{2} U_2$，并且保

持不变。

（2）接负载 R_L 的情况。

图 7-24(a)所示的桥式整流电容滤波电路中，将开关 S 闭合。电容 C 两端并上负载 R_L 后，当在 u_2 正半周期或负半周期时，只要 $|u_2|>u_C$，则 VD$_1$ 和 VD$_3$ 与 VD$_2$ 和 VD$_4$ 轮流导通，u_2 不仅对负载 R_L 供电，还对电容 C 充电。

当 $|u_2|<u_C$ 时，同样，4 只二极管均受反向电压而处于截止状态，而电容 C 将向负载 R_L 放电，以后重复上述充、放电过程，便可得到图 7-24(b)所示的输出电压波形，它近似锯齿波直流电压。

（3）特点。

电容滤波电路虽然简单，但输出直流电压的平滑程度与负载有关。当负载减小时，时间常数 R_LC 减小，输出电压的纹波增大，所以电容滤波不适用于负载变化较大的场合。电容滤波也不适用于负载电流较大的场合，因为这时只有增大电容的容量才能取得好的滤波效果。但电容容量太大，会使电容体积增大，成本上升，而且大的充电电流也容易引起二极管损坏。

3）参数与器件选择

（1）输出电压平均值 U_o。

经过滤波后的输出电压平均值 U_o 得到了提高。工程上，一般按下式估算 U_o 与 U_2 的关系。

$$U_o \approx 1.2U_2 \tag{7-13}$$

（2）二极管的选择。

由于电容在开始充电瞬间的电流很大，这时二极管流过较大的冲击尖峰电流，所以在实际应用中有如下要求。

①二极管的额定电流 $\quad I_F \geqslant (2\sim3)\dfrac{U_L}{2R_L}$

②二极管的最高反向电压 $\quad U_{RM} \geqslant \sqrt{2}U_2$

（3）电容器的选择。

负载上的直流电压平均值及其平滑程度与放电时间常数 $\tau=R_LC$ 有关。τ 越大，放电越慢，输出电压平均值越大，波形越平滑。实际应用中一般取

$$\tau=R_LC=(3\sim5)\frac{T}{2} \tag{7-14}$$

式中，交流电源的周期 $T=\dfrac{1}{f}=\dfrac{1}{50\text{ Hz}}=0.02\text{ s}$。

电容的耐压为

$$U_C \geqslant \sqrt{2}U_2 \tag{7-15}$$

4）整流变压器的选择

由负载 R_L 上的直流平均电压 U_o 与变压器的关系 $U_o \approx 1.2U_2$ 得出

$$U_2=\frac{U_o}{1.2} \tag{7-16}$$

在实际应用中，考虑到二极管正向压降及电网电压的波动，变压器副边的电压值应超出计算值的 10%。变压器副边电流 I_2 一般取 $(1.1\sim1.3)I_L$。

例 7-2 单相桥式整流电容滤波电路如图 7-24(a)所示,交流电源频率 $f=50$ Hz,负载电阻 $R_L=40$ Ω,要求输出电压 $U_o=20$ V。试求变压器二次电压有效值 U_2,并选择二极管和滤波电容。

解 由式(7-16)可得

$$U_2 = \frac{U_o}{1.2} = \frac{20 \text{ V}}{1.2} \approx 17 \text{ V}$$

通过二极管的电流平均值为

$$I_{VD} = \frac{1}{2}I_o = \frac{1}{2}\frac{U_o}{R_L} = \frac{1}{2} \times \frac{20 \text{ V}}{40 \text{ Ω}} = 0.25 \text{ A}$$

二极管承受的最高反向电压为

$$U_{RM} = \sqrt{2}U_2 = \sqrt{2} \times 17 \text{ V} \approx 24 \text{ V}$$

因此应选择 $I_F \geqslant (2 \sim 3)I_{VD} = (0.5 \sim 0.75)$ A,$U_{RM} > 24$ V 的二极管,查手册可选 4 只 2CZ55C 二极管(参数:$I_F = 1$ A,$U_{RM} = 100$ V)或选用 1 A、100 V 的整流桥。

根据式(7-14),取 $R_L C = 4 \times \dfrac{T}{2}$,因为 $T = \dfrac{1}{f}$,故 $T = \dfrac{1}{50}$ s $= 0.02$ s,所以

$$C = \frac{4 \times \dfrac{T}{2}}{R_L} = \frac{4 \times 0.02 \text{ s}}{2 \times 40 \text{ Ω}} = 1\,000 \text{ μF}$$

因此,可选取 1 000 μF 耐压 50 V 的电解电容。

2. 电感滤波电路

利用电感线圈交流阻抗很大、直流电阻很小的特点,将电感线圈与负载电阻 R_L 串联,组成电感滤波电路,如图 7-25 所示。电感 L 起着阻止负载电流变化使之趋于平直的作用。整流电路输出的电压中,其直流分量由于电感近似于短路而全部加到负载 R_L 两端,即 $U_o = 0.9U_2$。交流分量由于 L 的感抗远大于负载电阻而大部分降在电感 L 上,负载 R_L 上只有很小的交流电压,达到了滤除交流分量的目的。电感量越大,电压就越平稳,滤波效果就越好。但电感量大会引起电感的体积过大,成本增加,输出电压下降。一般电感滤波电路只应用于低电压、大电流的场合。

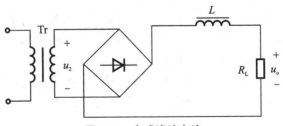

图 7-25 电感滤波电路

3. 复合滤波电路

将电容滤波和电感滤波组合起来,可获得比单种滤波电路更好的滤波效果,这就是复合滤波电路。图 7-26 所示为常用复合滤波电路。常见的有 T 型和 π 型两类复合滤波器。

1)T 型滤波电路

为了减小负载电压的脉动程度,在电感线圈后面再接电容,如图 7-27(a)所示,这样先经过电感滤波,去掉大部分交流成分,然后再经电容滤波,滤除剩余的交流成分,使负载电阻得

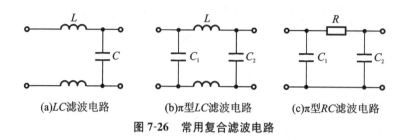

(a)LC滤波电路　　　(b)π型LC滤波电路　　　(c)π型RC滤波电路

图 7-26　常用复合滤波电路

到一个更平滑的直流电压,这种电路的性能与电感滤波电路的性能基本相同。

2)π 型滤波电路

为了进一步减小负载电压中的纹波,可采用图 7-27(b)所示 π 型 LC 滤波电路。由于电容 C_1、C_2 对交流的容抗很小,而电感 L 对交流的阻抗很大,因此,负载 R_L 上的纹波电压很小。若负载电流较小时,也可用电阻代替电感组成 π 型 RC 滤波电路。由于电阻要消耗功率,所以此时电源的损耗功率较大,电源效率降低。

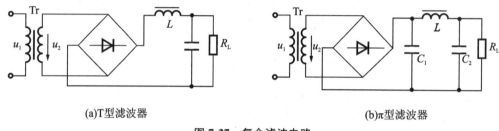

(a)T型滤波器　　　　　　　　　　　　(b)π型滤波器

图 7-27　复合滤波电路

三、二极管稳压电路

目前,大多数直流电源都是通过将电网 220 V 的交流电源经过整流、滤波和稳压来获得的。前面已了解整流、滤波电路的工作过程,下面将重点介绍串并联型稳压电路及集成稳压电路的工作原理。

1. 直流稳压电源的组成

几乎所有的电子设备都需要稳定的直流电源,而这些通常都是由交流电网供电的,因此需要将交流电转变成稳定的直流电。直流稳压电源的作用就是将交流电经过整流变成脉动的直流电,然后再经过滤波和稳压转换成稳定的直流电。

小功率直流电源通常通过单相整流获得。其主要是利用二极管的单向导电性,将交流电变为脉动直流电。直流稳压电源一般由交流电源变压器、整流电路、滤波电路和稳压电路四部分组成,如图 7-28 所示。

1)电源变压器

电源变压器的任务是将交流电的幅度转换为直流电源所需的幅度。

2)整流电路

整流电路的目的是利用具有单向导电性能的整流元件,将正负交替的正弦交流电压整流成为单方向的脉动电压。

3)滤波电路

滤波电路的功能是将整流后的单向脉动电压中的脉动成分尽可能地过滤掉,使输出电

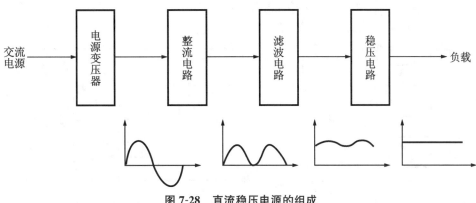

图 7-28   直流稳压电源的组成

压成为比较平滑的直流电压。该电路由电容、电感等储能元件组成。

4）稳压电路

稳压电路的功能是减小电源电压波动、负载变化和温度变化的影响，以维持输出电压的稳定。

2. 稳压电路在直流稳压电源中的作用及要求

1）稳压电路在直流稳压电源中的作用

克服电源波动及负荷的变化，使输出直流电压恒定不变。

2）稳压电路在直流稳压电源中的要求

（1）稳定性好。由于输入电压变化而引起输出电压变化的程度，称为稳定度指标，输出电压的变化越小，电源的稳定度越高。

（2）输出电阻小。负载变化时，输出电压应基本保持不变。稳压电源这方面的性能可用输出电阻表征。输出电阻越小，负载变化时输出电压的变化也越小。

（3）电压温度系数小。当环境温度变化时，会引起输出电压的漂移。良好的稳压电源应在环境温度变化时有效地抑制输出电压的漂移，保持输出电压稳定。

（4）输出电压纹波小。所谓纹波电压，是指输出电压中频率为 50 Hz 或 100 Hz 的交流分量，通常用有效值或峰值表示。经过稳压作用，可以使整流滤波后的纹波电压大大降低。

3. 串联型稳压电路

1）电路结构

串联型稳压电路包括四大部分，即调整管、取样电路、基准电压源和比较放大电路，其组成框图如图 7-29(a) 所示。由于调整管与负载串联，故称为串联型稳压电路。

2）工作原理

图 7-29(b) 所示为串联型稳压电路的电路原理图，图中，V_1 为调整管，它工作在线性放大区，故又称为线性稳压电路。R_3 和稳压管 V_2 组成基准电压源，为集成运算放大器 A 的同相输入端提供基准电压。R_1、R_2 和 R_P 组成取样电路，它将稳压电路的输出电压分压后送到集成运算放大器 A 的反相输入端。集成运算放大器 A 构成比较放大电路，用来对取样电压与基准电压的差值进行放大。当输入电压 U_I 增大引起输出电压 U_o 增加时，取样电压 U_F 随之增大，U_Z 与 U_F 的差值减小，经 A 放大后使调整管的基极电压 U_{B1} 减小，集电极电流 I_{C1} 减小，管压降 U_{CE} 增大，输出电压 U_o 减小，从而使得稳压电路的输出电压上升趋势受到抑制。稳定了输出电压。同理，当输入电压 U_I 减小或负载电流 I_o 增大引起 U_o 减小时，电路将产生

与上述相反的稳压过程,也将维持输出电压基本不变。

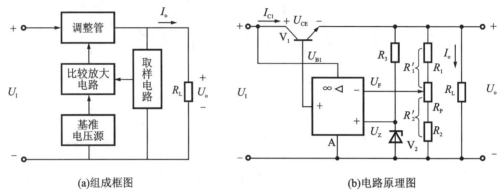

(a)组成框图　　　　　　　　　　　　　(b)电路原理图

图 7-29　串联型稳压电路

由图 7-29(b)可得

$$U_F = \frac{R'_2}{R_1 + R_2 + R_P} U_o \qquad (7\text{-}17)$$

由于 $U_F \approx U_Z$,所以稳压电路输出电压 U_o 等于

$$U_o = \frac{R_1 + R_2 + R_P}{R'_2} U_Z \qquad (7\text{-}18)$$

由此可见,通过调节电位器 R_P 的动端,可调节输出电压 U_o 的大小。

3)特点

串联型稳压电源工作电流较大,输出电压一般可连续调节,稳压性能优越。目前这种稳压电源已经制成单片集成电路,广泛应用在各种电子仪器和电子电路之中。串联型稳压电源的缺点是损耗较大、效率低。

4. 并联型稳压电路

1)电路结构

图 7-30 所示为并联型稳压电路,虚线框内为稳压电路,R 为限流电阻,V 为稳压二极管。不论是电网电压波动还是负载电阻 R_L 的变化,并联型稳压电路都能起到稳压作用,原因是 U_Z 基本恒定,$U_o = U_Z$。

2)工作原理

下面从两个方面来分析其稳压原理。

(1)负载不变,输入电压变化时,稳压过程分析如下。

$$U_I \uparrow \xrightarrow{U_o = U_I - U_R} U_o \uparrow = U_Z \uparrow \to I_Z \uparrow \xrightarrow{I_R = I_L + I_Z} I_R \uparrow \to U_R \uparrow$$

(2)输入电压不变,负载变化时,稳压过程分析如下。

$$R_L \uparrow \to I_L \downarrow \xrightarrow{I_R = I_L + I_Z} I_R \downarrow \to U_R \downarrow \xrightarrow{U_Z = U_I - U_o} U_Z \uparrow (U_o) \to I_Z \uparrow$$

由此可见,在稳压电路中,稳压管起着电流控制作用,无论是输出电流变化,还是输入电压变化,都将引起较大的改变,并通过限流电阻产生调压作用,从而使输出电压稳定。在实际使用中,上述两个调整过程是同时存在并同时进行的。

3)特点

并联型稳压电路可以使输出电压稳定,但稳压值不能随意调节,而且输出电流很小。

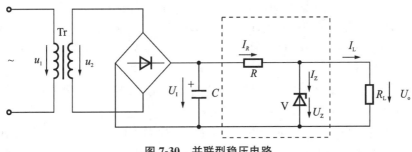

图 7-30 并联型稳压电路

5. 集成稳压器

前面介绍的硅稳压管稳压电路虽然电路结构很简单,但其输出的负载电流太小,稳压精度也不够高,一般只能应用于小负载的场合。当负载电流较大时,可采用集成稳压器来稳压。

集成稳压器将串联稳压电路和各种保护电路集成在一起。它具有稳压性能好、体积小、重量轻、价格便宜、使用方便、过流过热保护等优点,在现代电子技术中得到了广泛应用。

集成稳压器的种类较多,按其输出电压是否可调,可分为输出电压不可调集成稳压器和输出电压可调集成稳压器;按输出电压极性的不同,可分为正输出电压集成稳压器和负输出电压集成稳压器。

◀ 任务3　直流稳压电源的制作过程 ▶

一、电子元器件的检测与筛选

1. 外观质量检查

电子元器件应完整无损,各种型号、规格、标志应清晰、牢固,不能模糊不清或脱落。

2. 元器件的测试

1) 电阻器的测试

使用电阻器时,首先要知道电阻器的好坏,然后再测定它的实际阻值。测量电阻时一般采用万用表的欧姆挡来进行。测量前,应将万用表调零。例如,将万用表置于 $R \times 10$ 挡,将红、黑两根表笔短接,使表头指针阻值为零。然后用表笔接被测电阻器的两个引出脚,此时将表头指针偏转的指示值乘 10,即为被测电阻器的阻值。若指针不动或偏转较小,则可将万用表换到 $R \times 1k$ 挡,并重新调零再测量,此时若指针仍不摆动,则表示电阻器内部已断开,不能使用。如果指针指示几乎为零,可将万用表置于 $R \times 1$ 挡(每次换挡均需要重新调零后才能进行测量),此时指针偏转后指示的值乘以 1 得到的值即为电阻器的阻值。

测量时应注意,手不能同时接触被测电阻器的两根引出脚,以免人体电阻影响测量的准确性。若测量电路板上的电阻器,则必须将电阻器的一端从电路中断开,以防电路中的其他元器件影响测量结果。

2) 变压器的测试

用万用表测量变压器是最简单的方法。测量时,将万用表选在 $R \times 1$ 挡或 $R \times 10$ 挡,把表笔分别接在原边线圈(或副边线圈)的两端。若表针指示电阻值为无穷大,则说明线圈断路;若电阻值接近于零,则说明线圈正常;若电阻值为零,则说明线圈短路。之后把一只表笔接原边线圈,另一只表笔接副边线圈,电阻值应为无穷大,否则,说明原边线圈和副边线圈之间存在短路。若需进一步测量,可将原边线圈接交流 220 V,这时副边的空载电压应为 9 V。

3)电容器的测试

用普通的指针式万用表就能简单地判断电容器的质量、电解电容器的极性,并能定性比较电容器容量的大小。

(1)质量判定。用万用表 $R \times 1k$ 挡,将表笔接触电容器(1 μF 以上的容量)的两引脚,接通瞬间,表头指针应向顺时针方向偏转,然后逐渐逆时针回复,稳定后的读数就是电容器的漏电电阻,阻值越大表示电容器的绝缘性能越好;若在上述检测过程中,表头指针无摆动,说明电容器开路;若表头指针向右摆动的角度大且不回复,说明电容器存在严重漏电;若表头指针保持在 0 Ω 附近,说明该电容器内部已击穿短路。

对于容量小于 1 μF 的电容器来说,由于电容器充、放电现象不明显,检测时表头指针偏转幅度很小或根本无法看清,但并不说明电容器质量有问题。

(2)容量判定。检测过程同上,表头指针向右摆动的角度越大,说明电容器的容量越大,反之则说明容量越小。

(3)极性判定。根据电解电容器正接时漏电流小、漏电阻大,反接时漏电流大、漏电阻小的特点可判断其极性。将万用表置于 $R \times 1k$ 挡,先测一下电解电容器的漏电阻值,之后将表笔对调,再测一次漏电阻值。两次测试中漏电阻值小的那次的黑表笔接的是电解电容器的负极,红表笔接的是电解电容器的正极。

二、元器件和材料清单

本任务所用元器件和材料清单见表 7-1。

表 7-1 元器件和材料清单

符　　号	规格/型号	名　　称	符　　号	规格/型号	名　　称
T	220 V/9 V	变压器	R_2	200 Ω/0.5 W	电阻器
VD$_1$	1N4007	二极管	LED	红色	发光二极管
VD$_2$	1N4007	二极管	DW	2CW12	稳压二极管
VD$_3$	1N4007	二极管	C	2 200 μF/25 V	电解电容器
VD$_4$	1N4007	二极管	—	SYB-130	面包板
R_1	1 kΩ/0.25 W	电阻器	—	$\Phi = 0.6$ mm	单股绝缘导线

三、电路的连接

本任务将利用单股绝缘导线在面包板上完成电路的连接。

1. 面包板的使用

面包板是专为电子电路的无焊接实验而设计制造的。由于各种电子元器件可根据需要插入或拔出,免去了焊接,节省了电路的组装时间,而且元件可以重复使用,因此非常适合电子电路的组装和调试训练。

1) 常用面包板的结构

SYB-130 型面包板如图 7-31 所示,插座板中央有一凹槽,凹槽两边各有 65 列小孔,每一列的 5 个小孔在电气上相互连通。集成电路的引脚就分别插在凹槽两边的小孔上。插座上、下边各一排(X 和 Y 排)在电气上是分段相连的 55 个小孔,分别用作电源与地线插孔。对于 SYB-130 插座板,X 和 Y 排的 1～20 孔、21～35 孔以及 36～55 孔在电气上是相通的。

图 7-31　SYB-130 型面包板

面包板插孔所在的行、列分别以数码和文字标注,以便查对。

2) 布线工具

面包板布线时所用的工具主要有偏口钳、剥线钳、扁嘴钳和镊子。

偏口钳主要用来剪断导线和元器件的多余引脚。剥线钳用来剥离导线绝缘皮。扁嘴钳用来弯折和理直导线。镊子则用来夹住导线或元器件的引脚并将其送入面包板指定的插孔。

3) 使用方法和注意事项

(1) 在插装元器件时,应便于看到其极性和标志,将元件引脚理直后,在需要的地方折弯。元器件一般不剪断引脚,以便于重复使用。一般不要插入引脚直径大于 0.8 mm 的元器件,以免破坏插座内部接触片的弹性。

(2) 根据信号流程的顺序,采用边安装边调试的方法。元器件安装之后,先连接电源线和地线。为了查线方便,应尽量采用不同颜色的连线。

(3) 连线宜使用直径为 0.6 mm 左右的单股导线。根据连线的距离以及插入插孔的长度剪断导线,要求线头剪成 45°斜口,线头剥离长度约为 6 mm,要求全部插入底板以保证接触良好。裸线不宜露在外面,以防止与其他导线短路。

(4) 连线要紧贴在面包板上,以免碰撞弹出面包板,造成接触不良。连线时,不得使导线互相重叠在一起,尽量做到横平竖直,这样有利于查线、更换元器件及连线。

2. 元器件和材料的预处理

元器件插装前,首先利用万用表对元器件参数进行测试。然后利用小刀将元器件引脚上的氧化层刮掉,以避免接触不良,并用偏口钳将引脚的端头剪成 45°斜口,以便于插装。对连接导线的端头也进行同样处理。

3. 电路的连接

在面包板上按图 7-32 所示的位置和顺序插装元器件,并连接导线。在连线时一定要注意电容器、整流二极管、稳压管和发光二极管的极性。

四、电路的检测与调试

1. 目视检验

电路连接完成后,不要通电,应对照电路原理图或接线图逐个元件、逐条导线地认真检查电路的连线是否正确、元器件的极性是否接反、元件的引脚及导线的端头在面包板插孔中的接触是否良好、布线是否符合要求等。

2. 通电检测

目视检验完成后,把变压器原边经 0.5 A 的熔断器接入 220 V 交流电源,用万用表直流

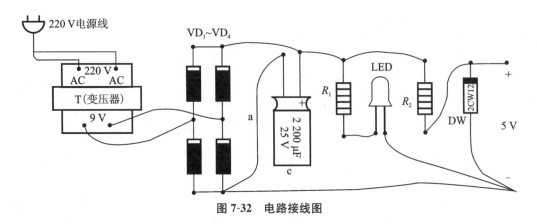

图 7-32　电路接线图

电压 10 V 挡测量输出电压是否为 5 V。若不正常,则应立即切断交流电源,并对电路重新检查。若正常,则可在输出端接入负载(利用 1 kΩ 电阻和 470 kΩ 电位器串联来代替),并在负载中串入直流电流表(直流电流 5 mA 挡)。调整电位器,观察输出电流在 0～5 mA 变化时输出电压是否稳定。

利用示波器观察电路整流滤波后的波形和输出直流电压的波形。将电路中的 a 线去掉,再观察整流滤波后的波形和输出直流电压的波形。

≫➔ | 评 价 | ......

任务完成后,填写评价表,如表 7-2 所示。

表 7-2　评价表

班　级		姓　名		组　号		扣 分记 录	得　分
项　目	配　分	考 核 要 求		评 分 细 则			
准备工作	10 分	10 min 内完成所有元器件的清点、检测及调换		(1)超出规定时间更换元件,扣 2 分/个; (2)检测数据不正确,扣 2 分/处			
电路分析	15 分	能正确分析电路的工作原理		分析错误,扣 5 分/处			
组装焊接	20 分	(1)能正确测量元器件; (2)工具使用正确; (3)元件的位置、连线正确; (4)布线符合工艺要求		(1)整形、安装或焊点不规范,扣 1 分/处; (2)损坏元器件,扣 2 分/处; (3)错装、漏装,扣 2 分/处; (4)布线不规范,扣 1 分/处			

班　级		姓　名		组　号		扣　分记　录	得　分
项　目	配　分	考核要求		评分细则			
通电调试	15分	(1)直流输出电压约为5 V； (2)输出电流为0～5 mA		(1)直流无输出或输出偏差太大，扣2分； (2)不能正确使用测量仪器，扣2分/次			
故障分析	15分	(1)能正确观察出故障现象； (2)能正确分析故障原因，判断故障范围		(1)故障现象观察错误，扣2分/次； (2)故障原因分析错误，扣2分/次； (3)故障范围判断过大，扣1分/次			
故障检修	15分	(1)检修思路清晰，方法运用得当； (2)检修结果正确； (3)正确使用仪表		(1)检修思路不清、方法不当，扣2分/次； (2)检修结果错误，扣2分/次； (3)仪表使用错误，扣2分/次			
安全、文明工作	10分	(1)安全用电，无人为损坏仪器、元件和设备； (2)保持环境整洁，秩序井然，操作习惯良好； (3)小组成员协作和谐，态度正确； (4)不迟到、不早退、不旷课		(1)发生安全事故，扣10分； (2)人为损坏设备、元器件，扣10分； (3)现场不整洁、工作不文明、团队不协作，扣5分； (4)不遵守考勤制度，每次扣2～5分			
总分							

音频放大电路的制作

本项目所选用的音频功率放大器是一款电路简单、性价比高及制作调试容易的功放,在许多电子电路中被广泛应用,具有一定的代表性。

音频功率放大器电路如图 8-1 所示,其最大不失真功率可达 0.5 W。

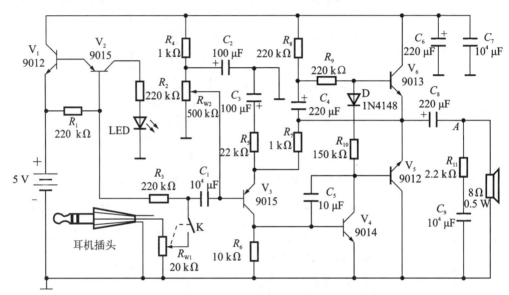

图 8-1　音频功率放大器电路

1. 电路组成

本项目的电路由四部分组成,分别为电子开关、前置放大级、推动级和功率放大级。其组成框图如图 8-2 所示。

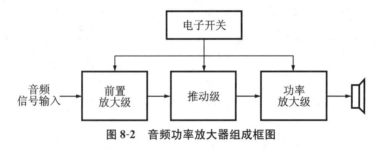

图 8-2　音频功率放大器组成框图

整机供电电源为 4.5～5.5 V,可由三节干电池来提供。当供电电压小于 4 V 时,会有较大失真;当供电电压超过 6 V 时,可能会烧坏功率三极管 V_5 和 V_6。

电源电子开关主要由三极管 V_1 和 V_2 构成,为了便于分析,将电子开关部分电路重画于图 8-3 中。其中,电阻 R_1、R_3、R_{W1} 为 V_1 和 V_2 的偏置电阻,同时 R_{W1} 又是音量调节电位器。当开关 K 断开时,V_1、V_2 均工作于截止状态,此时,电源指示灯 LED 不亮,流过负载 R_L 的电流为零,即各级放大电路不工作。当开关 K 闭合后,+4.5 V 经 V_1 和 V_2 的发射结、电阻 R_3、开关 K、电位器 R_{w1} 到地构成回路,产生 V_2 的基极电流,该电流经 V_2 放大后,使三极管 V_1 进入深度饱和状态。由于 V_1 的饱和压降很小,+4.5 V 几乎全部加在负载上,各级放大电路进入工作状态,同时电源指示灯 LED 点亮,电阻 R_2 为 LED 的限流电阻。在这里需注意两点:一是为了防止音频信号损失过大和电源中的干扰信号进入放大电路,电阻 R_3 的阻值一定不能太小;二是为保证三极管 V_1 能进入深度饱和状态,V_1 和 V_2 的电流放大系数应尽可能选大一些。

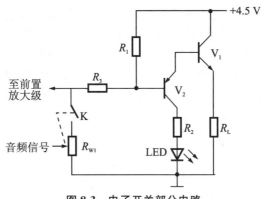

图 8-3 电子开关部分电路

开关 K 闭合后,音频信号经 C_1 耦合送至由三极管 V_2 构成的前置放大级,R_4 和 C_2 构成电源滤波电路,用于消除噪声和干扰信号,同时 R_4 和 R_{w2} 又是前置放大级的偏置电阻,调节 R_{w2} 的滑动触头,可改变 V_3 的静态值。

三极管 V_4 构成功放的推动级,它和 V_3 之间采用直接耦合方式,这样可避免信号在传输过程中的损耗。V_5 和 V_6 构成了 OTL 互补对称功放电路,R_8、R_9、D 和 R_{10} 为其偏置电路,同时 D 和 R_{10} 还用以消除交越失真。音频信号经功率放大、耦合电容 C_8 后去驱动扬声器。

电路中的 R_{11} 和 C_9 组成容性负载,以抵消扬声器音圈电感的部分感性,对功放管 V_5 和 V_6 起到保护作用。C_5 的作用是减小高频增益,避免产生高频寄生振荡。C_4 是自举电容,保证输出电压有足够的幅度。C_6 是电源低频滤波电容,用以滤除电源的交流分量。C_7 是高频滤波电容,用于滤除高频杂音。

另外,在电路中,R_7、R_5、C_3 引入了电压串联负反馈,其作用有三方面:一是稳定功放级 A 点的静态值,使其在静态时能稳定在 2.25 V 左右;二是提高前置放大级的输入电阻,以减小对信号源的影响;三是减小输出电阻,提高功放级的带负载能力。调节 R_5 的阻值,可改变负反馈的深度,也即可改变电压放大倍数。

电路中的音频信号可由计算机、MP3、收音机、VCD 或 DVD 的耳机插孔来提供。

2. 输出功率计算

根据前述内容,最大输出功率计算如下。

$$P_o = \frac{(\frac{V_{CC}}{2} - U_{CES1})^2}{2R_L} \tag{8-1}$$

若忽略饱和压降 U_{CES1},假设扬声器 $R_L = 4\ \Omega$,则有

$$P_o \approx \frac{V_{CC}^2}{8R_L} = \frac{4.5^2}{8 \times 8}\text{W} \approx 0.6\ \text{W} \tag{8-2}$$

为了防止出现严重的非线性失真,功率管不能工作在接近饱和的区域,因此实际上本电路的正常输出功率不超过 0.5 W。

◀ 任务1 认识三极管 ▶

半导体三极管是电子线路中最常用的半导体器件之一,它在电路中主要起放大和电子开关作用。半导体三极管通常指双极型三极管,又称晶体管或简称三极管。它们常常是组成各种电子电路的核心器件。它的种类很多,按制造材料,分为硅管和锗管;按结构的不同,分为 NPN 型和 PNP 型;按工作频率,分为低频管、高频管和超高频管;按功率,分为小功率管、中功率管和大功率管;按用途,分为放大管和开关管;按结构工艺,分为合金管和平面管。

不管是 NPN 型三极管还是 PNP 型三极管,它们的工作原理都是类似的。下面主要以 NPN 型三极管为例进行讨论,但讨论的结果同样适用于 PNP 型三极管。

一、三极管的特性

1. 三极管的工作原理

1)结构与符号

我国生产的半导体三极管,目前最常见的结构有硅平面管和锗合金管两种类型。NPN 型三极管的结构示意图和符号如图 8-4 所示。

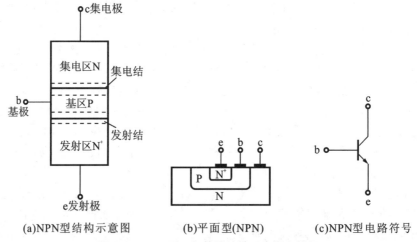

(a)NPN型结构示意图　　　(b)平面型(NPN)　　　(c)NPN型电路符号

图 8-4　NPN 型三极管的结构示意图和符号

首先在 N 型硅片(集电区)的氧化膜上利用光刻工艺刻出一个窗口,将硼杂质进行扩散,形成 P 型的基区,然后在这个 P 型区上光刻一个窗口,将高浓度的磷杂质进行扩散,形成 N 型的发射区。由此可见,发射区掺杂浓度最高,基区很薄,掺杂浓度最低,集电区掺杂浓度比发射区低,但其面积较大。对应三个区引出三个电极:发射极(e)、基极(b)和集电极(c)。发射区与基区之间形成的 PN 结称为发射结,集电区与基区之间形成的 PN 结称为集电结。

无论是 NPN 型还是 PNP 型的三极管,内部均包括三个区,即发射区、基区和集电区,并相应地引出三个电极,即发射极、基极和集电极,同时在三个区的两两交界处形成两个 PN 结,分别称为发射结和集电结。发射极箭头方向表示发射结加正向电压时,发射极正向电流的方向。

2）三极管的三种连接方式

一个放大器应有 4 个端子,两个输入信号的端子称为输入端(以便引入要放大的信号);两个输出信号的端子称为输出端(把放大的信号输送到负载)。因为放大器一般为 4 端网络,而三极管只有 3 个电极,所以组成放大电路时,势必要有一个电极作为输入与输出信号的公共端。根据所选公共端电极的不同,有三种连接方式,即共基极、共发射极和共集电极,如图 8-5 所示。三极管的三种连接方式各有各的用途,应根据不同的需要加以选择。

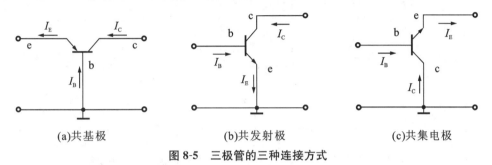

(a)共基极   (b)共发射极   (c)共集电极

图 8-5　三极管的三种连接方式

3）三极管的电流分配与放大原理

(1) 三极管放大的条件。

①三极管具有电流放大作用的外部条件为:发射结正向偏置,集电结反向偏置。

对于 NPN 型三极管来说,须满足:$U_{BE}>0$,$U_{BC}<0$,即 $U_C>U_B>U_E$。

对于 PNP 型三极管来说,须满足:$U_{BE}<0$,$U_{BC}>0$,即 $U_C<U_B<U_E$。

②三极管具有电流放大作用的内部条件为:发射区的掺杂浓度大,集电区的掺杂浓度低,且集电结面积大,基区要制造得很薄。

(2) 三极管的电流放大原理。

NPN 型三极管内部存在两个 PN 结,表面看来,似乎相当于两个二极管背靠背地串联在一起。但是,假设将两个单独的二极管背靠背地连接起来,将会发现它们并不具有放大作用。为了使三极管实现放大作用,还必须由三极管的内部结构和外部所加电源的极性两方面的条件来保证。

从三极管的内部结构来看,主要有两个特点:第一,发射区进行高掺杂,因而其中的多数载流子浓度很高。NPN 型三极管的发射区为 N 型,其中多子是电子,所以电子的浓度很高。第二,基区做得很薄,通常只有几微米到几十微米,而且掺杂比较少,则基区中多子的浓度很低。NPN 型三极管的基区为 P 型,故其中的多子空穴的浓度很低。

从外部条件来看,外加电源的极性应使发射结处于正向偏置状态,而集电结处于反向偏置状态。在满足上述内部和外部条件的情况下,三极管内部载流子运动有以下三个过程,如图 8-6 所示。

①发射区向基区注入电子。由于发射结正向偏置,因而外加电场有利于多数载流子的扩散运动。又因为发射区的多子电子的浓度很高,于是发射区发射出大量的电子。这些电子越过发射结到达基区,形成电子电流。因为电子带负电,所以电子电流的方向与电子流动的方向相反。

②电子在基区的复合和扩散。电子到达基区后,因为基区为 P 型,其中的多子是空穴,

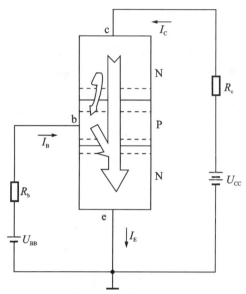

图 8-6　放大工作时 NPN 型三极管中载流子的运动和各极电流

所以从发射区扩散过来的电子和空穴产生复合运动而形成基极电流 I_B,基区被复合掉的空穴由外电源 U_{BB} 不断进行补充。因为基区空穴的浓度比较低,而且基区很薄,所以到达基区的电子与空穴复合的机会很少,因而基极电流比发射极电流小得多。大多数电子在基区中继续扩散,到达靠近集电结的一侧。

③集电区收集扩散过来的电子。由于集电结反向偏置,外电场的方向将阻止集电区中的多子电子向基区运动,但是却有利于将基区中扩散过来的电子收集到集电极而形成集电极电流 I_C。由图 8-6 可知,外电源 U_{CC} 的正端接集电极,因此对基区中集电结附近的电子有吸引作用。

由以上分析可知,$I_C \gg I_B$,且发射极电流为 $I_E = I_B + I_C$。当发射结正向偏置电压改变,即基极电流改变时,发射区注入载流子数将随之改变,从而使集电极电流 I_C 产生相应的变化。由于 $I_B \ll I_C$,因此 I_B 很小的变化就能引起 I_C 较大的变化,这就是三极管的电流放大作用。通常用集电极电流 I_C 与基极电流 I_B 的比值来反映三极管的放大能力,令

$$\beta = \frac{I_C}{I_B}$$

式中,β 为三极管共发射极电路的直流电流放大系数。当三极管制成后,β 也就确定了,其值远大于 1。

此外,因为集电结反向偏置,所以集电区中的少子空穴和基区中的少子电子在外电场的作用下还将进行漂移运动而形成反向电流,这个电流称为反向饱和电流,用 I_{CBO} 表示。

由以上分析可知:三极管的电流放大作用,实质上是用较小的基极电流信号去控制集电极的大电流信号,是"以小控大"的作用,而不是能量的放大;三极管起放大作用的外部条件是发射结加正向偏置电压,集电结加反向偏置电压。

📖**活动**:能不能把两只二极管当作一只三极管用?

2. 三极管的伏安特性

三极管各电极电流与电压间的关系可用伏安特性曲线来表示,特性曲线可用晶体管特

性图示仪测得。三极管特性曲线主要有输入特性曲线和输出特性曲线两种。

1) 输入特性曲线

输入特性曲线是指在 U_{CE} 一定的条件下,加在三极管基极与发射极之间的电压 U_{BE} 与产生的基极电流 I_B 之间的关系,可用表达式 $I_B = f(U_{BE})|_{U_{CE}=常数}$ 来表示。实测的 NPN 型硅三极管的输入特性曲线如图 8-7 所示。

由图可见,输入特性的曲线形状与二极管的伏安特性类似,然而,它与 U_{CE} 有关,$U_{CE}=1$ V 的输入特性曲线比 $U_{CE}=0$ 的曲线向右移动了一段距离,即 U_{CE} 增大曲线向右移,但当 $U_{CE} \geqslant 1$ V 后,曲线右移距离很小,可以近似认为与 $U_{CE}=1$ V 时的曲线重合。正常工作时,硅管的导通压降为 0.7 V,锗管的导通压降为 0.3 V。

2) 输出特性曲线

输出特性曲线是指在 I_B 一定的条件下,集电极与发射极的电压 U_{CE} 与集电极电流 I_C 之间的关系曲线,其表达式为

$$I_C = f(U_{CE})|_{I_B=常数}$$

实测的输出特性曲线如图 8-8 所示。通常划分为三个区域,即截止区、放大区和饱和区。

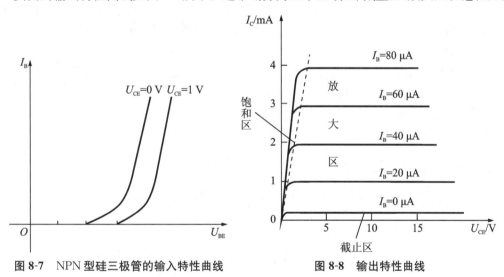

图 8-7 NPN 型硅三极管的输入特性曲线   图 8-8 输出特性曲线

(1) 截止区。

一般将输出特性曲线 $I_B \leqslant 0$ 以下的区域称为截止区。在截止区,集电结和发射结均处于反向偏置,即 $U_{BE} < 0$,$U_{BC} < 0$。$I_B = 0$,即 U_{BE} 在死区电压之内,U_{BE} 很小,故发射结为反向偏置。集电结变为反向偏置,无论 U_{CE} 怎样变化,I_C 都很小,而且趋近于 0。图中 $I_B = 0$ 时,还有很小的集电极电流 I_{CEO},这是因为在一定温度下,发射区的少数载流子能量较大,穿越基区到达集电区而形成电流,通常称其为穿透电流。

小功率硅管的穿透电流只有几微安;锗管稍大,有几十到几百微安。穿透电流会随着温度的升高而迅速增大,从而导致三极管工作不稳定。在选用三极管时,应选穿透电流小的。

(2) 放大区。

放大区是指输出特性曲线之间间距接近相等,且互相平行的区域。在这个区域内,发射结正向偏置,集电结反向偏置。I_C 与 I_B 成正比增长,即 I_B 有一个微小的变化,I_C 将按比例发生较大的变化,体现了三极管的电流放大作用。当 $U_{CE} > 1$ V 时,无论 U_{CE} 怎样变化,I_C 几乎不变,这

说明三极管具有恒流特性。对于 NPN 型硅三极管来说,$U_{BE} \geqslant 0.7$ V,$U_{BC} < 0$,$I_C = \bar{\beta} I_B$。

由于不同的 I_B 对应着不同的曲线,因此可在垂直于横轴方向作一直线,从该直线上找出 I_C 的变化量 ΔI_C 和与之对应的 I_B 的变化量 ΔI_B,从而可求出该管的电流放大倍数,即 $\beta = \dfrac{\Delta I_C}{\Delta I_B}$。这些曲线越平坦,间距越均匀,则管子线性越好。在相同的 ΔI_B 下,曲线间距越大,则 β 值越大。

(3)饱和区。

饱和区是指输出特性曲线靠近左边陡直且互相重合的曲线与纵轴之间的区域。三极管工作在这个区域时,U_{CE} 很小,因此发射结和集电结都处于正向偏置。对 NPN 型三极管来说,$U_{BE} > 0$,$U_{BC} > 0$。在这个区域内若增大 I_B,I_C 也不会明显增加,而是基本保持不变,这就是所谓的"饱和"。I_C 不受 I_B 的控制,三极管失去放大作用。在饱和区内 U_{CE} 很小,这种很小的管压降,称为饱和压降 $U_{CE(sat)}$,通常取 0.3 V。当 $U_{CE} = U_{BE}$,即 $U_{CB} = 0$ 时,管子工作于放大和饱和的分界点,称为临界饱和,临界饱和时管子仍具有放大作用。过饱和时 $U_{CE} < U_{BE}$。

二、三极管的主要参数

正确使用三极管,必须了解其主要参数。三极管的主要参数有电流放大系数、极间反向饱和电流、极限参数等,这些参数一般都可以通过查阅半导体器件手册得到。

1. 电流放大系数

三极管的电流放大系数有直流和交流之分,且有共射接法和共基接法两种组态。

1)发射极交流电流放大系数 β

发射极交流电流放大系数 β 定义为三极管的集电极电流 Δi_C 与基极电流 Δi_B 之比,即

$$\beta = \frac{\Delta i_C}{\Delta i_B} \tag{8-3}$$

2)发射极直流电流放大系数 $\bar{\beta}$

发射极直流电流放大系数 $\bar{\beta}$ 定义为三极管的集电极电流 I_C 与基极电流 I_B 之比,即

$$\bar{\beta} = \frac{I_C - I_{CEO}}{I_B} \approx \frac{I_C}{I_B} \tag{8-4}$$

同一个三极管,在相同的工作条件下,$\bar{\beta} \approx \beta$。因此就不再区分这两种参数,而统一用 β 表示。选用三极管时,β 值应恰当,一般来说,β 值太大的三极管工作稳定性差。

3)基极交流电流放大系数 α

基极交流电流放大系数 α 定义为三极管的集电极电流 Δi_C 与发射极电流 Δi_E 之比,即

$$\alpha = \frac{\Delta i_C}{\Delta i_E} \tag{8-5}$$

4)基极直流电流放大系数 $\bar{\alpha}$

基极直流电流放大系数 $\bar{\alpha}$ 定义为三极管的集电极电流 I_C 与发射极电流 I_E 之比,即

$$\bar{\alpha} \approx \frac{I_C}{I_E} \tag{8-6}$$

2. 极间反向饱和电流

1)集电极-基极反向饱和电流 I_{CBO}

I_{CBO} 为发射极开路时集电极和基极之间的反向饱和电流。室温下,小功率硅管的 I_{CBO} 小于 1 mA,锗管为几微安到几十微安。

2）集电极-发射极反向饱和电流 I_{CEO}

I_{CEO} 为基极开路时集电极与发射极间的反向电流,也称集电结穿透电流。它反映为三极管的稳定性。I_{CBO} 和 I_{CEO} 都随温度的升高而增大。在选用管子时,应选反向饱和电流小的管子。

3. 极限参数

1）集电极最大允许电流 I_{CM}

由于三极管的电流放大系数 β 值与工作电流有关,工作电流增大,β 就下降,从而使三极管的性能下降,也使放大的信号产生严重失真。一般定义当 β 值下降为正常值的 $1/3\sim2/3$ 时的 I_C 值为 I_{CM}。

2）集电极最大允许耗散功率 P_{CM}

技术上规定,在三极管因温度升高而引起的参数变化不超过允许值时,集电极所消耗的最大功率称集电极最大允许耗散功率。为使三极管安全工作,可在三极管最大损耗曲线图中找出安全工作区和过损耗区,如下所示。

$P_C = I_C U_{CE}$,$P_C < P_{CM}$ 为安全区,$P_C > P_{CM}$ 为过耗区。

3）反向击穿电压

（1）$U_{(BR)CBO}$ 为发射极开路时,集电极-基极间的反向击穿电压。

（2）$U_{(BR)CEO}$ 为基极开路时,集电极-发射极间的反向击穿电压。

（3）$U_{(BR)EBO}$ 为集电极开路时,发射极-基极间的反向击穿电压,此电压一般较小,仅有几伏。

（4）$U_{(BR)CER}$ 为基极与发射极间接有电阻 R 时,集电极-发射极间的反向击穿电压。

（5）$U_{(BR)CES}$ 为基极与发射极间短路时,集电极-发射极间的反向击穿电压。

上述电压一般存在如下关系：

$$U_{(BR)CBO} > U_{(BR)CES} > U_{(BR)CER} > U_{(BR)CEO} > U_{(BR)EBO}$$

三极管应工作在安全工作区,即 $U_{CE} < U_{(BR)CEO}$。

4. 温度对特性曲线的影响

由于半导体的载流子浓度受温度影响,因而三极管的参数也会受温度的影响。这将严重影响到三极管电路的热稳定性。通常三极管的如下参数受温度影响比较明显。

1）温度对 U_{BE} 的影响

输入特性曲线随温度升高而向左移动。即 I_B 不变时,U_{BE} 将下降,其变化规律是：温度每升高 1 ℃,U_{BE} 将减小 $2\sim2.5$ mV。

2）温度对 I_{CBO} 的影响

I_{CBO} 是由少数载流子形成的。当温度上升时,少数载流子增加,故 I_{CBO} 也将上升。其变化规律是：温度每上升 10 ℃,I_{CBO} 约上升 1 倍。I_{CEO} 随温度的变化规律大致与 I_{CBO} 相同。在输出特性曲线上,温度上升,曲线上移。

3）温度对 β 的影响

β 随温度的升高而增大,变化的规律是：温度每升高 1 ℃,β 值将增大 $0.5\%\sim1\%$。在输出特性曲线上,曲线间的距离随温度升高而增大。

综上所述,温度对 U_{BE}、I_{CBO}、β 的影响,均使 I_C 随温度上升而增加,这将严重影响三极管的工作状态。

◀ 任务 2　基本放大电路 ▶

放大电路是电子设备中最重要、最基本的单元电路。放大电路的任务是放大电信号,即通过电子器件的控制作用,将直流电源功率转换成一定强度的随输入信号变化而变化的输出功率,以推动元器件(如扬声器、继电器等)正常工作。

一、放大电路的基本知识

1. 放大电路概述

1) 放大电路的结构

一个放大电路可以用一个带有输入端和输出端的方框来表示。输入端接将要放大的信号源,输出端接负载,如图 8-9(a)所示。另外,放大电路简化的 h 参数等效电路和三级放大电路组成框图分别如图 8-9(b)、(c)所示。

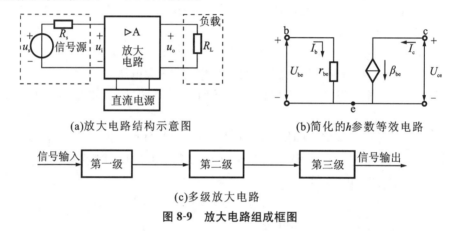

(a)放大电路结构示意图　　　　(b)简化的h参数等效电路

(c)多级放大电路

图 8-9　放大电路组成框图

(1)信号源。信号源是所需放大的电信号,可由将非电信号物理量变换为电信号的换能器(传感器等)提供;也可以是前一级电子电路的输出信号。

(2)负载。负载是接收放大电路输出信号的元件或电路,可由将电信号变成非电信号的输出换能器(扬声器等)构成;也可以是下一级电子电路的输入电阻。

(3)直流电源。直流电源用以供给放大电路工作时所需要的能量,其中一部分能量转变为输出信号输出,还有一部分能量消耗在放大电路中的电阻、器件等耗能元器件中。

2) 实现放大的条件

一个放大电路如能够同时满足以下两个条件,就可以称电子信号已经被放大。

(1)输出信号的功率大于输入信号的功率。

(2)力求输出到负载上的信号波形与输入信号源的波形相同,也就是不失真。

3) 放大电路的基本要求

(1)要有足够的放大倍数。放大倍数是衡量放大电路放大能力的参数,放大倍数有电压放大倍数、电流放大倍数和功率放大倍数三种。对于不同的放大电路,要求的放大倍数是不一样的,有的几倍或者几十倍就可以了,有的则需要几千倍甚至上万倍。

(2)要具有一定宽度的通频带。放大电路放大的信号往往不是单一频率的,而是在一定频率范围内变化的。语言、音乐的频率范围是从几十赫兹到十几千赫兹。放大时,无论信号频率的高低,都应得到同样的放大。所以要求放大电路具有一定宽度的通频带。

(3)非线性失真要小。因为放大电路中晶体三极管是非线性器件,在放大信号的过程中,放大了的信号与原信号相比,波形产生畸变,这种现象称为非线性失真。设计放大电路时,应通过合理设计电路和选择元件,使非线性失真减至最小。

(4)工作要稳定。放大电路的各参数要基本稳定,不随工作时间和环境条件(如温度等)的变化而变化;同时放大电路在没有外加信号时,它本身也不能产生其他信号,即不能发生自激振荡。

4)对输入、输出信号的要求

(1)对输入信号的要求。

放大电路的输入端必然是与提供信号的信号源相连接的。如图 8-10 所示,由于放大电路有最大允许输入电流、输入电压和输入功率的限制,因此由信号源提供给放大电路的电流、电压及功率都不允许超过放大电路的最大允许值。输入信号过大,会使放大电路损坏。同时也容易使放大电路进入饱和或截止状态,从而造成输出失真,因此,输入信号的幅度要限制在一定范围内。

(2)对输出信号的要求。

放大电路的输出端是与输出负载相连接的。由于放大器具有最大允许输出电流、输出电压和输出功率的限制,因此由一个放大器输出给下一级电路的电流、电压和功率都不能超过这些数值。

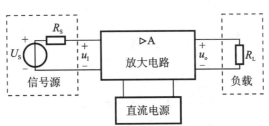

图 8-10　放大电路的四端网络表示

2. 放大电路的主要性能指标

放大电路的主要性能指标有放大倍数、输入电阻和输出电阻等,现根据图 8-9 说明如下。

1)放大倍数

放大倍数又称增益,它是衡量放大电路放大能力的指标,包括电压放大倍数、源电压放大倍数、电流放大倍数和功率放大倍数,其中电压放大倍数应用最多。

(1)电压放大倍数 A_u。

电压放大倍数是衡量放大电路电压放大能力的指标。它定义为放大电路的输出电压与输入电压的幅值或有效值之比,有时也称为增益。

$$A_u = \frac{u_o}{u_i} \tag{8-7}$$

$$电压增益\ A_u(dB) = 20\lg|A_u| \tag{8-8}$$

(2)源电压放大倍数 A_{us}。

源电压放大倍数是考虑了信号源内阻影响时的电压放大倍数。它定义为放大电路的输

出电压 u_o 与信号源电压 u_s 幅值或有效值之比。显然,当信号源内阻 $R_s=0$ 时,$A_{us}=A_u$。

$$A_{us}=\frac{u_o}{u_s}=\frac{u_o}{u_i+i_iR_s}=\frac{u_o}{u_i+\frac{u_i}{R_i}R_s}=\frac{u_oR_i}{u_iR_i+u_iR_s}=\frac{R_i}{R_i+R_s}A_u \tag{8-9}$$

（3）电流放大倍数 A_i。

电流放大倍数是放大电路的输出电流与输入电流幅值或有效值之比。

$$A_i=\frac{i_o}{i_i} \tag{8-10}$$

$$电流增益\ A_i(\text{dB})=20\lg|A_i| \tag{8-11}$$

（4）功率放大倍数 A_P。

功率放大倍数是放大电路的输出功率与输入功率之比。

$$A_P=\frac{P_o}{P_i}=\frac{|u_oi_o|}{|u_ii_i|}=|A_uA_i| \tag{8-12}$$

$$功率增益\qquad A_P(\text{dB})=10\lg A_P \tag{8-13}$$

2）输入电阻 R_i

放大电路的输入电阻是从输入端向放大电路内看进去的等效电阻,它等于放大电路输出端接实际负载电阻 R_L 后,输入电压 u_i 与输入电流 i_i 之比,即

$$R_i=\frac{u_i}{i_i} \tag{8-14}$$

对信号源来说,R_i 就是它的等效负载,如图 8-11 所示。

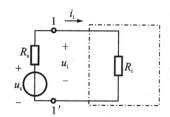

图 8-11　放大电路输入等效电路

由图 8-11,可得如下关系式:

$$i_i=\frac{u_s}{R_s+R_i} \tag{8-15}$$

$$u_i=\frac{R_i}{R_s+R_i}u_s \tag{8-16}$$

可见,R_i 的大小反映了放大电路对信号源的影响程度。R_i 越大,放大电路从信号源汲取的电流就越小,信号源内阻 R_s 上的压降就越小,其实际输入电压 u_i 就越接近于信号源电压 u_s,常称为恒压输入。反之,当要求恒流输入时,则必须使 $R_i\ll R_s$;若要求获得最大功率输入,则要求 $R_i=R_s$,常称为阻抗匹配。

3）输出电阻 R_o

对负载而言,放大电路的输出端可等效为一个信号源,如图 8-12(a)所示。输出电阻有两种定义方法:一种是从放大电路的输出端看进去的等效电阻,如图 8-12(b)所示;另一种是当输入端信号短路($u_s=0$,R_s 保留),输出端负载开路时,外加一个正弦输出电压 u 得到相应的输出电流 i,两者之比即为输出电阻 R_o,如图 8-12(c)所示。

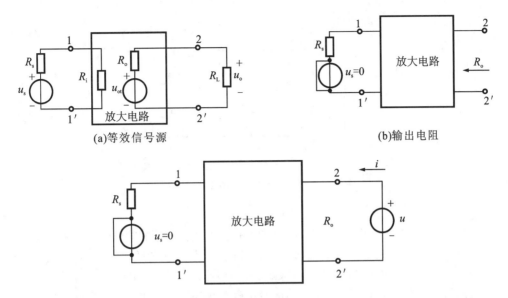

(a)等效信号源　　　　　　　　　　　　　(b)输出电阻

(c)输出电阻的求法

图 8-12　放大电路的输出电阻

$$R_o = \frac{u}{i} \tag{8-17}$$

由于 R_{ot} 的存在,放大电路实际输出电压为

$$u_o = u_{ot} \frac{R_L}{R_o + R_L} \tag{8-18}$$

R_o 的大小反映了放大电路带负载能力的大小。R_o 越小,带负载的能力越强。

$R_o = 0$ 时,它的大小不受负载大小的影响,称为恒压输出;当 $R_L \ll R_o$ 时,可得到恒流输出。由上式可得放大电路输出电阻的关系式为

$$R_o = \left(\frac{u_{ot}}{u_o} - 1\right) R_L \tag{8-19}$$

在电压放大电路中,输出电阻越小,放大电路带负载能力越强,并且负载变化时,对放大电路影响也小,所以输出电阻越小越好。

4) 通频带与频率失真

放大电路中通常含有电抗元件,它们的电抗值与信号频率有关,这就使放大电路对于不同频率的输入信号有着不同的放大能力。因此,放大电路的电压放大倍数可表示为信号频率的函数,即

$$A_u(jf) = A_u(f) \angle \varphi(f) \tag{8-20}$$

式中,$A_u(f)$ 表示电压放大倍数的模与信号频率的关系,称为幅频特性;而 $\varphi(f)$ 则表示输出电压与输入电压之间的相位差与信号频率的关系,称为相频特性。幅频特性与相频特性总称为放大电路的频率特性或频率响应。

图 8-13 所示为放大电路的典型幅频特性曲线。一般情况下,在中频段的放大倍数不变,用 A_{um} 表示,在低频段和高频段放大倍数都将下降,当降到 $A_{um}/\sqrt{2} \approx 0.7 A_{um}$ 时的低端频率和高端频率,称为放大电路的下限频率和上限频率,分别用 f_L 和 f_H 表示。f_L 和 f_H 之间的频率范围称为放大电路的通频带,用 BW 表示,即

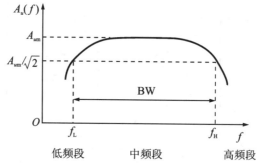

图 8-13　放大电路的典型幅频特性曲线

$$BW = f_H - f_L \tag{8-1}$$

通频带越宽,表明放大电路对信号频率的变化具有越强的适应能力。

放大电路所需的通频带由输入信号的频带来确定,为了不失真地放大信号,要求放大电路的通频带应大于信号的频带。如果放大电路的通频带小于信号的频带,由于信号低频段或高频段的放大倍数下降过多,放大后的信号不能重现原来的形状,也就是输出信号产生了失真。这种失真称为放大电路的频率失真,由于它是线性的电抗元件引起的,在输出信号中并不产生新的频率成分,仅是原有各频率分量的相对大小和相位发生了变化,故这种失真是一种线性失真。

5)最大输出功率和效率

放大电路的最大输出功率是指在输出信号基本不失真的情况下,能够向负载提供的最大功率,用 P_{om} 表示。若直流电源提供的功率为 P_D,放大电路的输出功率为 P_o,则放大电路的效率 η 为

$$\eta = \frac{P_o}{P_D} \tag{8-22}$$

η 越大,放大电路的效率越高,电源的利用率就越高。

二、三种基本组态放大电路

1. 共发射极放大电路

1)电路组成

图 8-14 所示为共发射极接法的基本交流放大电路。输入端接交流信号源(用电动势 e_s 与电阻 R_s 串联的电压源等效表示),输入电压为 u_i;输出端接负载(用电阻 R_L 表示),输出电压为 u_o。电路中各元件详细介绍如下。

(1)三极管 V。

三极管 V 是放大电路中的核心元件,利用它的电流放大能力来实现电压的放大。

(2)直流电源 V_{CC}。

直流电源 V_{CC} 的作用有两方面:一是提供三极管发射结和集电结所需的偏置电压,其接法必须保证发射结加正向偏置电压和集电结加反向偏置电压;二是向电路及负载提供能量。V_{CC} 一般为几伏到几十伏。

(3)偏置电阻 R_B。

偏置电阻 R_B 决定静态($u_i = 0$ 时的工作状态)基极电流 I_B 的大小,以保证三极管工作于放大区。I_B 也称为偏置电流,所以通常把 R_B 称为偏置电阻。R_B 的阻值一般为几十千欧到几百千欧。

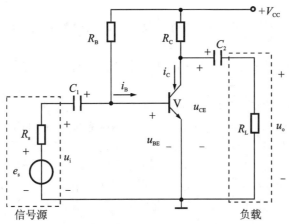

图 8-14 共射极基本放大电路

（4）集电极负载电阻 R_C。

集电极负载电阻 R_C（简称集电极电阻）的作用是将电流的放大作用转换成电压的放大作用。R_C 的阻值一般为几千欧到几十千欧。

（5）耦合电容 C_1 和 C_2。

耦合电容在电路中有两方面作用：一方面起隔断直流作用，C_1 用来隔断放大电路与信号源之间的直流通路，而 C_2 则用来隔断放大电路与负载之间的直流通路，使三者之间无直流联系，互不影响；另一方面又起交流耦合作用，只要 C_1 和 C_2 的容量足够大，其容抗就可忽略不计，这样信号源提供的交流电压几乎全部加到三极管的基极和发射极之间，而集电极和发射极之间的交流电压也几乎全部传给负载。C_1 和 C_2 的容量一般为几微法到几十微法，用的是电解电容器，连接时要注意其极性。

电路图中，符号"⊥"表示电路的参考零电位点（公共参考端），它是电路中各点电压的公共端点。电路中各点的电位，实际上就是该点与公共端点之间的电压。"⊥"的符号俗称"接地"，但实际上并不一定需要直接接地。

从以上的介绍中可以知道，在放大电路中往往既含有直流量又含有交流量。为了便于分析和理解概念，对于图 8-14 所示电路中的基极电流，在 u_i 作用下可得到图 8-15 所示的波形，其表示的符号规定如下。

① 直流分量。直流分量用大写字母加大写脚标表示，如图 8-15(a) 所示。

② 交流分量。交流分量用小写字母加小写脚标表示，如图 8-15(b) 所示。

③ 瞬时量。瞬时量（总量）用小写字母加大写脚标表示，如图 8-15(c) 所示，即 $i_B = I_B + i_b$。

④ 交流有效值。交流有效值用大写字母加小写脚标表示。如 I_b 表示基极的正弦交流电流有效值。

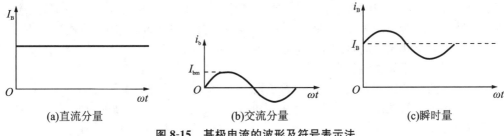

图 8-15 基极电流的波形及符号表示法

2）工作原理

放大电路的功能是将微小输入信号的变化规律放大成幅值变化较大的输出信号。

（1）放大原理。

已知当半导体三极管工作于放大区时具有电流放大作用，即基极电流的微小变化可引起集电极电流的较大变化。

在图 8-16(a)所示电路中，若输入信号 $u_i = 0$，则放大电路工作于静态，电路中各物理量均为直流分量 U_{BE}、I_B、I_C、U_{CE}，这些直流分量又称为静态值，此时输出电压 u_o 为零。

当给放大电路输入端加较小的输入信号 u_i（交流量）后，通过电容 C_1 的耦合，u_i 的变化就会引起三极管 u_{BE} 的变化。由三极管的输入特性曲线可知，当三极管工作在线性区时，u_{BE} 与 i_B 近似成线性比例关系。因此，当 u_{BE} 变化时，i_B 也发生变化，二者之间的变化规律近似成线性比例。而三极管的集电极电流 i_C 又与 i_B 成线性关系，即 $i_C = \beta i_B$，且 $\beta \gg 1$，因此，i_C 的变化幅度远远大于 i_B。i_C 变化时，集电极电阻 R_C 上的压降跟着改变，由于 $u_{CE} = V_{CC} - i_C R_C$，因此 u_{CE} 也与 i_C 成线性比例关系，这样就把集电极电流 i_C 的变化转换成电压 u_{CE} 的变化。u_{CE} 经耦合电容 C_2 去掉直流分量得到 u_o。只要电路参数选择合理，u_o 的变化幅度就会远大于 u_i，从而实现了电压的放大。电路工作于放大状态时的波形如图 8-16(b)所示。

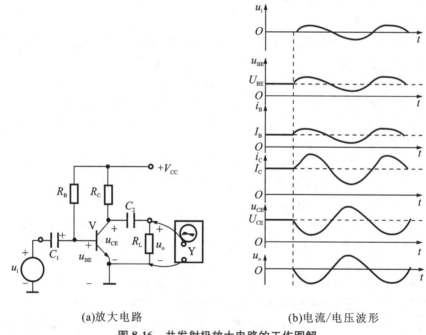

(a)放大电路　　　　　　　　　(b)电流/电压波形

图 8-16　共发射极放大电路的工作图解

（2）静态值与非线性失真。

由于三极管是一个非线性器件，即使当它工作在线性区时，输出信号 u_o 也不可避免地出现非线性失真。所谓的失真，就是指输出信号波形与输入信号波形的各点不成比例，即输出信号不能正确反映输入信号的变化规律。因此，为了能正确放大输入信号，要求放大电路的输出信号尽可能不失真或失真为最小。

引起失真的原因有多方面，其中主要的原因是放大电路的静态值设置不合理，使三极管的工作范围超出了特性曲线上的线性范围而进入非线性区。这种失真称为非线性失真。如图 8-17 所示。

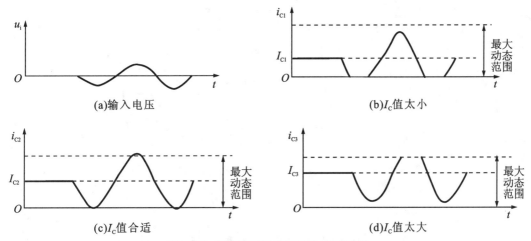

图 8-17　静态值对输出波形失真的影响

在图 8-17(b)中,由于静态值太小,在输入正弦信号的负半周时,三极管进入截止区,造成了 i_C 的负半周和 u_{CE} 的正半周波顶被削平。这种失真称为截止失真。

在图 8-17(d)中,由于静态值太大,在输入正弦信号的正半周,虽然 i_B 不失真,但在 i_C 正半周时,三极管进入了饱和区,造成了 i_C 的正半周和 u_{CE} 的负半周波顶被削平。这种失真称为饱和失真。

输出电压 u_o 的非线性失真波形如图 8-18 所示。

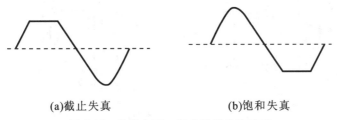

(a)截止失真　　　　　　　(b)饱和失真

图 8-18　输出电压 u_o 的非线性失真波形

因此,要使放大电路不产生非线性失真,各物理量必须有一个合适的静态值。

(3) 静态值的估算。

静态值是直流量,可以从直流通路直接计算。图 8-19 所示是图 8-14 所示放大电路的直流通路。画直流通路时,电容 C_1、C_2 可视为开路。

由图不难得出

$$I_B R_B + U_{BE} = V_{CC} \tag{8-23}$$

所以

$$I_B = \frac{V_{CC} - U_{BE}}{R_B} \tag{8-24}$$

$$I_C = \beta I_B \tag{8-25}$$

$$I_C R_C + U_{CE} = V_{CC} \tag{8-26}$$

$$U_{CE} = V_{CC} - I_C R_C \tag{8-27}$$

式中,硅管的 U_{BE} 可取 0.7 V,锗管的 U_{BE} 可取 0.3 V。不难看出,通过调整偏置电阻 R_B 的值,即可调整静态值 I_B、I_C 和 U_{CE}。

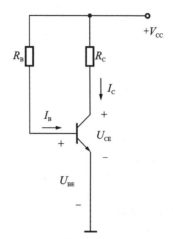

图 8-19 放大电路的直流通路

(4)电压放大倍数 A_u、输入电阻 R_i、输出电阻 R_o 的测量。

A_u、R_i、R_o 测量电路如图 8-20 所示。

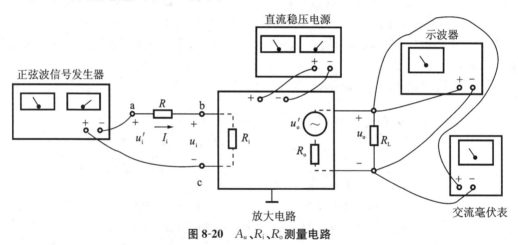

图 8-20 A_u、R_i、R_o 测量电路

①电压放大倍数 A_u 的测量。放大倍数是衡量一个放大电路放大能力的指标,电压放大倍数定义为在不失真时输出电压与输入电压的变化量之比。当输入一个正弦测试电压时,也可用输出电压与输入电压有效值之比来表示其大小,即

$$A_u = \frac{U_o}{U_i} \tag{8-28}$$

必须注意,式(8-28)只有在输出电压基本上也是正弦波,即输出电压没有明显失真的情况下才有意义。

图 8-20 中,在放大电路的输入端接正弦波信号发生器,给放大电路提供一个大小为几毫伏、频率为几千赫的正弦信号,利用示波器观察输出电压的波形,在无明显失真时,用交流毫伏表分别测量输出电压 U_o 和输入电压 U_i,根据式(8-28)即可计算出该放大电路的电压放大倍数 A_u。

A_u 越大,说明放大电路对输入信号的放大能力越强。

②输入电阻的测量。对信号源来讲,放大电路就是它的负载,这个负载可用一个等效电阻 R_i 来表示,这个等效电阻就是放大电路的输入电阻。

可根据图 8-20 来测量放大电路的输入电阻 R_i。在输出电压无明显失真时,用交流毫伏表分别测量 ac 之间的电压 U_i' 和 bc 之间的电压 U_i,则放大电路的输入电流 I_i 可根据下式求出。

$$I_i = \frac{U_i' - U_i}{R} \tag{8-29}$$

因此,放大电路的输入电阻为

$$R_i = \frac{U_i}{I_i} \tag{8-30}$$

输入电阻这项指标描述放大电路对信号源索取电流的大小。通常希望放大电路的输入电阻越大越好,R_i 越大,说明放大电路对信号源索取的电流越小。共射极放大电路的输入电阻比较小,一般只有几百欧至几千欧。

③输出电阻的测量。对负载来说,放大电路是一个信号源,它为负载提供信号。根据戴维南定理,可将放大电路等效成一个电压为 u_o'、内阻为 R_o 的等效信号源,其中 u_o' 为放大电路输出端开路(不接 R_L)时的输出电压。这里的 R_o 就是放大电路的输出电阻。

在图 8-20 中,保持输入信号电压不变,在输出电压无明显失真时,先用交流毫伏表测出放大电路输出端开路(去掉 R_L)时的输出电压 U_o',然后测出放大电路带有负载 R_L 时的输出电压 U_o,则放大电路的输出电阻可按下式计算:

$$R_o = (\frac{U_o'}{U_o} - 1)R_L \tag{8-31}$$

输出电阻是描述放大电路带负载能力的一项技术指标。通常希望放大电路的输出电阻越小越好。R_o 越小,说明放大电路的带负载能力越强。若 R_o 较大,则当 R_L 变化时,输出电压的有效值变化也较大,即放大电路带负载能力较差。共射极放大电路的输出电阻较大,一般为几千欧。

2. 射极输出器

1) 电路的组成

前面所讲的放大电路都是共发射极放大电路,即信号从三极管的基极输入、从集电极输出,输入回路和输出回路共用三极管的发射极。在这里所要讲的射极输出器,信号是从基极输入、从发射极输出,输入回路和输出回路共用三极管的集电极,因此,射极输出器即共集电极放大电路,如图 8-21(a)所示。

射极输出器的最大特点是输入信号与输出信号的波形相同且幅值基本相等,如图 8-21(b)所示,即 $u_o \approx u_i$,$A_u = U_o/U_i \approx 1$,输出信号跟随输入信号的变化而变化,因此,有时又把射极输出器称为电压跟随器。除此之外,射极输出器还具有输入电阻高、输出电阻低的特点。

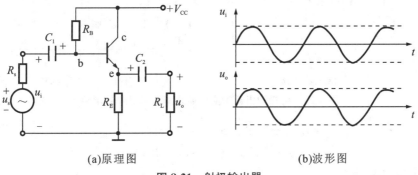

(a)原理图　　　(b)波形图

图 8-21　射极输出器

射极输出器的静态值可根据图 8-22 来计算。

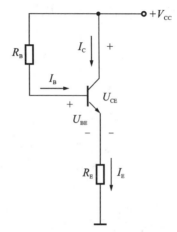

图 8-22 射极输出器的直流通路

由图可得

$$V_{CC} = I_B R_B + U_{BE} + I_E R_E \tag{8-32}$$

$$I_E = I_B + I_C = (1+\beta) I_B \tag{8-33}$$

所以有

$$I_B = \frac{V_{CC} - U_{BEQ}}{R_B + (1+\beta) R_E} \tag{8-34}$$

$$I_C = \beta I_B \tag{8-35}$$

$$U_{CE} = V_{CC} - I_E R_E \tag{8-36}$$

通过上式不难看出,通过调节偏置电阻 R_B,即可改变放大电路的静态值。

在这里需注意,虽然射极输出器没有电压放大作用,但仍具有电流放大作用,即输出信号的电流比输入信号的电流要大得多,总的信号功率仍得到了放大。

2) 性能指标分析

根据图 8-23(a)所示交流通路可画出放大电路小信号等效电路,如图 8-23(b)所示,由图可求得射极输出器的各性能指标。

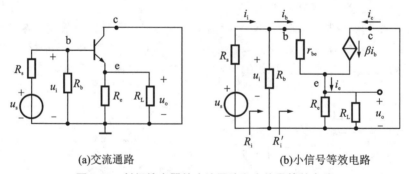

(a)交流通路   (b)小信号等效电路

图 8-23 射极输出器的交流通路和小信号等效电路

$$u_i = i_b r_{be} + i_e (R_e // R_L) = i_b r_{be} + (1+\beta) i_b R_L' \tag{8-37}$$

$$u_o = i_e (R_e // R_L) = (1+\beta) i_b R_L' \tag{8-38}$$

因此电压放大倍数为

$$A_u = \frac{u_o}{u_i} = \frac{(1+\beta)R_L'}{r_{be}+(1+\beta)R_L'} \tag{8-39}$$

一般有 $r_{be} \ll (1+\beta)R_L'$，因此，$A_u \approx 1$。这说明射极输出器的输出电压与输入电压不但大小近似相等，而且相位相同，即输出电压有跟随输入电压的特点，故射极输出器又称射极跟随器。

由图 8-23(b)可得从三极管基极看进去的输入电阻为

$$R_i' = \frac{u_i}{i_b} = \frac{i_b r_{be} + (1+\beta)i_b R_L'}{i_b} = r_{be}+(1+\beta)R_L' \tag{8-40}$$

因此射极输出器的输入电阻为

$$R_i = \frac{u_i}{i_i} = R_b // R_i' = R_b // [r_{be}+(1+\beta)R_L'] \tag{8-41}$$

求放大电路输出电阻的等效电路如图 8-24 所示。图中由输出端断开接入的交流电源产生的电流为

$$i = i_{R_e} - i_b - \beta i_b = \frac{u}{R_e} + (1+\beta)\frac{u}{r_{be}+R_s'} \tag{8-42}$$

式中，$R_s' = R_s // R_b$。由此可得射极输出器的输出电阻为

$$R_o = \frac{u}{i} = \frac{1}{\dfrac{1}{R_e} + \dfrac{1}{(r_{be}+R_s')/(1+\beta)}} = R_e // \frac{r_{be}+R_s'}{1+\beta} \tag{8-43}$$

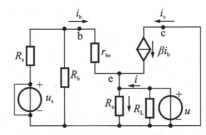

图 8-24 求放大电路输出电阻的等效电路

射极输出器的应用十分广泛，主要由于其具有高输入电阻和低输出电阻的特点。因为输入电阻高，常被用作多级放大电路的输入级，这对高内阻的信号源更有意义。如果信号源的内阻较高，而它接一个低输入电阻的共发射极放大电路，那么信号电压主要降在信号源本身的内阻上，分到放大电路输入端的电压就很小。另外，如果放大电路的输出电阻较低，则当负载接入后或当负载增大时，输出电压的下降就较小，或者说它带负载的能力较强。所以射极输出器也常用作多级放大电路的输出级。有时还将射极输出器接在两级共发射极放大电路之间，则对前级放大电路而言，它的高输入电阻对前级的影响甚小；而对后级放大电路而言，由于它的输出电阻低，正好与输入电阻低的共发射极电路配合。这就是射极输出器的阻抗变换作用。这一级射极输出器称为缓冲级或中间隔离级。

3. 共基极放大电路

共基极放大电路如图 8-25 所示。由图可见，交流信号通过晶体管基极旁路电容 C_2 接地，因此输入信号 u_i 由发射极引入，输出信号 u_o 由集电极引出，它们都以基极为公共端，故称共基极放大电路。从直流通路来看，它和共发射极放大电路一样，也构成分压式电流负反馈偏置电路。

共基极放大电路具有输出电压与输入电压同相、电压放大倍数高、输入电阻小、输出电阻大等特点。由于共基极放大电路有较好的高频特性,故广泛应用于高频或宽带放大电路中。

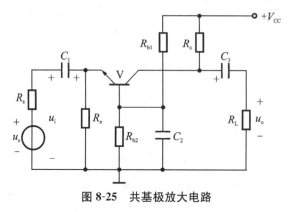

图 8-25　共基极放大电路

◀ 任务3　差分放大电路 ▶

差分放大电路又称差动放大电路,它的输出电压与两个输入电压之差成正比,由此得名。它是另一类基本放大电路,由于它在电路和性能方面具有很多优点,因而广泛应用于集成电路中。

一、差分放大电路的组成及静态分析

图 8-26(a)所示为基本差分放大电路,它由两个完全对称的共发射极电路组成,采用双电源 V_{CC}、V_{EE} 供电。输入信号 u_{i1}、u_{i2} 从两个晶体管的基极加入,称为双端输入,输出信号从两个集电极之间取出,称为双端输出。R_e 为差分放大电路的公共发射极电阻,用来抑制零点漂移并决定晶体管的静态工作点电流。R_c 为集电极负载电阻。

当输入信号为零,即 $u_{i1}=u_{i2}=0$ 时,放大电路处于静态,其直流通路如图 8-26(b)所示。由于电路对称,所以,$I_{BQ1}=I_{BQ2}$,$I_{CQ1}=I_{CQ2}$,$I_{EQ1}=I_{EQ2}$,流过 R_E 的电流 I_E 为 I_{EQ1} 与 I_{EQ2} 之和。由图 8-26(b)可得

$$V_{EE}=U_{BEQ1}+I_E R_e \tag{8-44}$$

$$I_E=\frac{V_{EE}-U_{BEQ1}}{R_e} \tag{8-45}$$

因此两管的集电极电流均为

$$I_{CQ1}=I_{CQ2}\approx\frac{V_{EE}-U_{BEQ}}{2R_c} \tag{8-46}$$

两管集电极对地电压为

$$U_{CQ1}=V_{CC}-I_{CQ1}R_e \tag{8-47}$$

$$U_{CQ2}=V_{CC}-I_{CQ2}R_e \tag{8-48}$$

可见,静态时两管集电极之间的输出电压为零,即

$$u_o=U_{CQ1}-U_{CQ2}=0 \tag{8-49}$$

所以差分放大电路零输入时输出电压为零,而且当温度发生变化时,I_{CQ1}、I_{CQ2} 以及 U_{CQ1}、U_{CQ2} 均产生相同的变化,输出电压 u_o 将保持为零。同时,又由于公共发射极电阻 R_e 的

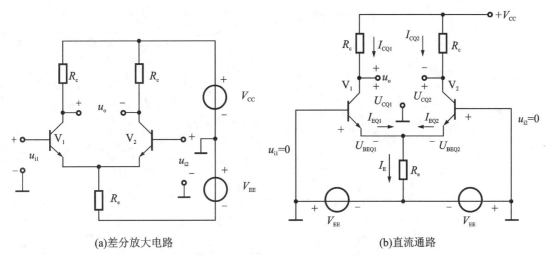

(a)差分放大电路　　　　　　　　　　(b)直流通路

图 8-26　基本差分放大电路与直流通路

负反馈作用，I_{CQ1}、I_{CQ2} 以及 U_{CQ1}、U_{CQ2} 的变化也很小，因此，差分放大电路具有稳定的静态工作点和很小的温度漂移。

如果差分放大电路不是完全对称，那么零输入时输出电压将不为零，这种现象称为差分放大电路的失调，而且这种失调还会随温度的变化而变化，这将直接影响到差分放大电路的正常工作，因此在差分放大电路中应力求电路对称，并在条件允许的情况下增大 R_e 的值。

二、差分放大电路的动态分析

1. 差模输入与差模特性

在差分放大电路输入端加入大小相等、极性相反的输入信号，称为差模输入，如图 8-27（a）所示，即 $u_{i2} = -u_{i1}$。两个输入端之间的电压用 u_{id} 表示，即

$$u_{id} = u_{i1} - u_{i2} = 2u_{i1} \tag{8-50}$$

u_{id} 称为差模输入电压。u_{i1} 使 VT_1 管产生增量集电极电流 i_{C1}，u_{i2} 使 VT_2 产生增量集电极电流 i_{C2}，由于差分对管特性相同，所以 i_{C1} 和 i_{C2} 大小相等、极性相反，即 $i_{C1} = -i_{C2}$。因此，V_1、V_2 的集电极电流分别为

$$i_{C1} = I_{CQ1} + i_{c1} \tag{8-51}$$

$$i_{C2} = I_{CQ2} + i_{c2} = I_{CQ1} - i_{c1} \tag{8-52}$$

此时，两管的集电极电压分别为

$$u_{C1} = V_{CC} - i_{C1}R_c = U_{CQ1} - i_{C1}R_c = U_{CQ1} + u_{o1} \tag{8-53}$$

$$u_{C2} = U_{CQ2} - i_{C2}R_c = U_{CQ2} + u_{o2} \tag{8-54}$$

式中，$u_{o1} = -i_{C1}R_c$，$u_{o2} = -i_{C2}R_c$ 分别为 V_1、V_2 集电极的增量电压，而且 $u_{o2} = -u_{o1}$。这样两管集电极之间的差模输出电压 u_{od} 为

$$u_{od} = u_{C1} - u_{C2} = u_{o1} - u_{o2} = 2u_{o1} \tag{8-55}$$

由于两管集电极增量电流大小相等、方向相反，流过 R_e 时相抵消，所以流经 R_e 的电流保持不变，仍等于静态电流 I_E，就是说，在差模输入信号的作用下，R_e 两端的压降几乎不变，即 R_e 对于差模信号来说相当于短路，由此可画出差分放大电路的差模信号交流通路，如图 8-27（b）所示。

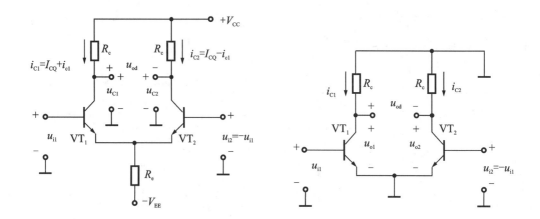

(a)差模输入电路　　　　　　　　　　　　(b)差模信号交流通路

图 8-27　差分放大电路差模信号输入

双端差模输出电压 u_{od} 与双端差模输入信号 u_{id} 之比称为差分放大电路的差模电压放大倍数 A_{ud}，即

$$A_{ud}=\frac{u_{od}}{u_{id}} \tag{8-56}$$

将式(8-50)和式(8-55)代入式(8-56)，则得

$$A_{ud}=\frac{u_{od}}{u_{id}}=\frac{2u_{o1}}{2u_{i1}}=\frac{u_{o1}}{u_{i1}}=A_{ud1} \tag{8-57}$$

该式表明，差分放大电路双端输入时的差模电压放大倍数 A_{ud} 等于单管的差模电压放大倍数 A_{ud1}。由图 8-27(b)不难得到

$$A_{ud}=\frac{-\beta R_c}{r_{be}} \tag{8-58}$$

图 8-27(a)所示电路中，若两集电极之间接有负载电阻 R_L，则 VT_1、VT_2 的集电极电位一增一减，且变化相等，负载电阻 R_L 的中点电位始终保持不变，为交流零电位，因此，每边电路的交流等效负载电阻 $R_L'=R_c//(R_L/2)$，这时差模电压放大倍数变为

$$A_{ud}=\frac{-\beta R_L'}{r_{be}} \tag{8-59}$$

从差分放大电路两个输出端看进去所呈现的等效电阻，称为差分放大电路的差模输入电阻 R_{id}，由图 8-27(b)可得

$$R_{id}=2r_{be} \tag{8-60}$$

差分放大电路两管集电极之间对差模信号所呈现的电阻称为差模输出电阻 R_o，由图 8-27(b)可知

$$R_o\approx 2R_c \tag{8-61}$$

2. 共模输入与共模抑制比

在差分放大电路的两个输入端加上大小相等、极性相同的信号，如图 8-28(a)所示，称为共模输入，此时，令 $u_{i1}=u_{i2}=u_{id}$。在共模信号的作用下，VT_1、VT_2 的发射极电流同时增大（或减小），由于电路是对称的，所以电流的变化量 $i_{e1}=i_{e2}$，则流过 R_e 的电流增加 $2i_{e1}$，R_e 两端压降产生 $u_e=2i_{e1}R_e=i_{e1}(2R_e)$ 的变化量，这就是说，R_e 对每个晶体管的共模信号有 $2R_e$ 的负

反馈效果,由此可以得到图 8-28(b)所示共模信号交流通路。

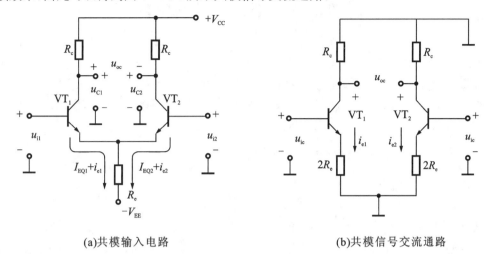

(a)共模输入电路　　　　　　(b)共模信号交流通路

图 8-28　差分放大电路共模输入

由于差分放大电路两管电路对称,对于共模输入信号,两管集电极电位的变化相同,即 $u_{C1}=u_{C2}$,因此,双端共模输出电压

$$u_{oc}=u_{C1}-u_{C2}=0 \tag{8-62}$$

在实际电路中,两管电路不可能完全相同,因此,u_{oc} 不等于零,但要求 u_{oc} 越小越好。双端共模输出电压 u_{oc} 与共模输入电压 u_{ic} 之比定义为差分放大电路的共模电压放大倍数 A_{uc},即

$$A_{uc}=\frac{u_{oc}}{u_{ic}} \tag{8-63}$$

显然,对于完全对称的差分放大电路,$A_{uc}=0$。

由于温度变化或电源电压波动引起两管集电极电流的变化是相同的,因此可以把它们的影响等效地看作差分放大电路输入端加入共模信号的结果,所以差分放大电路对温度的影响具有很强的抑制作用。另外,伴随输出信号一起引入两管基极的相同的外界干扰信号也都可以做共模输出信号而被抑制。

实际应用中,差分放大电路两输入信号既有差模输入信号成分,又有无用的共模输入信号成分,差分放大电路应该对差模信号有良好的放大能力而对共模信号有较强的抑制能力。为了表征差分放大电路的这种能力,通常采用共模抑制比 K_{CMR} 这一指标来表示,它为差模电压放大倍数 A_{ud} 与共模电压放大倍数 A_{uc} 之比的绝对值,即

$$K_{CMR}=\left|\frac{A_{ud}}{A_{uc}}\right| \tag{8-64}$$

用分贝数表示,则为

$$K_{CMR}(dB)=20\lg\left|\frac{A_{ud}}{A_{uc}}\right| \tag{8-65}$$

K_{CMR} 值越大表明电路抑制共模信号的性能越好。当电路两边理想对称、双端输出时,由于 A_{uc} 等于零,故 K_{CMR} 趋于无限大。一般差分放大电路的 K_{CMR} 约为 60 dB,性能较好的可达 120 dB。

◀ 任务4　反馈放大电路 ▶

把放大电路输出的一部分或者全部返回到输入电路,称为反馈。处于这种状态的放大电路称为反馈放大电路。根据反馈的状况,可以分为两种情况:反馈的电压或电流信号若对原来的输入信号起增强作用,就称为正反馈;若对输入信号起减弱的作用,就称为负反馈,把这样的放大电路称为负反馈放大电路。

一、反馈放大电路的组成及基本关系式

1. 反馈的基本概念

当使用音响设备时,有时喇叭中会出现刺耳的啸叫声,如图 8-29 所示。此时如果不马上移开话筒,断开信号传送环路,就可能导致话筒或喇叭的损坏。造成这一现象的原因是喇叭的声音通过话筒返送到功放,功放把这一信号进行放大并经喇叭输出,喇叭的声音又经话筒返送到功放,经过多次反复放大后的信号幅度达到很大,就形成了啸叫,这种现象称为自激。自激的产生是因为电路中存在把输出信号返送回输入信号的回路,这一回路就称为反馈电路。若反馈电路应用得好,可以用来稳定电路的工作,产生各种振荡波形信号;若应用得不好,就会使放大电路不能正常放大。另外,自控系统得以实现在很大程度上就是由于引入了反馈电路。

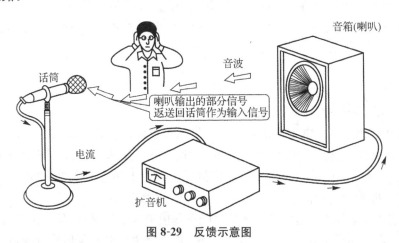

音箱(喇叭)

音波

话筒

喇叭输出的部分信号返送回话筒作为输入信号

电流

扩音机

图 8-29　反馈示意图

将放大电路输出端信号(电压或电流)的一部分或全部返送到输入端,这种措施称为反馈。返送的信号称为反馈信号,返送的电路称为反馈电路(网络)。

2. 反馈的结构

反馈放大电路框图如图 8-30 所示。其中 A 为基本放大电路,F 表示反馈网络,反馈网络一般由线性元件组成。由图可见,如果没有反馈网络,只有基本放大电路,该电路就是一个开环放大电路;如果有了反馈网络,则该电路称为闭环放大电路。图中箭头表示信号的传输方向,由输入端到输出端称为正向传输,由输出端到输入端则称为反向传输。因为在实际放大电路中,输出信号经由基本放大电路的内部反馈产生的反向传输作用很微弱,可略去,所以可认为基本放大电路只能将净输入信号正向传输到输出端。同样在实际反馈放大电路中,输入信号通过反馈网络产生的正向传输作用也很微弱,也可略去,这样也可认为反馈网络

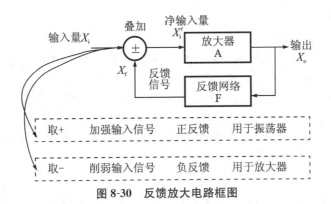

图 8-30 反馈放大电路框图

中只能将输出信号反向传输到输入端。

若反馈信号削弱了外加输入信号的作用,使放大电路的放大倍数降低,则称这种反馈为负反馈,反之则为正反馈。如图 8-30 所示,负反馈由于反馈信号与输入信号反相,叠加的结果是使实际被放大的信号减弱,电路输出信号变小;而正反馈由于反馈信号与输入信号同相,叠加的结果是使放大器的实际被放大的信号增加,信号将越增越大。负反馈主要用于提高放大电路的质量,正反馈则主要用于自激振荡。

3. 反馈放大电路的基本关系式

图 8-30 中,X_o、X_i、X'_i 和 X_f 分别表示放大电路的输出量、输入量、净输入量和反馈量。这些参量既可以是电压,也可以是电流。

基本放大电路放大倍数(开环增益)为

$$A = \frac{x_o}{x_{id}} \tag{8-66}$$

反馈网络的反馈系数为

$$F = \frac{x_f}{x_o} \tag{8-67}$$

由于 $x_{id} = x_i - x_f$,所以反馈放大电路的放大倍数(闭环增益)可以用 A_f 表示为

$$A_f = \frac{x_o}{x_i} = \frac{x_o}{x_{id} + x_f} = \frac{x_o}{x_{id} + Fx_o} = \frac{A}{1 + AF} \tag{8-68}$$

此式反映了放大电路的基本关系,也是分析反馈电路的出发点。$1 + AF$ 是描述反馈强弱的物理量,称为反馈深度。

在式(8-68)中,若 $AF \gg 1$,即负反馈较深,则有

$$A_f \approx \frac{1}{F} \tag{8-69}$$

式(8-69)说明,在深度负反馈的情况下,闭环放大倍数仅与反馈电路的参数有关,而反馈电路一般由电阻和电容构成,它们基本上不受外界因素变化的影响。这时放大电路的工作非常稳定。

二、负反馈放大电路的基本类型

反馈可以从不同的角度进行分类。按反馈信号交、直流成分的不同,可分为直流反馈和交流反馈;按反馈的极性不同,可分为正反馈和负反馈;按反馈信号在放大电路输出端的取样不同,可分为电压反馈和电流反馈;按反馈电路在输入回路中连接形式的不同,可分为串

联反馈和并联反馈。

1. 直流反馈和交流反馈

根据反馈信号交、直流成分的不同可将反馈分为直流反馈和交流反馈。如果反馈仅存在于直流通路中,反馈信号只含有直流成分则为直流反馈;如果反馈仅存在于交流通路中,反馈信号只有交流成分则为交流反馈;如果反馈既存在于直流通路中,又存在于交流通路中,则为交直流反馈。在一个放大电路中,两种反馈往往都有。直流负反馈影响放大电路的直流性,常用以稳定静态工作点;交流负反馈影响放大电路的交流性能,常用以改善放大电路的动态性能。

图 8-31 所示为分压偏置式放大电路。在前面已讨论过,R_E 在电路中具有自动稳定静态值的作用。这个稳定过程实际上也是个负反馈的过程。R_E 是反馈电阻,用于联系放大电路的输出电路和输入电路。静态值的稳定过程如下:

$$T(℃)\uparrow \to I_C\uparrow \to V_E\to U_{BE}\downarrow \to I_B\downarrow$$
$$I_C\downarrow \longleftarrow$$

即当输出电流 I_C 增大时,通过 R_E 的作用使 I_B 减小,因此是负反馈。

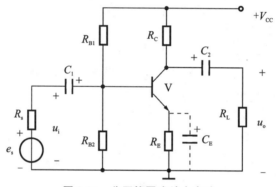

图 8-31　分压偏置式放大电路

上述稳定静态值的过程是针对直流量的,是直流负反馈。因此在放大电路中引入直流负反馈可稳定放大电路的静态值。

R_E 中除通过直流电流外,还通过交流电流,通过同样的分析不难得出,当 i_c 发生变化时,R_E 同样对 i_c 具有稳定作用。因此,对交流而言,R_E 也起负反馈作用,这是交流负反馈。

如图 8-31 所示电路引入的是一个交直流负反馈。若在 R_E 两端并接一个发射极旁路电容器 C_E(图 8-31 中虚线部分),则电路只剩下直流负反馈。

在后续内容中将主要讨论交流负反馈。

2. 正反馈和负反馈

对于放大电路中的反馈,若按反馈极性的不同可分为正反馈和负反馈。放大电路中引入反馈后使净输入信号 x_{id} 减小,x_{id} 比 x_i 小的称为负反馈。由式(8-66)和式(8-68)可知,此时增益 A_f 小于 A,因此负反馈使放大电路增益减小;由式(8-68)可知,负反馈放大电路中的反馈深度 $(1+AF)>1$。若放大电路中引入反馈后使净输入信号 x_{id} 增大,即 x_{id} 比 x_i 大的则称为正反馈。正反馈使放大电路增益提高,即闭环增益 A_f 大于开环增益 A,此时反馈深度 $(1+AF)<1$。

正反馈虽能提高增益,但会使放大电路的工作稳定度、失真度、频率特性等性能显著变坏;负反馈虽然降低了放大电路的增益,但却使放大电路许多方面的性能得到改善。所以,实际放大电路中均采用负反馈,而正反馈主要用于振荡电路中。对于交流反馈,通常采用瞬时极性法来判断反馈的极性,方法如下。

(1) 假设放大电路输入信号对地的瞬时极性呈上升的趋势(上升趋势用⊕表示,下降趋势用⊖表示)。

(2) 按照信号在放大电路、反馈电路的传递路径,逐级标出有关点的瞬时极性,从而得到反馈信号的极性。

(3) 在放大电路的输入回路中比较反馈信号和输入信号的极性,看净输入量是增加还是减小,从而确定是正反馈还是负反馈。若净输入量减小为负反馈,净输入量增加则为正反馈。

现将图 8-31 所示电路重画于图 8-32 中,电路中各点极性如图所示。从图中不难看出,当 u_i 为⊕时,反馈信号 u_f 也为⊕,结果使净输入量 $u_{be}=u_i-u_f$ 减小($u_{be}<u_i$),因此 R_E 引入的是负反馈。

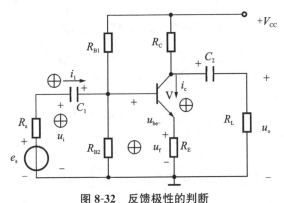

图 8-32　反馈极性的判断

如图 8-33 所示,当输入信号呈上升趋势时,反馈回路使得 V_1 的发射极电位 u_f 也上升,结果使得 V_1 的 u_{be} 上升幅度小于 u_i 的上升幅度,因此该电路引入的是负反馈。

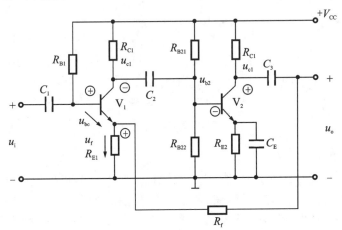

图 8-33　电压串联负反馈放大电路

3. 电压反馈和电流反馈

在输出端,若反馈网络与基本放大电路、负载 R_L 并联连接,如图 8-34(a)所示,反馈信号取样于输出电压,称为电压反馈;在输出端,若反馈网络与基本放大电路、负载串联连接,如

图 8-34(b)所示,反馈信号取样于输出电流,则称为电流反馈。从另一个角度来讲,即看反馈是对输出电压采样还是对输出电流采样。显然作为采样对象的输出量一旦消失,则反馈信号也必然消失。根据反馈对输出量采样的不同,可画出图 8-34 所示的框图。

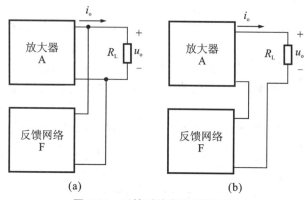

图 8-34　反馈对输出量采样框图

判断反馈是电压反馈还是电流反馈可采用输出短路法,即假设将负载 R_L 短路,也就是使输出电压为零。此时若反馈信号随输出电压为零而消失,则原来的反馈是电压反馈;若电路中仍然有反馈存在,则原来的反馈应该是电流反馈。

例如,在图 8-34(b)所示电路中,当输出端对地短路后,反馈信号 u_f 仍然存在,因此是电流反馈;在图 8-34(a)所示电路中,当输出端对地短路后,则无反馈信号回送到输入端,因此是电压反馈。

在三极管构成的共射极反馈放大电路中,存在以下一般规律:当反馈从集电极采样时为电压反馈;当反馈从发射极采样时为电流反馈。

放大电路中的电压负反馈具有稳定输出电压的作用。也就是当输出电压 u_o 发生变化时,利用反馈的自动调节作用,可使输出电压趋于稳定。例如,在图 8-33 所示电路中,反馈调节过程如下。

$$u_o \uparrow \longrightarrow u_f \uparrow \longrightarrow u_{be} = u_i - u_f \downarrow \longrightarrow u_{c1} \uparrow$$
$$u_o \downarrow \longleftarrow u_{c2} \longleftarrow u_{b2}$$

放大电路中的电流负反馈具有稳定输出电流的作用,即当输出电流由于某种原因发生变化时,利用反馈的自动调节作用,可使输出电流趋于稳定。例如,在图 8-33 所示电路中,反馈调节过程如下。

$$i_e \uparrow \longrightarrow u_e \uparrow \longrightarrow u_{be} = u_i - u_f \downarrow$$
$$i_e \downarrow \longleftarrow i_{c1} \downarrow$$

4. 串联反馈和并联反馈

根据反馈信号在输入回路中与输入信号比较形式的不同,可把反馈分为串联反馈和并联反馈。在输入端若反馈网络与基本放大电路串联连接,如图 8-35(a)所示,实现了输入电压与反馈电压相减,就称为串联反馈。由于反馈电压经过信号源内阻反映到净输入电压上,内阻越小对电压的阻碍作用就越小,反馈效果越好,所以串联反馈宜采用低内阻的电压源作为输入信号源。

在输入端,若反馈网络与基本放大电路并联连接,如图 8-35(b)所示,实现了输入电流 i_i 与反馈电流 i_f 相减,使 $i_i' = i_i - i_f$,则称为并联反馈。由于反馈电流 i_f 经过信号源内阻 R_s 的分流反映到净输入电流 i_{if}' 上,R_s 越大对 i_f 的分流就越小,反馈效果越好,所以,并联负反馈宜

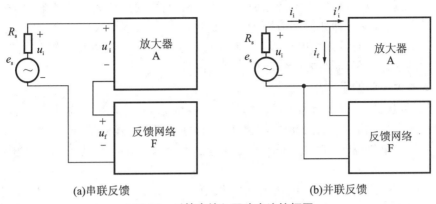

(a)串联反馈   (b)并联反馈

图 8-35   反馈在输入回路中连接框图

采用高内阻的电流源作为输入信号源。根据反馈在输入回路中的接法不同,可画出图 8-35 所示的框图。

在图 8-36 所示电路中,反馈信号和输入信号以电流形式比较,$i_b = i_i - i_f$,因此该电路引入的是并联反馈。

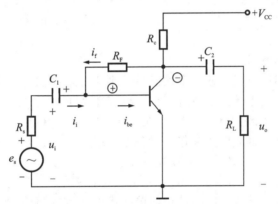

图 8-36   电压并联负反馈放大电路

在三极管构成的反馈放大电路中,存在以下一般规律:在输入回路中,若反馈信号接于三极管的基极则为并联反馈;若反馈信号接于三极管的发射极则为串联反馈。

通过以上的分析可知,在放大电路引入的交流负反馈共有四种类型:电压串联负反馈、电压并联负反馈、电流串联负反馈、电流并联负反馈。

◀ 任务5 功率放大电路 ▶

多级放大电路中,最后一级总是用来推动负载工作的。例如,使扬声器发声,使电动机旋转等,因此要求末级放大电路不仅要向负载提供大的信号电压,而且要向负载提供大的信号电流,即要有大的输出功率。这种输出足够大功率的放大电路称为功率放大器,简称功放。

一、功率放大电路的性能要求与分类

放大电路的作用通常是进行电压或者功率的放大。其中电压放大电路的主要任务是使负载得到不失真的信号,它的主要指标是电压放大倍数;而功率放大电路考虑的是如何实现不失真的最大输出功率,即如何高效率地把直流电能转化为依输入信号变化的电能。功率放大电路最重要的是向负载输出足够大的功率。由于 $P = UI$,所以功率放大电路不但要向负载提供大的信号电压,而且要向负载提供大的信号电流。

1. 功率放大电路的基本要求

(1)根据负载要求,提供所需要的输出功率。为此要求放大电路的输出电压和输出电流都要有足够大的变化量。所谓的最大输出功率,就是指在正弦输入信号下,输出波形不超过规定的非线性失真指标时,放大电路最大输出电压和最大输出电流有效值的乘积,即 $P_o = U_o I_o$。

(2)具有较高的效率。放大电路输出给负载的功率是由直流电源提供的。在输出功率比较大的情况下,效率问题尤为突出。如果效率不高,不仅造成能量的浪费,而且消耗在电路内部的电能将转换成热能,使管子、元件等温度升高,因而要选用较大容量的放大管,很不经济。功率放大电路的效率是指最大输出功率与电源所提供的功率之比,即 $\eta = \dfrac{P_o}{P_V}$。

(3)尽量减小非线性失真。由于放大器件是非线性元件,且功放电路又往往工作在大信号状态下,使得放大管的非线性问题充分暴露出来,因此输出波形的非线性失真比小信号放大电路要严重得多。在实际的功率放大电路中,应根据负载的要求来规定允许的失真度范围。

2. 功率放大电路的分类

根据功率放大电路中三极管的工作状态不同,通常把功率放大电路分为甲类、乙类和甲乙类等。当功放电路输入正弦波信号时,若三极管在信号的整个周期均导通放大(导通角 θ 为 $360°$),则称为甲类功率放大电路。例如,在任务 2 中所介绍的射极输出器,具有输出电阻低、带负载能力强等特性,因此可考虑作为最基本的甲类功率放大电路;若三极管仅在信号的正半周或负半周导通放大(导通角 θ 为 $180°$),则称为乙类功率放大电路;若三极管的导通时间大于半个周期而小于一个周期($180° < \theta < 360°$),则称为甲乙类功率放大电路。

甲类功率放大电路虽然具有电路结构简单的优点,但它在无输入信号时自身消耗的功率较大(这种功率称为静态功耗),因此效率较低($< 50\%$),通常用于输出功率比较小的功放电路中。当要求输出功率较大且效率较高时,通常采用各种形式的互补对称式电路。

二、互补对称功率放大电路

早期功放电路往往使用的是变压器耦合的互补对称电路,由于变压器体积庞大,比较笨重,难以实现宽频带的功率放大,现在已很少采用。

1. OTL 乙类互补对称电路

OTL 是无输出变压器的功率放大电路,其电路结构如图 8-37 所示。

电路中,输入电压 u_1 同时加在两个三极管 V_1、V_2 的基极,两管的发射极连在一起,然后通过大电容 C 接至负载 R_L。三极管 V_1、V_2 的类型不同,分别为 NPN 型和 PNP 型,但要求它们的性能一致、对称,通常配对选用。电路中只需用一路电源 V_{CC}。电阻 R_1 和 R_2 的作用是确定放大电路的静态电位。

假设调整电阻 R_1 和 R_2 的值,使静态时两管的基极电位为 $V_{CC}/2$,由于 V_1 和 V_2 的对称性,发射极电位也为 $V_{CC}/2$,因此静态时电容器上的电压为 $V_{CC}/2$。

假设电容器的容量足够大,当加上正弦波输入电压 u_1 时,可认为电容两端电压保持

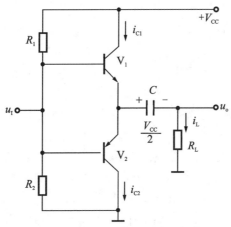

图 8-37　OTL 乙类互补对称电路

$V_{CC}/2$ 的数值基本不变。在 u_I 的正半周,三极管 V_1 导通,V_2 截止。i_{C1} 从 V_{CC} 流出,经过 V_1 和电容后流过负载至公共端。此时 V_1 集电极回路的直流电源电压为 V_{CC} 与电容上电压之差,即 $V_{CC}-V_{CC}/2=V_{CC}/2$。在 u_I 的负半周,V_2 导通,V_1 截止。V_2 导通时依靠电容上的电压供电,i_{C2} 从电容的正端流出,经 V_2 流至公共端,再流过负载,然后回到电容的负端。V_2 集电极回路的电源电压为 $-V_{CC}/2$。因此,无论 V_1 导通还是 V_2 导通,电路均工作在射极输出器状态。

OTL 乙类互补对称电路的波形如图 8-38 所示。由图可见,虽然 V_1 和 V_2 各导通半周,但因 $i_L=i_{C1}-i_{C2}$,所以合成之后,i_L 和 u_o 基本上是正弦波。

通过上述分析可知,这种放大电路中无变压器,工作时两个三极管 V_1 和 V_2 轮流导通,每管导通 $180°$,两者的电流互补,电路结构对称,所以是 OTL 乙类互补对称电路。

这种类型的功放电路的主要优点是效率高,理想情况下放大电路的效率可达 78.5%;主要缺点是波形失真比较严重。由于在输入电压 u_I 的幅度小于三极管的死区电压时,V_1 和 V_2 均不能导通,故 i_{C1} 和 i_{C2} 以及 i_L、u_o 的波形都将出现明显的失真,这种失真称为交越失真。为了克服这个缺点,可采用 OTL 甲乙类互补对称电路,如图 8-39 所示。

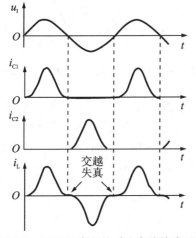

图 8-38　OTL 乙类互补对称电路的波形图

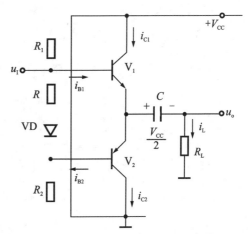

图 8-39　OTL 甲乙类互补对称电路

2. OTL 甲乙类互补对称电路

在乙类互补功率放大电路中,由于 V_1、V_2 没有基极偏流,静态时,当输入信号小于三极管的死区电压时,管子仍处于截止状态。因此,在输入信号的一个周期内,V_1、V_2 轮流导通时形成的基极电流波形在过零点附近一个区域内出现失真,从而使输出电流和电压出现同样的失真,这种失真称为交越失真,如图 8-40 所示。

为了消除交越失真,可分别给两只三极管的发射结加很小的正偏压,使两管在静态时均处于微导通状态,两管轮流导通时,交替得比较平滑,从而减小了交越失真。但此时管子已工作在甲乙类放大状态。为了减小非线性失真,改善输出波形,通常设法使三极管 V_1 和 V_2 在静态时就有一个较小的基极电流,以避免当 u_1 幅度较小时两个三极管同时截止。为此在 V_1 和 V_2 的基极之间接入电阻 R(阻值很小,一般为几欧)和二极管 VD,如图 8-39 所示。由于在两个三极管的基极之间产生一个偏压,因此当 $u_1 = 0$ 时,V_1、V_2 已处于微导通状态,在两个三极管的基极已经各自存在一个较小的基极电流 i_{B1} 和 i_{B2},因而,在两管的集电极回路中也各自存在一个较小的集电极电流 i_{C1} 和 i_{C2},但静态时 $i_L = i_{C1} - i_{C2} = 0$,如图 8-40 所示。当加上正弦输入电压 u_1 时,在正半周 i_{C1} 逐渐增大,i_{C2} 逐渐减小,然后 V_2 截止。在负半周则相反,i_{C2} 逐渐增大,而 i_{C1} 逐渐减小,最后 V_1 截止。i_{C1} 和 i_{C2} 的波形如图 8-41 所示,可见,两管轮流导通的过程比较平滑,最终得到的 i_L 和 u_o 的波形更接近于理想的正弦波,从而减小了交越失真。

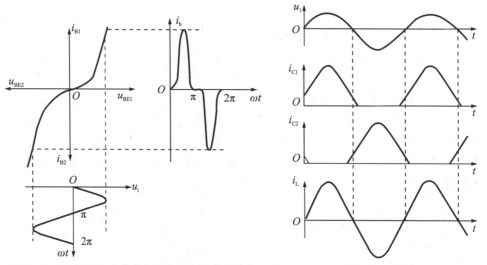

图 8-40　乙类互补对称功率放大电路的交越失真　图 8-41　OTL 甲乙类互补对称电路的波形图

由图 8-40 还可见,此时每管的导通角略大于 180°,而小于 360°,所以这种电路称为 OTL 甲乙类互补对称电路。OTL 甲乙类互补对称电路的最大输出功率和效率计算如下。

假设输入为正弦波,在正弦波的正半周时,u_1 从零逐渐增大,输出电压随之逐渐增大,V_1 的 u_{CE1} 随之逐渐减小。当 u_{CE1} 下降到饱和压降 U_{CES1} 时,输出电压达到最大幅值,为 $U_{om} = V_{CC} - \dfrac{V_{CC}}{2} - U_{CES1} = \dfrac{V_{CC}}{2} - U_{CES1}$,则最大输出功率为

$$P_o = U_o I_o = \frac{U_o^2}{R_L} = \frac{\left(\dfrac{U_{om}}{\sqrt{2}}\right)^2}{R_L} = \frac{\left(\dfrac{V_{CC}/2 - U_{CES1}}{\sqrt{2}}\right)^2}{R_L} \tag{8-70}$$

$$= \frac{(V_{CC}/2 - U_{CES1})^2}{2R_L}$$

由于基极电流很小，可忽略不计，则电源的供电电流为

$$i_{CC} = \frac{V_{CC}/2 - U_{CES1}}{R_L} \sin \omega t \tag{8-71}$$

所以，直流电源提供的平均功率为

$$P_V = \frac{1}{\pi} \int_0^\pi i_{CC} \frac{V_{CC}}{2} d\omega t = \frac{1}{\pi} \frac{V_{CC}}{2} \frac{(V_{CC}/2 - U_{CES1})}{R_L} \int_0^\pi \sin \omega t d\omega t \tag{8-72}$$

$$= \frac{V_{CC}}{\pi} \frac{(V_{CC}/2 - U_{CES1})}{R_L}$$

因此，转换效率为

$$\eta = \frac{P_o}{P_V} = \frac{\pi}{V_{CC}} \frac{(V_{CC}/2 - U_{CES1})}{2} \tag{8-73}$$

当忽略饱和压降 U_{CES1} 时，有

$$\eta = \frac{\pi}{4} \approx 78.5\% \tag{8-74}$$

因此，采用甲乙类互补对称功放电路既能减小非线性失真，改善输出波形，又能获得较高的效率，所以在实际电路中得到了广泛应用。

3. OCL 甲乙类互补对称电路

上面介绍的 OTL 互补对称电路虽然省去了变压器，但两个三极管的发射极需通过一个大电容接到负载电阻上。大电容通常具有电感效应，在高频时将产生相移，而且大电容无法用集成电路的工艺制造。为了彻底实现直接耦合，应设法将输出端的大电容也省去，为此，可采用 OCL 互补对称电路。

OCL 即为无输出电容功率放大器，其甲乙类互补对称电路的原理图如图 8-42 所示。电路中三极管 V_1、V_2 的发射极连在一起，直接与输出端的负载电阻相连。为了在 V_1 和 V_2 导通时分别提供电源，电路中需用正、负两路直流电源。

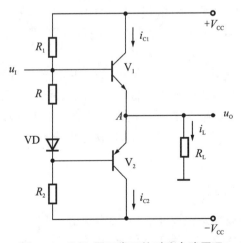

图 8-42 OCL 甲乙类互补对称电路原理

OCL 甲乙类互补对称电路的分析方法与 OTL 互补对称电路基本相同，不同之处主要在于，在 OCL 电路中，静态时 A 点电位为零，因此，$u_{CE1} = +V_{CC}$，$u_{CE2} = -V_{CC}$，这主要是正、

负电源与两个三极管均对称所造成的。

4. 功率管的散热问题

在功率放大电路中,功率三极管(简称功率管)中流过的电流较大,管子又存在一定的压降,因此功率管的管耗较大。其中大部分被处于较高反偏电压的集电结转化为热量,使集电结温度升高。对于硅材料器件,一般规定最大工作结温约为 120 ℃,锗材料约为 90 ℃。过高的结温容易加速器件的老化甚至损坏。如果采取适当的散热措施,在相同的输出功率条件下,结温得以下降,就可以提高管子所允许承受的最大管耗,使功率放大电路有较大功率输出而不损坏管子。

图 8-43 给出了几种常用的散热器外形,有时手册规定的管耗是在加散热片的情况下给出的。功率管所加散热器面积要求,可参考产品手册上所规定的尺寸。

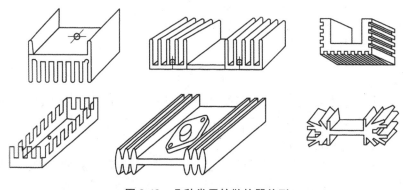

图 8-43　几种常用的散热器外形

◀ 任务6　音频放大电路的制作过程 ▶

无论采用分离元器件的传统电子产品还是采用大规模集成电路的现代数码产品,都少不了印制电路板(PCB)。PCB 是在覆铜板上完成印制线路工艺加工的成品板,它在电路中起到元器件之间的电气连接与机械支撑作用。在它的顶层用标记符号将各个元器件的安装位置标注出来,便于元器件的插装、检查和调试。

制作 PCB 的主要材料是覆铜板,而覆铜板是由基板、铜箔和黏合剂构成的。基板是由高分子合成树脂和增强材料组成的绝缘层板,在基板的表面黏附着一层导电率较高、焊接性良好的纯铜箔。只有一面黏附铜箔的覆铜板称为单面覆铜板,两面均黏附铜箔的覆铜板称为双面覆铜板。铜箔能否牢固地覆在基板上,取决于黏合剂的性能。常用覆铜板的厚度有1.0 mm、1.5 mm 和 2.0 mm 三种。

一、PCB 的手工制作方法

在产品研制和实验阶段或课程设计中,需要很快得到 PCB,这时可以使用简易的方法手工自制 PCB。下面介绍几种常用的手工制作 PCB 的方法。

1. 漆图法

1) 下料

(1) 把覆铜板裁成所需要的大小和形状。

（2）用锉刀将四周边缘的毛刺去掉。

（3）用细砂纸或少量去污粉去掉表面的氧化物。

（4）用清水洗净后，将板晾干或擦干。

2）拓图

（1）将复写纸放在覆铜板上。

（2）把设计好的印制板布线图放在复写纸上，有图的一面朝上。

（3）用胶纸把布线图和覆铜板粘牢。

（4）用硬笔根据布线图进行复写，印制导线用单线，焊盘用圆点表示。

（5）仔细检查后再揭开复写纸。

3）钻孔

（1）选择合适的钻头，一般采用直径为 1 mm 的钻头较适中，对于少数元器件引线较粗的插孔，如电位器引线，需用直径为 1.2 mm 以上的钻头钻孔。

（2）微型电钻（或钻床）通电进行钻孔，进刀不要过快，以免将铜箔挤出毛刺。

（3）如果制作双面板，覆铜板和印制板布线图要有 3 个以上的定位孔，先用合适的钻头把它钻透，以利于描反面连线时定位。

（4）如果是制作单面板，可在腐蚀完成后再钻孔。

4）描板

（1）准备好调和漆或指甲油、直尺、鸭嘴笔、垫块等器材。

（2）按复写图样描在电路板上，描图时应先描焊盘，再描印制导线图形。

（3）将描好的覆铜板晾干。

5）腐蚀

（1）用一份三氯化铁和两份水的比例配制成三氯化铁溶液。

（2）对腐蚀液适当加热，但温度要限制在 40～50 ℃。

（3）将检查修整后的覆铜板浸入腐蚀液中，完全腐蚀后，取出并用清水清洗。

6）去膜

（1）用热水浸泡或酒精、丙酮等均可擦除漆膜。

（2）用清水洗净。

7）涂助焊剂

（1）冲洗晾干。

（2）涂上松香酒精溶液等助焊剂。

2. 贴图法

贴图法制作 PCB 的步骤如下。

（1）将胶带纸裁成合适的宽度，需要钻孔的线条宽度应在 1.5 mm 以上。

（2）按设计图形贴到覆铜板上，贴图时要压紧，否则腐蚀液进入后将使图形受损。

（3）放入腐蚀液中进行腐蚀。

3. 热转印法

热转印法制作 PCB 的步骤如下。

（1）用 Protel 或其他制图软件设计好印制电路板图。

（2）用激光打印机将设计好的电路板图打印在转印纸上。

（3）用细砂纸擦干净覆铜板，磨平四周，将打印好的转印纸覆盖在覆铜板上，送入照片过塑机（温度调到 180～200 ℃）来回压几次，使熔化的墨粉完全吸附在覆铜板上（若覆铜板足够平整，则可用电熨斗烫几次，这样也能实现图形的转移）。

（4）覆铜板冷却后揭去转印纸，腐蚀后，即可形成做工精细的 PCB。

二、元器件和材料清单

实现本项目所用元器件和材料清单见表 8-1 。

表 8-1 元器件和材料清单

名 称	符 号	规格/型号	名 称	符 号	规格/型号
电阻	R_1	220 kΩ、1/6 W	电解电容器	C_3	100 μF/10 V
电阻	R_3	220 kΩ、1/6 W	电解电容器	C_4	220 μF/10 V
电阻	R_2	220 Ω、1/6 W	电解电容器	C_6	220 μF/10 V
电阻	R_8	220 Ω、1/6 W	电解电容器	C_8	220 μF/10 V
电阻	R_9	220 Ω、1/6 W	三极管	V_1	9012
电阻	R_4	1 kΩ、1/6 W	三极管	V_5	9012
电阻	R_7	1 kΩ、1/6 W	三极管	V_2	9015
电阻	R_5	22 Ω、1/6 W	三极管	V_3	9015
电阻	R_6	10 kΩ、1/6 W	三极管	V_6	9013
电阻	R_{10}	150 Ω、1/6 W	三极管	V_4	9014
电阻	R_{11}	2.2 Ω、1/4 W	电位器	R_{W1}	20 kΩ 带开关
二极管	D	1N4148	电位器	R_{W2}	500 kΩ
瓷片电容器	C_1	104 pF	发光二极管	LED	Φ3 红
瓷片电容器	C_7	104 pF	—	8 Ω/0.5 W	扬声器
瓷片电容器	C_9	104 pF	—	—	耳机
瓷片电容器	C_5	101 pF	—	—	电路板
电解电容器	C_2	100 μF/10 V			

三、电路的实现

首先利用 PCB 完成元器件之间的连接，然后进行整机装配。

1. 元器件的检测

1）外观质量检查

电子元器件应完整无损，各种型号、规格、标志应清晰、牢固，标志符号不能模糊不清或脱落。

2）元器件的测试与筛选

用万用表分别检测电阻、二极管、电容、扬声器和三极管。在测试时，筛选出一对 β 值接近的 9013 和 9012 作为功率管 V_6 和 V_5；筛选 β 值较大的 9012 和 9015 分别作为 V_1 和 V_2。

2. 元器件的引线成形及插装

1) 元器件的引线成形

为便于元器件在 PCB 上的安装和焊接,在安装之前,需要根据安装位置的特点和技术方面的要求,预先把元器件引线弯曲成一定的形状。这就是元器件的引线成形。

(1) 元器件引线成形的技术要求。根据元器件在 PCB 上安装方式的不同,元器件引线成形的形状有两种:手工焊接时的形状,如图 8-44(a) 所示;自动焊接时的形状,如图 8-44(b) 所示。图 8-44(a) 中,L_a 为两焊盘孔之间的距离,d_a 为引线直径或厚度,R 为弯曲半径,l_a 为元器件外形的最大长度。图 8-44(b) 中,R 为引线弯曲半径,D 为元器件外形最大直径,d_a 为引线直径或厚度。

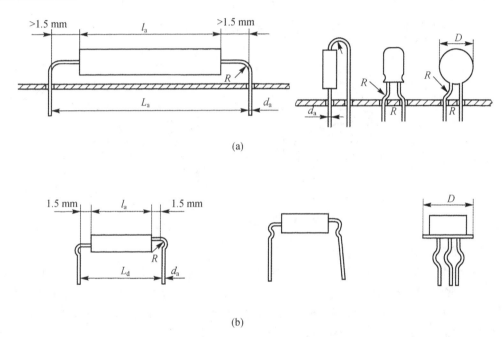

(a)

(b)

图 8-44 元器件引线成形

在元器件引线成形时要注意:引线成形后,元器件本体不应产生破裂,表面封装不应损坏,引线弯曲部分不允许出现模印、压痕和裂纹;引线成形时,引线弯折处距离引线根部尺寸应大于 1.5 mm,弯折时不能"打死弯",以防止引线折断或者被拉出;对于卧式安装,引线弯曲半径 R 应大于两倍引线直径 d_a,以减少弯折处的机械应力,对于立式安装,引线弯曲半径 R 应大于元器件的外形半径 $\dfrac{D}{2}$;凡外壳有标记的元器件,引线成形后,其标记应处于查看方便的位置;引线成形后,两引出线要平行,其间的距离应与 PCB 两焊盘孔的距离相同,对于卧式安装,还要求两引线左右弯折要对称,以便于插装;对于自动焊接方式,可能会出现因振动使元器件歪斜或浮起等缺陷,宜采用具有弯弧的引线;三极管及其他对温升比较敏感的元器件,其引线可以加工成圆环形,以加长引线,减小热冲击。

(2) 元器件引线成形的方法。元器件的引线成形有手工弯折和专用模具弯折两种方法,前者适于业余爱好者或产品试制中采用,后者适于工业上大批量生产中采用。

手工弯折方法如图 8-45 所示,用带圆弧的长嘴钳或医用镊子靠近元器件的引线根部,按弯折方向弯折引线即可。弯折时勿用力过猛,以免损坏元器件。

专用模具引线成形如图 8-46 所示,在模具的垂直方向上开有供插入元件引线的长条形孔,孔距等于格距,在水平方向开有供插杆插入的圆形孔。将元器件的引线从上方插入长条形孔后插入插杆,引线即可成形。

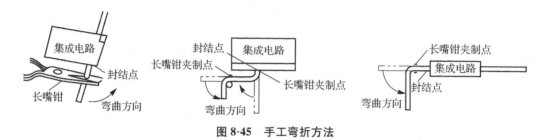

图 8-45　手工弯折方法

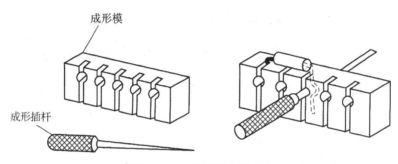

图 8-46　专业模具引线成形

2) 元器件的插装

元器件引线成形后,即可插入 PCB 的焊孔中。在插装元器件时应使元器件的引线尽可能短一些,同时,要根据元器件所消耗的功率大小充分考虑散热问题,工作时发热的元器件安装时不宜紧贴在 PCB 上,这样不但有利于元器件的散热,同时热量也不易传到 PCB 上,延长了 PCB 的使用寿命,降低了产品的故障率。

插装元器件时还要注意以下原则:装配时,应该先安装那些需要机械固定的元器件,如功率器件的散热器、支架、卡子等,然后再安装靠焊接固定的元器件,否则就会在机械紧固时,使 PCB 受力变形而损坏其他元器件;各种元器件的插装,应使它们的标记(用色码或字符标注的数值、精度等)朝上或朝向易于辨认的方向,并注意标记方向的一致性(从左到右或从上到下);卧式安装的元器件,应尽量使两端引线的长度相等且对称,把元器件放在两孔中央,排列要整齐;立式安装的色环元器件应高度一致,最好让起始色环向上以便于检查安装错误,上端的引线不要留得太长,以免与其他元器件短路;有极性的元器件,插装时要保证方向正确;当元器件采用立式插装时,单位面积上容纳的元器件数量较多,适宜于机壳内空间较小、元器件紧凑密集的场合,但立式插装的机械性能较差,抗震能力弱,如果元器件倾斜,就有可能接触临近元器件而造成短路,为使引线相互隔离,往往采用加套绝缘塑料管的方法;插装时不要用手直接碰元器件的引线和 PCB 上的铜箔,因为汗渍会影响焊接;元器件的引线穿过 PCB 的焊孔后,应留有一定的长度(一般在 2 mm 左右)才能保证焊接的质量,其露出的引线可根据需要弯成不同的角度,如图 8-47 所示。

图 8-48(a)所示为引线不弯曲,这种形式焊接后强度较差。图 8-48(b)所示为弯成 45°角,

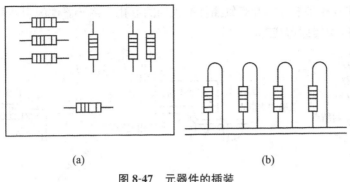

(a)   (b)

图 8-47 元器件的插装

这种形式既具有充分的机械强度，又容易在更换元器件时拆除重焊，故采用得较多。图 8-48(c)所示为弯成 90°，这种形式强度最高，但拆除重焊较困难。在采用弯曲引线时，要注意弯曲方向，不能随意弯曲，以防止相邻焊盘的短路，一般应沿着印制导线的方向弯曲。

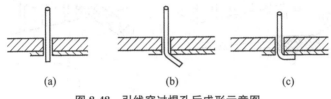

(a)   (b)   (c)

图 8-48 引线穿过焊孔后成形示意图

3) 整机装配

(1) PCB 的装配。

在安装元器件时，应从最低的元器件开始安装，若有跳线，则应先安装短路跳线，接着再安装电阻、三极管、电容、电位器等。安装时注意二极管、三极管和电解电容器的极性。发光二极管顶部距离 PCB 11~12 mm，让发光二极管露出机壳 2 mm 左右，如图 8-49 所示。

安装时，元器件应分批安装，即先插入 3~8 个元器件，焊接好后，剪掉多余的引线，再插入下批元器件，直到装完全部元器件。

安装好后的 PCB 如图 8-50 所示。

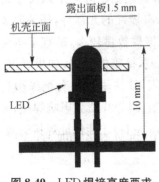

图 8-49 LED 焊接高度要求

图 8-50 元器件布局图

(2) 装配其他元件。

PCB 安装完成后，按电路图仔细检查，正确无误后再安装整机的其他部分，详细介绍如下。

①正极片凸面向下，如图 8-51(a)所示。将正极导线焊在正极片凹面焊接点上（正极片焊点应先镀锡）。

②安装负极弹簧（即塔簧）。在距塔簧第一圈起始点约 5 mm 处镀锡，如图 8-51(b)所示，将负极导线与塔簧进行焊接。

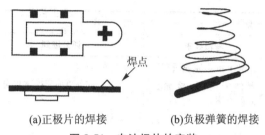

(a)正极片的焊接   (b)负极弹簧的焊接

图 8-51　电池极片的安装

将焊好的正、负极片插入机壳，用导线将正、负极片分别与 PCB 焊接。

③安装扬声器。先将扬声器安放到前壳内的相应安装位上，再在扬声器的边缘涂上热塑胶，如图 8-52 所示。然后将扬声器线圈的两个焊点通过导线与 PCB 连接。

图 8-52　扬声器的固定方法

④将音频输入线焊接在 PCB 上。

⑤将 PCB 用螺钉固定到机壳的相应位置上。

整机装配的示意图如图 8-53 所示。

图 8-53　整机装配的示意图

四、电路的调试

只要元器件正常，装配无误，本音频放大器一般都能正常工作。为了达到最佳效果，调节电位器 R_{W2} 使电路中 A 点电位为 2.2 V 左右。

调节电位器 R_{W1} 应能开关电源，并能调节扬声器的音量。

▶→ | 评 价 ......

任务完成后,填写评价表,如表8-2所示。

表8-2 评价表

班 级		姓 名		组 号		扣 分 记 录	得 分
项 目	配 分	考 核 要 求		评 分 细 则			
准备工作	10分	30 min 内完成所有元器件的清点、检测及调换		规定时间外更换元件,扣2分/个			
电路分析	15分	能正确分析电路的工作原理		每处错误扣3分			
组装焊接	10分	(1)能正确测量元器件; (2)元器件按要求整形; (3)元件的位置正确,引脚成形、焊点符合要求,连线正确; (4)整机装配符合工艺要求		(1)整形、安装或焊点不规范,扣1分/处; (2)损坏元器件,扣2分/处; (3)错装、漏装,扣2分/处; (4)少线、错线及布局不美观,扣1分/处			
通电调试	20分	(1)静态时,电路中A点电位应能调至2.2 V左右; (2)开关闭合时电路应能加上正确电压; (3)音量大小调节符合要求		(1)A点电位不可调,扣3分/处; (2)电子开关电路不能正常工作,扣3分/处; (3)音量不可调节,扣3分/处			
故障分析	15分	(1)能正确观察出故障现象; (2)能正确分析故障原因,判断故障范围		(1)故障现象观察错误,扣2分/次; (2)故障原因分析错误,扣2分/次			
故障检修	10分	(1)检修思路清晰,方法运用得当; (2)检修结果正确; (3)正确使用仪表		(1)检修思路不清、方法不当,扣5分; (2)检修结果错误,扣2分/处; (3)仪表使用错误,扣1分/次			

班　级			姓　名		组　号		扣　分记　录	得　分
项　目	配　分	考核要求		评分细则				
安全、文明操作	10分	(1)安全用电，无人为损坏仪器、元件和设备；(2)保持环境整洁，秩序井然，操作习惯良好；(3)小组成员协作和谐，态度正确；(4)不迟到、不早退、不旷课		(1)发生安全事故，扣10分；(2)人为损坏设备、元器件，扣10分；(3)现场不整洁，工作不文明，团队不协作，扣5分；(4)不遵守考勤制度，每次扣2～5分				
时间	10分	8学时		(1)提前正确完成每10 min加2分；(2)超过定额时间每10 min扣2分				
总　分								

红外线报警器电路

电子报警器的种类很多,本项目从红外线报警器出发,分析报警器的工作原理及制作方法。该报警器可监视几十米范围内运动的人体,当有人在该范围内走动时,就会发出报警信号。

红外线报警器电路如图 9-1 所示,试分析其工作原理并制作该电路。电路的组成框图如图 9-2 所示。

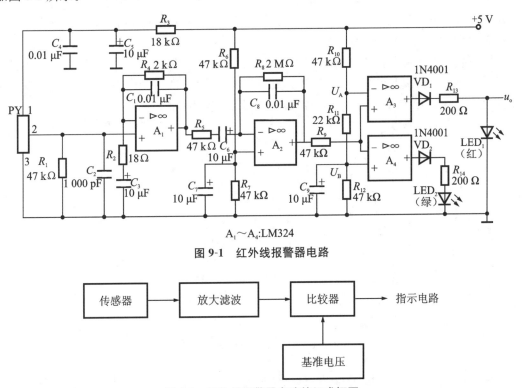

图 9-1　红外线报警器电路

图 9-2　红外线报警器电路的组成框图

本项目电路中采用 SD02 型热释电人体红外传感器,当人体进入该传感器的监视范围时,传感器就会产生一个交流电压(幅度约为 1 mV),该电压的频率与人体移动的速度有关。在正常行走速度下,其频率约为 6 Hz。

电路中,R_3、C_4、C_5 构成退耦电路,R_1 为传感器的负载,C_2 为滤波电容,用于滤掉高频干扰信号。传感器的输出信号加到运算放大器 A_1 的同相输入端,A_1 构成同相输入式放大电路,其放大倍数取决于 R_4 和 R_2,其大小为

$$A_{uf1}=1+\frac{R_4}{R_2}=1+\frac{2\,000}{18}\approx112 \tag{9-1}$$

经 A_1 放大后的信号经电容 C_6 耦合至放大器 A_2 反相输入端,A_2 构成反相输入式放大电

路,电阻 R_6、R_7 将 A_2 同相端偏置于电源电压的一半,A_2 的增益取决于 R_8 和 R_5,其大小为

$$A_{uf2}=-\frac{R_8}{R_5}=-\frac{2\,000}{47}\approx-42 \tag{9-2}$$

因此,传感器信号经两级运放总共放大了 $A_{uf1}\cdot A_{uf2}=112\times(-42)=-4\,704$ 倍,当传感器产生一个幅度为 1 mV 交流信号时,A_2 的理论输出值为 -4.704 V。

A_3 和 A_4 构成双限电压比较器,A_3 的参考电位为

$$U_A=\frac{22+47}{47+22+47}\times5\approx3 \text{ V} \tag{9-3}$$

A_4 的参考电位为

$$U_B=\frac{47}{47+22+47}\times5\approx2 \text{ V} \tag{9-4}$$

在传感器无信号时,A_1 静态输出电压为 0.4～1 V;A_2 在静态时,由于同相端电位为 2.5 V,其直流输出电平为 2.5 V。由于 $U_B<2.5$ V$<U_A$,故 A_3 输出低电平,A_4 输出低电平。因此在静态时,LED$_1$ 和 LED$_2$ 均不发光。

当人体进入监视范围时,双限比较器的输入发生变化,波形如图 9-3 所示。当人体进入时,$U_{o2}>3$ V,因此 A_3 输出高电平,LED$_1$ 亮;当人体退出时,$U_{o2}<2$ V,因此 A_4 输出高电平,LED$_2$ 亮。当人体在监视范围内走动时,LED$_1$ 和 LED$_2$ 交替闪烁。

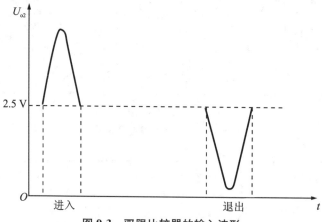

图 9-3　双限比较器的输入波形

电路中的 C_7、C_9 为退耦电容。C_1、C_3、C_8 用于保证电路对高频干扰信号有较强的衰减作用,对低频信号有较强的放大作用,当按图中取值时,在 0.1～8 Hz 的频段内具有较好的频率响应曲线,以满足对热释电传感器输出信号的放大要求。

另外,若利用 U_o 信号去控制报警器,还可实现音响报警;若利用 U_o 信号去控制继电器或电磁阀,还可实现自动门、自动水龙头的控制。

◀ 任务 1　认识集成运算放大器 ▶

一、集成运算放大器

集成运算放大器是以三极管为基础的高增益差动放大器,由直流放大电路和深度电压

负反馈网络组成。最初应用于模拟计算机,对计算机内部信息进行加、减、乘、除、积分、微分等数学运算,并因此得名。近年来随着集成电路的飞速发展,运算放大器已作为电子线路的基本元件,其应用已远远超出数学运算的范围,遍及电子信号测控的各个领域。

1. 集成运放的结构及符号

1)集成运放的结构

集成运放的类型很多,电路形式也各不相同,但其基本结构相似,通常是由输入级、中间级、输出级和偏置电路四部分组成,如图 9-4 所示。

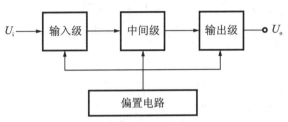

图 9-4　集成运放的组成框图

(1)输入级。集成运放的输入级又称前置级,是决定集成运放电路质量的关键。通常由一个高性能的双端输入差动放大器组成。输入级要求输入电阻高、差模电压放大倍数大、静态电流小,利用差动放大电路的对称性来提高整个电路的性能。

(2)中间级。中间级是整个集成运放的主放大电路,一般由一级或两级共射极放大电路组成,它的主要任务是提供足够大的电压放大倍数。

(3)输出级。输出级又称功率放大级,一般由互补对称的射极输出器构成,它的主要任务是给出足够的电流以满足负载需要,同时应具有较低的输出电阻和较高的输出电压,起到放大器与负载的匹配作用。

(4)偏置电路。集成运放工作在线性区时,其外部常常接有偏置的反馈电路。偏置电路主要是为各级电路提供稳定的静态工作电流。

2)集成运放的符号

目前,国产集成运算放大器有多种型号,对于使用者来说,最重要的是知道集成运放的管脚用途及主要参数。集成运算放大器的封装方式有扁平封装式、陶瓷或塑料双列直插式、金属圆壳式或棱形等,一般有 8～14 个管脚,它们都按一定顺序用数字编号。图 9-5(a)、图 9-5(b)分别是双列直插式和金属圆壳式封装的管脚排列图。

(a)双列直插式　　(b)金属圆壳式

图 9-5　集成运放的管脚排列图

F007C 是目前应用最广泛的模拟集成电路之一,它充分利用了集成电路的优点,结构合理且性能优良。该产品采用塑料封装 8 脚双列直插式结构。图 9-6 所示为 F007C 的管脚与

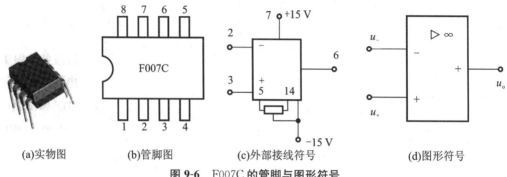

(a)实物图   (b)管脚图   (c)外部接线符号   (d)图形符号

图 9-6   F007C 的管脚与图形符号

图形符号。

其中,8 个管脚的用途分别如下。

(1) 1 脚和 5 脚外接调零电位器。

(2) 2 脚为反相输入端,由此端接输入信号,则输出信号与输入信号是反相的。

(3) 3 脚为同相输入端,由此端接输入信号,则输出信号与输入信号是同相的。

(4) 6 脚为输出端,由此端对地引出输出信号。

(5) 4 脚为负电源端,接 −15 V 的稳压电源。

(6) 7 脚为正电源端,接 +15 V 的稳压电源。

(7) 8 脚为空脚。

2. 集成运放的主要参数

1) 开环电压放大倍数(差模电压放大倍数)A_{od}

开环电压放大倍数 A_{od} 是指集成运放在没有外接反馈电路时,输出电压 u_o 与输入电压变化量 $u_+ - u_-$ 之比,即

$$A_{od} = \frac{u_o}{u_{id}} = \frac{u_o}{u_+ - u_-}$$

对于集成运放来说,A_{od} 是一个重要的参数,其值越大越好,A_{od} 的值一般为 $10^3 \sim 10^6$,即 $60 \sim 120$ dB,目前高增益的集成运放可达到 10^7,即 140 dB。

2) 共模抑制比 K_{CMRR}

共模抑制比反映了集成运放对共模输入信号的抑制能力。它定义为差模电压放大倍数 A_{od} 与共模电压放大倍数 A_c 之比的绝对值,若用分贝为单位,则为

$$K_{CMRR} = 20 \lg \left| \frac{A_{od}}{A_c} \right|$$

很显然,K_{CMRR} 的值越大,说明放大器的共模抑制性越好。目前高质量集成运放的 K_{CMRR} 可以达到 160 dB(10^8 倍)。

3) 差模输入电阻 r_{id}

r_{id} 是指集成运放开环时,输入电压变化与由电压变化引起的电流变化之比。r_{id} 越大,表明集成运放由差模信号源输入的电流就越小,精度越高。r_{id} 的值一般为 10 kΩ ～ 3 MΩ。

4) 差模输出电阻 r_o

r_o 的大小反映了集成运放在小信号输出时的负载能力。r_o 越小,带负载的能力越强。

5) 最大输出电压 U_{opp}

最大输出电压 U_{opp} 是指在额定电压下,集成运放的最大不失真输出电压的峰-峰值,有

时也称动态输出范围,其值不可能超出电源电压值。

3. 理想集成运算放大器

1)理想集成运放及电压传输特性

在分析和计算含有集成运放的电路时,常将集成运放理想化。因为实际运放的各项技术指标与理想运放接近,用理想运放代替实际运放所带来的误差并不严重,在一般的工程计算中是允许的,而且会给分析带来很大方便。集成运放理想化的条件如下。

(1)开环电压放大倍数 $A_{od} \to \infty$。

(2)差模输入电阻 $r_{id} \to \infty$。

(3)差模输出电阻 $r_o \to 0$。

(4)共模抑制比 $K_{CMRR} \to \infty$。

在集成运放一般原理性分析时,只要实际应用不使运放的某个技术指标明显下降,均可把运算放大器产品视为理想的。

输出电压和输入电压之间的关系称为运算放大器的传输特性,如图9-7所示。它有三个运行区:A、B 两点间为线性运行区,当集成运放工作在线性区时,$u_o = A_{od}u_i(u = u_+ - u_-)$。$A$、$B$ 两点以外的区域为正、负饱和区,运算放大器处于饱和工作状态时,u_o 恒为 U_{opp}。

运算放大电路工作于线性区还是饱和区,主要取决于运算放大器外接反馈电路的性质。一般来说,只有在深度负反馈作用下,才能使运算放大器工作于线性区;而在开环状态或正反馈作用下,运放工作于饱和区。根据输入信号 u_i 的正负可以确定 u_o 是正饱和还是负饱和。

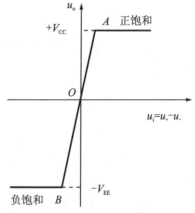

图 9-7 基本运放的电压传输特性

2)理想集成运放的两个重要结论

根据上述理想化条件,可推出理想运放的两个重要结论。

(1)虚短。在线性放大区,有 $u_o = A_{od}(u_+ - u_-)$。因 $A_{od} \to \infty$,而 u_o 为有限值,所以两个输入电压 u_+ 和 u_- 必然近似相等,即

$$u_+ \approx u_- \qquad (9\text{-}5)$$

运放的两个输入端等电位,可看作虚短。

(2)虚断。在线性放大区,$i_i = \dfrac{u_- - u_+}{r_{id}}$,而理想运放的差模输入电阻 $r_{id} \to \infty$,所以有

$$i_i \approx 0 \qquad (9\text{-}6)$$

集成运放的输入电流为零,这种情况称为虚断。实际集成运放流入同相输入端和反向输入端的电流十分微小,比外电路中的电流小几个数量级,因此,流入运放的电流往往可以忽略不计,相当于运放的输入端开路。

二、集成运放的基本应用电路

当集成运放通过外接电路引入负反馈时,集成运放成为闭环状态并工作于线性区。集成运放的基本应用电路有反相输入比例运算电路和同相输入比例运算电路。

1. 反相输入比例运算电路

反相输入比例运算电路如图 9-8 所示,它的输入信号电压 u_i 经过外接电阻 R_1 加到反相输入端,而同相输入端与地之间接平衡电阻 R_2,以保证运放输入级差动放大电路的对称性, R_2 的阻值应满足

$$R_2 = R_1 // R_F$$

R_F 接于输出端和反相输入端之间,引入了并联电压负反馈。

在图 9-8 中,根据虚短和虚断的概念,有 $i_i \approx 0$ 或 $u_+ \approx u_- = 0$,通过 R_1 的电流 i_1 近似等于通过 R_F 的电流 i_F,即

$$\frac{u_i - u_-}{R_1} = \frac{u_- - u_o}{R_F}$$

即

$$\frac{u_i}{R_1} = \frac{-u_o}{R_F}$$

所以反相输入运算放大器的闭环电压放大倍数为

$$A_f = \frac{u_o}{u_i} \approx -\frac{R_F}{R_1} \tag{9-7}$$

输出电压为

$$u_o = -\frac{R_F}{R_1} u_i$$

由式(9-7)可知,反相输入运算放大器闭环电压放大倍数的大小,仅取决于电阻 R_F 与 R_1 的比值,而与运算放大器本身的参数无关。因此,选用不同的电阻比值 R_F/R_1,就可获得不同的闭环电压放大倍数 A_f。如果保证电阻阻值的精度和稳定性,A_f 的精度和稳定性也很高。式(9-7)中的负号表示输出信号与输入信号的相位相反。因此,该电路被称为反相输入比例运算放大电路,或反相放大器。

当 $R_F = R_1$ 时,$A_f = -1$,即输出电压 u_o 与输入电压 u_i 数值相等,相位相反,这时运算放大器仅做一次变号运算,称为反相器。

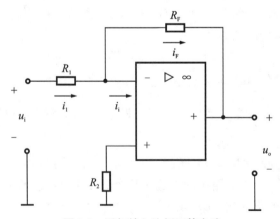

图 9-8 反相输入比例运算电路

例 9-1 在图 9-8 中,设 $R_1 = 10$ kΩ,$R_F = 50$ kΩ,求 A_f。如果 $u_i = -1$ V,则 u_o 为多大?

解 $A_f \approx -\dfrac{R_F}{R_1} = -\dfrac{50}{10} = -5$,$u_o = A_f u_i = (-5) \times (-1) \text{V} = 5 \text{ V}$

2. 同相输入比例运算电路

如果输入信号从同相端引入,这种运算放大电路称为同相输入比例运算电路,如图 9-9 所示。输出电压 u_o 经 R_F 和 R_1 分压后送到反相输入端,它是一种电压串联负反馈放大电路。

为了保证两个输入端对地电阻相等,可选

$$R_2 = R_F // R_1$$

根据式(9-5)和式(9-6)可知

$$u_+ \approx u_- , i_i \approx 0$$

所以

$$u_+ \approx u_- = u_i$$

由图 9-9 可得

$$i_1 = -\frac{u_i}{R_1}$$

$$i_F = -\frac{u_o - u_-}{R_F} \approx -\frac{u_o - u_i}{R_F}$$

因 $i_1 = i_F + i_i \approx i_F$,于是

$$u_o = u_i(1 + \frac{R_F}{R_1})$$

所以

$$A_f = \frac{u_o}{u_i} = 1 + \frac{R_F}{R_1} \tag{9-8}$$

由式(9-8)可见,同相比例运算放大器的闭环电压放大倍数仅取决于 R_F 与 R_1 的比值;输出电压与输入电压同相位,故称同相比例运算放大电路。并且 A_f 总是大于或等于1,这点与反相比例运算放大电路不同。

当 $R_1 = \infty$ 或 $R_F = 0$ 时,由式(9-8)得

$$A_f = \frac{u_o}{u_i} = 1$$

即输出电压与输入电压大小相等、相位相同,u_o 跟随 u_i 变化,所以该电路也称为电压跟随器或同号器,如图 9-10 所示。

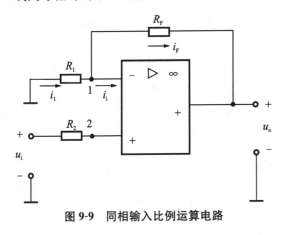

图 9-9 同相输入比例运算电路

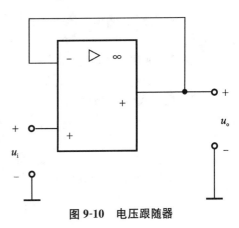

图 9-10 电压跟随器

◀ 任务2 集成运算放大器的线性应用 ▶

一、加法运算电路

加法运算电路的功能是对若干输入信号求和。在比例放大电路的反相输入端加入三个电压信号 u_{i1}、u_{i2} 和 u_{i3}，如图 9-11 所示。各支路电阻分别为 R_1、R_2、R_3，同相输入端接电阻 R_4，为使放大电路两个输入端对称，取 $R_4 = R_1 // R_2 // R_3 // R_F$。

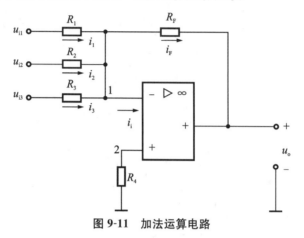

图 9-11 加法运算电路

根据式(9-5)和式(9-6)有 $u_1 \approx u_2$（或 $u_+ \approx u_-$），$i_i \approx 0$，因此

$$i_F \approx i_1 + i_2 + i_3$$

即

$$\frac{-u_o}{R_F} = \frac{u_{i1}}{R_1} + \frac{u_{i2}}{R_2} + \frac{u_{i3}}{R_3}$$

$$u_o = -R_F \left(\frac{u_{i1}}{R_1} + \frac{u_{i2}}{R_2} + \frac{u_{i3}}{R_3} \right) \tag{9-9}$$

式(9-9)表明，输出电压等于各个输入电压按不同比例运算之和。

若令 $R_1 = R_2 = R_3 = R_F$，则有

$$u_o = -(u_{i1} + u_{i2} + u_{i3}) \tag{9-10}$$

式(9-10)表明，输出电压等于各输入电压之和；式中的负号表示输出电压与输入电压相位相反。

例 9-2 加法运算电路如图 9-11 所示，设 $R_1 = R_2 = R_3 = 10$ kΩ，$R_F = 50$ kΩ，$u_{i1} = 0.5$ V，$u_{i2} = -1$ V，$u_{i3} = -0.8$ V，试计算输出电压 u_o 的值。

解 根据式(9-9)有

$$u_o = -R_F \left(\frac{u_{i1}}{R_1} + \frac{u_{i2}}{R_2} + \frac{u_{i3}}{R_3} \right)$$

$$= -\frac{R_F}{R_1}(u_{i1} + u_{i2} + u_{i3})$$

$$= -\frac{50}{10} \times [0.5 + (-1) + (-0.8)] \text{V}$$

$$= 6.5 \text{ V}$$

例 9-3 在图 9-12 所示电路中，已知输入电压 $u_{i1} = 30$ mV，$u_{i2} = 50$ mV，试求输出电压 u_{o2}。

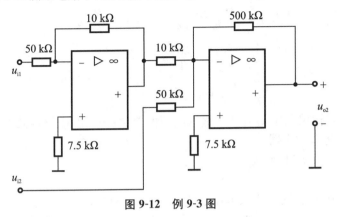

图 9-12 例 9-3 图

解 (1) $u_{o1} = -\dfrac{10}{50} u_{i1} = -\dfrac{1}{5} \times 30$ mV $= -6$ mV

(2) $u_{o2} = -\left(\dfrac{500}{10} u_{o1} + \dfrac{500}{50} u_{i2}\right) = -\left[\dfrac{500}{10} \times (-6) + \dfrac{500}{50} \times 50\right]$ mV $= -200$ mV

二、减法运算电路

利用运放电路的双端输入可以进行减法运算，如图 9-13 所示。减数输入信号 u_{i1} 经 R_1 加在反相输入端，被减数输入信号 u_{i2} 经 R_2 加在同相输入端，构成典型的差动输入放大电路。

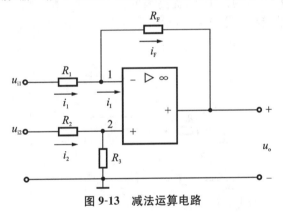

图 9-13 减法运算电路

根据式(9-5)和式(9-6)可知

$$u_+ \approx u_-$$
$$i_i \approx 0$$

由此可得

$$u_1 = u_{i1} - i_1 R_1 \approx u_{i1} - \frac{(u_{i1} - u_o) R_1}{R_1 + R_F}$$

$$u_2 = \frac{R_3}{R_2 + R_3} u_{i2}$$

因 $u_1 \approx u_2$，于是

$$u_o = \left(1 + \frac{R_F}{R_1}\right) \frac{R_3}{R_2 + R_3} u_{i2} - \frac{R_F}{R_1} u_{i1}$$

当 $R_1=R_2$，$R_F=R_3$ 时，上式变为

$$u_o = \frac{R_2+R_3}{R_2}\frac{R_3}{R_2+R_3}u_{i2} - \frac{R_F}{R_1}u_{i1}$$

$$= \frac{R_3}{R_2}u_{i2} - \frac{R_F}{R_1}u_{i1}$$

$$= \frac{R_F}{R_1}(u_{i2}-u_{i1}) \tag{9-11}$$

式(9-11)表明，输出电压 u_o 与两个输入电压的差值成正比，故该电路称为减法运算放大电路，也称为差动运算放大器。

当 $R_F=R_1$ 时，式(9-11)变为

$$u_o = u_{i2} - u_{i1} \tag{9-12}$$

可见，输出电压 u_o 为两个输入电压之差，即实现了减法运算功能。

由式(9-12)可知，当 $u_{i1}=u_{i2}$ 时，输出电压 u_o 为零，电路对共模信号无放大作用。这种电路既能放大差模信号，又能抑制共模信号，因此减法运算电路不仅可以做减法运算，而且常用来放大具有强烈共模干扰的微弱信号。

例9-4 在图9-13中，已知 $R_1=R_2=4\ \text{k}\Omega$，$R_F=R_3=20\ \text{k}\Omega$，$u_{i1}=1.5\ \text{V}$，$u_{i2}=1\ \text{V}$。试求输出电压 u_o 的值。

解 因为 $R_1=R_2$，$R_F=R_3$，将 $R_1=R_2=4\ \text{k}\Omega$，$R_F=R_3=20\ \text{k}\Omega$ 代入式(9-11)中可得

$$u_o = \frac{R_F}{R_1}(u_{i2}-u_{i1}) = \frac{20}{4}\times(1-1.5) = -2.5\ \text{V}$$

例9-5 在工程应用中，为抗干扰、提高测量精度或满足特定要求等，常常需要进行电压信号和电流信号之间的转换。图9-14所示电路称为电压-电流转换器，试分析输出电流 i_o 与输入电压 u_S 之间的函数关系。

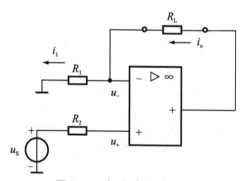

图9-14 电压-电流转换器

解 根据虚断和虚短可知 $u_-=u_+=u_S$，$i_o=i_1$，因此由图9-14可得

$$i_o = i_1 = \frac{u_- - 0}{R_1} = \frac{u_S}{R_1}$$

上式表明，该电路中输出电流 i_o 与输入电压 u_S 成正比，而与负载电阻 R_L 的大小无关，从而将恒压源输入转换成恒流源输出。

三、积分运算电路

在反相输入运算电路中，用电容 C_F 代替电阻 R_F 作为反馈元件，就成为积分运算电路，如图9-15所示。

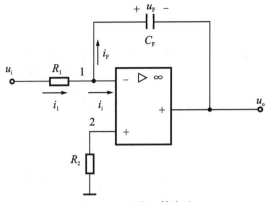

图 9-15 积分运算电路

由式(9-5)和式(9-6)可知

$$u_+ \approx u_- （或\ u_2 \approx u_1）$$

因 $u_2 = 0$，所以

$$u_1 \approx u_2 = 0$$

又因为 $i_i \approx 0$，所以

$$i_1 = i_F + i_i \approx i_F = \frac{u_i}{R_1}$$

电容 C_F 上的电压

$$u_F = u_i - u_o \approx -u_o$$

而 $u_F = \dfrac{1}{C_F}\displaystyle\int i_F \mathrm{d}t = \dfrac{1}{C_F}\displaystyle\int i_1 \mathrm{d}t$ ，所以输出电压

$$u_o = -\frac{1}{C_F}\int i_1 \mathrm{d}t = -\frac{1}{C_F}\int \frac{u_i}{R_1}\mathrm{d}t$$

$$= -\frac{1}{C_F R_1}\int u_i \mathrm{d}t \tag{9-13}$$

式(9-13)表明，输出电压与输入电压是积分关系。

当 u_i 为阶跃电压时，则有

$$u_o = -\frac{1}{C_F R_1}u_i t$$

式中，负号表示 u_o 与 u_i 反相。

图 9-16 (a)所示为负阶跃直流输入电压 u_i 所引起的正极性上升的输出波形 u_o。如果 u_i 为方波，则在输出端可得到三角波，如图 9-16(b)所示。积分电路除了用来进行积分运算外，还常用于锯齿波或三角波发生器和自动控制中的调节器。

例 9-6 在图 9-15 所示积分运算电路中，设 $R_1 = 1\ \text{M}\Omega$，$C_F = 1\ \mu\text{F}$，$u_i = 1\ \text{V}$。试求 t 分别为 0、0.2 s、0.6 s、1 s 时的输出电压。

解 因 $R_1 = 1\ \text{M}\Omega$，$C_F = 1\ \mu\text{F}$，$R_1 C_F = 1 \times 10^6 \times 10^{-6}\text{s} = 1\ \text{s}$，所以根据

$$u_o = -\frac{1}{C_F R_1}\int u_i \mathrm{d}t = -\frac{1}{R_1 C_F}u_i t$$

当 $t = 0$ 时，有

$$u_o = 0$$

当 $t = 0.2\ \text{s}$ 时，有

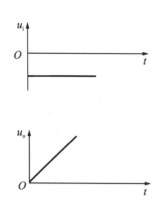 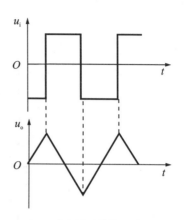

(a)负阶跃直流输入电压u_i所引起的输出波形　　(b)u_i为方波时的输出波形

图 9-16　积分电路输出波形

$$u_o=-\frac{1}{R_1C_F}u_it=-\frac{0.2}{1}\times1\text{ V}=-0.2\text{ V}$$

同理可得,当 $t=0.6$ s 时,$u_o=-0.6$ s;当 $t=1$s 时,$u_o=-1$ V。

四、微分电路

在反相输入运算放大电路中,用电容 C 代替电阻 R_1 接在放大器的反相输入端,则构成微分电路,如图 9-17 所示。

根据式(9-5)和式(9-6)可知 $u_+\approx u_-$,因 $u_+=0$,所以 $u_-=0$;因 $i_i\approx0$,所以 $i_1=i_F+i_i\approx i_F$。

$$i_1=C_1\frac{d(u_i-u_-)}{dt}\approx C_1\frac{du_i}{dt}$$

$$i_F=\frac{u_--u_o}{R_F}\approx-\frac{u_o}{R_F}$$

所以

$$u_o=-R_FC_1\frac{du_i}{dt} \tag{9-14}$$

由式(9-14)可知,输出电压 u_o 与输入电压 u_i 之间呈微分关系,$-R_FC_1$ 为微分常数,负号表明两者在相位上是相反的。

若 u_i 为正阶跃电压,因阶跃的瞬间 C_1 相当于短路,故输出电压 u_o 为负的最大值。随着 C_1 的充电,i_F 逐渐减小,输出电压随之衰减,其波形图如 9-18 所示。所以,微分电路除用来实现微分运算外,还可以用于波形发生器和自动控制中的调节器。

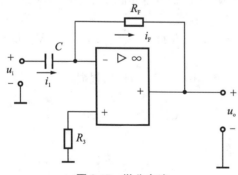 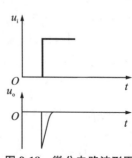

图 9-17　微分电路　　　　**图 9-18　微分电路波形图**

◀ 任务3 集成运算放大器的非线性应用——比较器 ▶

当集成运放处于开环状态或正反馈状态时,很快达到饱和,输出负饱和值或正饱和值。饱和值接近电源电压,这时 u_o 与 u_i 不再保持线性关系。

一、过零比较器

图 9-19(a)所示为过零比较器符号。

由于集成运放处于开环状态,u_o 与 u_i 不再保持线性关系,而是将同相端电压和反相端电压进行比较。

当 $u_+>u_-$,即 $u_i<0$ 时,$u_o=+U_{o(sat)}$。

当 $u_+<u_-$,即 $u_i>0$ 时,$u_o=-U_{o(sat)}$。

电压传输特性曲线如图 9-19(b)所示。

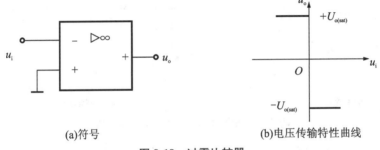

(a)符号   (b)电压传输特性曲线

图 9-19 过零比较器

二、单限比较器

图 9-20(a)所示为单限电压比较器。

当 $u_i<U_R$时,$u_o=-U_{o(sat)}$。

当 $u_i>U_R$时,$u_o=+U_{o(sat)}$。

如基准电压 $U_R=0$,则与零值比较,为过零比较器。电压传输特性曲线如图 9-20(b)所示。

三、滞回比较器(施密特触发器)

图 9-21 所示为滞回比较器的电路图和波形图。由于电路工作于正反馈状态,所以电路的输出电压将为负饱和值或正饱和值,u_o 与 u_i 不再保持线性关系。

输入电压 u_i 经电阻 R_1 加在集成运放的反相输入端,参考电压 U_R 经电阻 R_2 接在同相输入端,此外,从输出端通过电阻 R_f 引回反馈,引入的反馈类型为电压串联正反馈。因此,同相输入端的电压 u_p 是由参考电压 U_R 和输出电压 U_o 共同决定的,U_o 有 $-U_{o(sat)}$ 和 $+U_{o(sat)}$ 两个状态。在输出电压发生翻转的瞬间,运放的两个输入端的电压非常接近,即 $u_N=u_p$。因此可用叠加原理来分析它的两个输入触发电平。

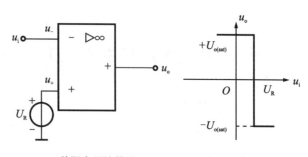

(a)单限电压比较器   (b)电压传输特性曲线

图 9-20　单限电压比较器

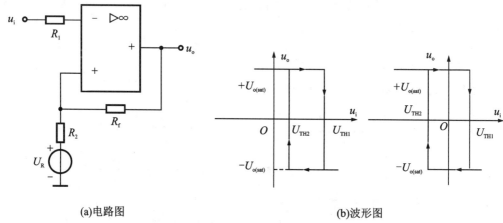

(a)电路图   (b)波形图

图 9-21　滞回比较器的电路图和波形图

电路输出正饱和电压时,可得上限门限电平 U_{TH1} 为

$$U_{TH1}=U_R\frac{R_f}{R_2+R_f}+U_{o(sat)}\frac{R_2}{R_2+R_f} \tag{9-15}$$

电路输出负饱和电压时,可得下限门限电平 U_{TH2} 为

$$U_{TH2}=U_R\frac{R_f}{R_2+R_f}-U_{o(sat)}\frac{R_2}{R_2+R_f} \tag{9-16}$$

假设开始时 u_i 足够低,电路输出正饱和电压 $+U_{o(sat)}$,此时运放同相端对地电压等于 U_{TH1}。逐渐增大输入信号 u_i,当 u_i 刚超过上限门限电压 U_{TH1} 时,电路立即翻转,输出由 $+U_{o(sat)}$ 翻转到 $-U_{o(sat)}$。如继续增大 u_i,输出电压将保持 $-U_{o(sat)}$ 不变。对应的传输特性见图 9-21(b)。

此时如果 u_i 开始下降,运放同相端对地电压等于 U_{TH2}。因此当 u_i 减小到 U_{TH1} 时,输出仍不会翻转。只有当 u_i 降至 U_{TH2} 时,输出才发生翻转,由 $-U_{o(sat)}$ 回到 $+U_{o(sat)}$,u_P 重新增大到 U_{TH1}。对应的传输特性如图 9-21(b)所示。

从图 9-21(b)所示特性曲线可以看出,当 u_i 从小于 U_{TH2} 逐渐增大到超过 U_{TH1} 门限电平时,电路翻转为 $-U_{o(sat)}$;当 u_i 从大于 U_{TH1} 逐渐减小到小于 U_{TH2} 门限电平时,电路再次翻转为 $+U_{o(sat)}$;而 u_i 处于 U_{TH1} 和 U_{TH2} 之间时,电路输出将保持原状态。

把两个门限电平的差值称为回差电压 ΔU_{TH},即

$$\Delta U_{TH} = U_{TH1} - U_{TH2} = 2U_{o(sat)}\frac{R_2}{R_2 + R_f} \tag{9-17}$$

回差电压的存在,可大大提高电路的抗干扰能力,避免了干扰和噪声信号对电路的影响。消除干扰的原理如图9-22所示。

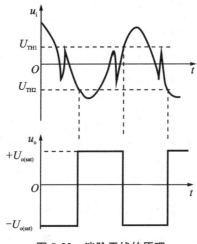

图9-22 消除干扰的原理

四、窗口比较器

图9-23所示为窗口比较器,即电压比较器的基本电路,电路中的U_1和U_2为两个参考电压,且$U_1 > U_2$。u_i为外加的模拟输入信号。窗口比较器信号之间的关系见表9-1。

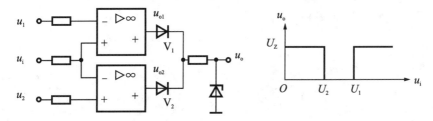

图9-23 窗口比较器

表9-1 窗口比较器信号之间的关系

u_i	u_{o1}	u_{o2}	V_1	V_2	u_o
$u_i < U_2$	0	$U_{o(sat)}$	截止	导通	U_Z
$u_i > U_1$	$U_{o(sat)}$	0	导通	截止	U_Z
$U_2 < u_i < U_1$	0	0	截止	截止	0

◀ 任务4　红外线报警器电路制作 ▶

一、集成电路的识别与检测

集成电路的封装及外形有多种。最常用的封装有塑料、陶瓷及金属三种。封装外形可分为圆形金属外壳封装(晶体管式封装)、陶瓷扁平或塑料外壳封装、双列直插式陶瓷或塑料封装、单列直插式封装等,如图9-24所示。

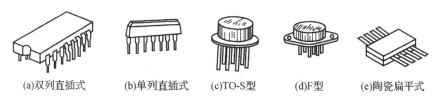

(a)双列直插式　(b)单列直插式　(c)TO-S型　(d)F型　(e)陶瓷扁平式

图9-24　集成电路的封装形式

集成电路的引脚有3、5、7、8、10、12、14、16根等多种。正确识别引脚排列顺序是很重要的,否则无法对集成电路进行正确安装、调试与维修,以至于不能使其正常工作,甚至造成损坏。

集成电路的封装外形不同,其引脚排列顺序也不一样,其识别方法如下。

(1)圆筒形和菱形金属壳封装IC的引脚识别。其引脚的识别方法是,面向引脚(正视),由定位标记所对应的引脚开始,按顺时针方向依次数到底即可。常见的定位标记有突耳、圆孔及引脚不均匀排列等,如图9-25所示。

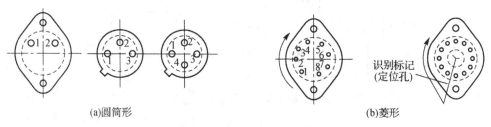

(a)圆筒形　　　　　　　　　　　　(b)菱形

识别标记
(定位孔)

图9-25　金属壳封装IC的引脚识别

(2)单列直插式IC的引脚识别。其识别方法是,使其引脚向下,面对型号或定位标记,自定位标记一侧的第一根引脚数起,依次为1、2、3、…。此类集成电路上常用的定位标记为色点、凹坑、细条、色带、缺角等,如图9-26(a)所示。有些厂家生产的集成电路,本是同一种芯片,为了便于在印制电路板上灵活安装,其封装外形有两种:一种是按常规排列,即自左向右;另一种则是自右向左,如图9-26(b)所示。但有少数器件没有引脚识别标记,这时应从它的型号上加以区别。若型号后缀有一字母R,则表明其引脚顺序为自左向右反向排列。例如,M5115P与M5115RP,前者引脚排列顺序为自右向左,为正向排列,后者引脚为自左向右,为反向排列。

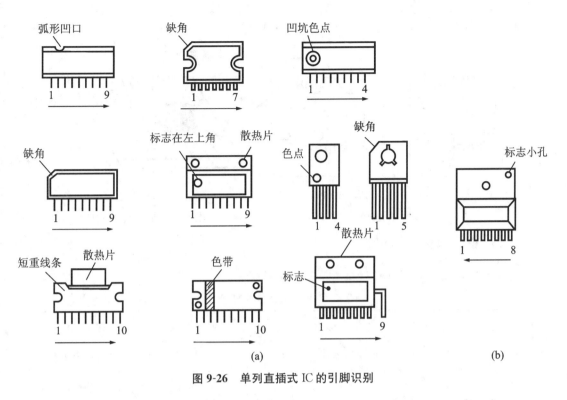

图 9-26　单列直插式 IC 的引脚识别

(3)双列直插式或扁平式 IC 的引脚识别。双列直插式 IC 的引脚识别方法是,将其水平放置,引脚向下,即其型号、商标向上,定位标记在左边,从左下脚第一根引脚数起,按逆时针方向,依次为 1、2、3、…,如图 9-27 所示。

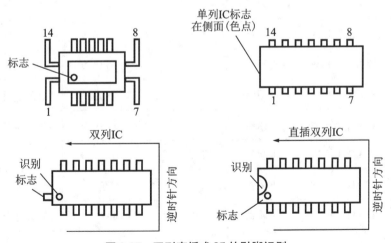

图 9-27　双列直插式 IC 的引脚识别

扁平式集成电路的引脚识别方向和双列直插式 IC 相同,如四列扁平封装的微处理器集成电路的引脚排列顺序如图 9-28 所示。对某些软封装类型的集成电路,其引脚直接与印制电路板相结合,如图 9-29 所示。

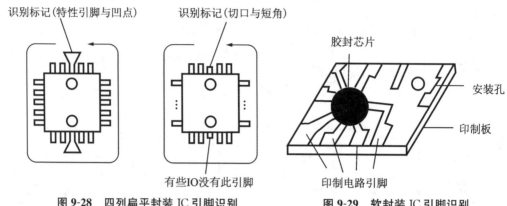

图 9-28　四列扁平封装 IC 引脚识别　　　　图 9-29　软封装 IC 引脚识别

二、元器件和材料清单

实现本项目所用元器件和材料清单见表 9-2。

表 9-2　本项目元器件和材料清单

符　号	规格/型号	名　称	符　号	规格/型号	名　称
R_1	47 kΩ、1/8 W	电阻器	C_1	0.01 μF	涤纶或瓷介电容器
R_2	18 kΩ、1/8 W	电阻器	C_2	1 000 pF	涤纶或瓷介电容器
R_3	18 kΩ、1/8 W	电阻器	C_3	10 μF/16 V	电解电容器
R_4	2 MΩ、1/8 W	电阻器	C_4	0.01 μF	涤纶或瓷介电容器
R_5	47 kΩ、1/8 W	电阻器	C_5	10 μF/16 V	电解电容器
R_6	47 kΩ、1/8 W	电阻器	C_6	10 μF/16 V	电解电容器
R_7	47 kΩ、1/8 W	电阻器	C_7	10 μF/16 V	电解电容器
R_8	2 MΩ、1/8 W	电阻器	C_8	0.01 μF	涤纶或瓷介电容器
R_9	47 kΩ、1/8 W	电阻器	C_9	10 μF/16 V	电解电容器
R_{10}	47 kΩ、1/8 W	电阻器	LED_1	红色	发光二极管
R_{11}	22 kΩ、1/8 W	电阻器	LED_2	绿色	发光二极管
R_{12}	47 kΩ、1/8 W	电阻器	PY	SD02	热释电人体红外传感器
R_{13}	220 kΩ、1/8 W	电阻器	$A_1 \sim A_3$	LM324	集成运算放大器
R_{14}	220 kΩ、1/8 W	电阻器	—	—	印制电路板

三、电路的实现

本项目首先自制印制电路板,然后在印制电路板上完成元器件之间的连接,最后进行电路调试。

图 9-30 给出了参考印制电路板。

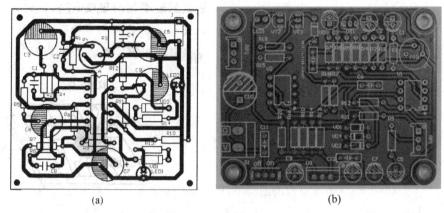

(a)　　　　　　　　　　　　　　　　　　(b)

图 9-30　参考印制电路板

1. 元器件的检测

1）外观质量检查

电子元器件应完整无损,各种型号、规格、标志应清晰、牢固,标志符号不能模糊不清或脱落。

2）元器件的测试与筛选

用万用表分别检测电阻、二极管、电容。

2. 元器件的引线成形及插装

按技术要求和焊盘间距对元器件的引线成形。

在印制电路板上插装元器件,插装时应注意以下事项。

(1)电阻和涤纶电容无极性之分,但插装时一定要注意电阻值和电容量,不能插错。

(2)电解电容和发光二极管有正负极性之分,插装时要看清极性。

(3)插装集成电路和传感器时要注意引脚。集成运算放大器 LM324 的引脚排列如图 9-31 所示。

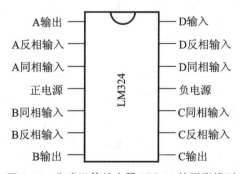

图 9-31　集成运算放大器 LM324 的引脚排列

(4)元器件的安装力求到位,并且美观。

3. 元器件的焊接

元器件焊接时间最好控制在 2～3 s。焊接完成后,剪掉多余的引线。

四、电路的调试

通电前,先仔细检查已焊接好的电路板,确保装接无误。然后用万用表电阻挡测量正负电源之间有无短路和开路现象,若不正常,则应排除故障后再通电。

本电路无可调试元器件,只要元器件无损,连接无误,一般都能正常工作。

在实验室试验时,可不必加涅菲涅尔透镜,直接用 SD02 检测人体运动。将传感器背对人体,用手臂在传感器前移动(注意传感器的预热时间),观察发光二极管的亮暗情况,即可知道电路的工作情况。

如电路不工作,在供电电压正常的前提下,可由前至后逐级测量各级输出端有无变化的电压信号,以判断电路及各级工作状态。在传感器无信号时,A_1 的静态输出电压为 0.4～1 V,A_2 的静态输出电压为 2.5 V,A_3、A_4 静态输出均为低电平。若哪一级有问题,则排除该级的故障。

⟫⊙ 评 价 ......

任务完成后,填写评价表,如表 9-3 所示。

表 9-3　评价表

班　级		姓　名		组　号		扣分记录	得　分
项　目	配　分	考 核 要 求		评 分 细 则			
准备工作	10分	30 min 内完成所有元器件的清点、检测及调换		规定时间外更换元件,扣 2 分/个			
电路分析	15分	能正确分析电路的工作原理		分析错误,扣 3 分/处			
组装焊接	10分	(1)能正确测量元器件; (2)元器件按要求整形; (3)元件的位置正确,引脚成形、焊点符合要求,连线正确; (4)整机装配符合工艺要求		(1)整形、安装或焊点不规范,扣 1 分/处; (2)损坏元器件,扣 2 分/处; (3)错装、漏装,扣 2 分/处; (4)少线、错线及布局不美观,扣 1 分/处			
通电调试	20分	(1)静态时,电路中 A 点电位应能调至 2.2 V 左右; (2)开关闭合时电路应能加上正确电压; (3)音量大小调节符合要求		(1)A 点电位不可调,扣 3 分/处; (2)电子开关电路不能正常工作,扣 3 分/处; (3)音量不可调节,扣 3 分/处			

班　级			姓　名		组　号		扣 分记 录	得　分
项　目	配　分		考 核 要 求		评 分 细 则			
故障分析	15分		(1)能正确观察出故障现象； (2)能正确分析故障原因,判断故障范围		(1)故障现象观察错误,扣2分/次； (2)故障原因分析错误,扣3分/次			
故障检修	10分		(1)检修思路清晰,方法运用得当； (2)检修结果正确； (3)正确使用仪表		(1)检修思路不清、方法不当,扣5分/处； (2)检修结果错误,扣2分/处； (3)仪表使用错误,扣1分/处			
安全、文明操作	10分		(1)安全用电,无人为损坏仪器、元件和设备； (2)保持环境整洁,秩序井然,操作习惯良好； (3)小组成员协作和谐,态度正确； (4)不迟到、不早退、不旷课		(1)发生安全事故,扣10分； (2)人为损坏设备、元器件,扣10分： (3)现场不整洁,工作不文明,团队不协作,扣5分； (4)不遵守考勤制度,每次扣2~5分			
时间	10分		8学时		(1)提前正确完成每10 min加2分； (2)超过定额时间每10 min扣2分			

参 考 文 献

[1]王卫东.模拟电子技术基础[M].2版.北京:电子工业出版社,2010.

[2]张绪光,刘在娥.模拟电子技术[M].北京:北京大学出版社,2010.

[3]王薇,王计波,郝敏钗.电子技能与工艺[M].北京:国防工业出版社,2009.

[4]杨承毅.电子技能实训基础:电子元器件的识别和检测[M].2版.北京:人民邮电出版社,2007.

[5]杨清学.电子产品组装工艺与设备[M].北京:人民邮电出版社,2007.

[6]潘明,潘松.数字电子技术基础[M].北京:科学出版社,2008.

[7]阎石.数字电子技术基本教程[M].北京:清华大学出版社,2007.

[8]陈志武.数字电子技术基础辅导讲案[M].西安:西北工业大学出版社,2007.

[9]潘松,黄继业.EDA技术实用教程[M].4版.北京:科学出版社,2010.

[10]梅开乡,朱海洋,梅军进.数字电子技术[M].3版.北京:电子工业出版社,2011.